U0422678

人工智能艺术：
机器学习时代的新艺术形式

Art in the Age of Machine Learning

[加] 索非安 · 奥德里（Sofian Audry） 著

郑达 译

華中科技大學出版社
http://press.hust.edu.cn
中国 · 武汉

内容简介

作者以艺术创作者的身份，通过亲身实践和专业视角来关注 AI 技术的工具性，还将其置于艺术创作的核心，以此为技术与艺术的深度结合提供具体有力的案例分析。此外，跨学科的教育经历使他能够以独特的多维视角看待科技与艺术。他从技术结构层面剖析 AI 艺术的生成机制与操作逻辑，结合科技的逻辑维度与艺术文化的历史视角来理解 AI 艺术创作，为 AI 艺术研究提供了理论和实践的双重支撑。智能时代以来，人工智能技术的进步一直是艺术家们广泛关注和探索的焦点。事实上，一场利用人工智能作为灵感和媒介的艺术运动悄然显现。在本书中，作者以通俗易懂的语言整合了人工智能艺术组成部分的科学理论、概念和定义，具体讲述了人工智能系统的三个核心构成部分：训练过程、模型和数据，以此分为三个板块进一步帮助我们深入理解机器学习系统的定义与复杂的理论概念，并提供了一系列深入理解人工智能艺术的历史视角、实践指南和概念工具。

图书在版编目（CIP）数据

人工智能艺术：机器学习时代的新艺术形式 / (加) 索非安・奥德里 (Sofian Audry) 著；郑达译.
武汉：华中科技大学出版社, 2025. 2. -- ISBN 978-7-5772-1576-1

Ⅰ. TP181

中国国家版本馆CIP数据核字第2025EE7787号

@Massachusetts Institute of Technology. All rights reserved. Originally published in the English language by The MIT Press as *Art in the Age of Machine Learning* by Sofian Audry; foreword by Yoshua Bengio.

本书简体中文版由 Massachusetts Institute of Technology 授权华中科技大学出版社在中华人民共和国境内（但不包括香港、澳门地区）独家出版、发行。

湖北省版权局著作权合同登记 图字：17-2024-081

人工智能艺术：机器学习时代的新艺术形式
Rengong Zhineng Yishu: Jiqi Xuexi Shidai de Xin Yishu Xingshi

[加] 索非安 · 奥德里（Sofian Audry） 著
郑达 译

策划编辑：金　紫　　责任编辑：易文凯
责任校对：张会军　　责任监印：朱　玢
出版发行：华中科技大学出版社（中国・武汉）　电话：（027）81321913
武汉市东湖新技术开发区华工科技园　邮编：430223
录　　排：华中科技大学惠友文印中心
印　　刷：湖北新华印务有限公司
开　　本：710mm×1000mm　1/16
印　　张：17.25
字　　数：304 千字
版　　次：2025 年 2 月第 1 版第 1 次印刷
定　　价：98.00 元

本书若有印装质量问题，请向出版社营销中心调换
全国免费服务热线：400-6679-118　竭诚为您服务
版权所有　侵权必究

中文版序言

索非安·奥德里

非常荣幸能为大家介绍《人工智能艺术：机器学习时代的新艺术形式》这本书。我与麻省理工学院出版社在2021年合作出版了这本书，旨在将机器学习作为媒体艺术和音乐的一种艺术实践进行深入探索。我试图为艺术家、音乐家、作曲家、理论家和其他对艺术与机器学习交叉发展感兴趣的读者提供新的概念工具和历史视角。然而，我没有预料到这一领域会发展得如此之快，并对围绕机器学习和创造力的全球对话产生如此深远的影响。

鉴于过去几年中围绕人工智能和创造力的讨论无处不在，所以当这本书于2021年11月发行之初，我觉得它来得稍晚了一些。在2020年底和2021年初，已经出现了一些关于艺术与人工智能主题的书籍和学术论文，但没有一本书着重聚焦于机器学习、艺术与科学历史的交汇发展，以及实践导向的研究视角。此外，也很高兴看到这本书很快得到了学术界、艺术界、学生、技术工作者以及其他渴望了解这一领域的公众的关注和热烈反响。《人工智能艺术：机器学习时代的新艺术形式》无疑在当代关于艺术与人工智能的讨论中占有一席之地，并且对于其目标读者以及更广泛的公众都极具实用价值。

在这本书出版约一年后，ChatGPT等人工智能生成技术的发布将机器学习艺术推进了主流的大门。原本小众的主题，瞬间成为人们关注和辩论的焦点，关于人工智能能力及其社会和伦理影响的讨论如海啸般涌入公众视野。面对突如其来的信息洪流和互相矛盾的观点，公众在《人工智能艺术：机器学习时代的新艺术形式》中找到了与主流叙述不同的视角，这本书清晰阐释了机器学习系统的结构、艺术与机器学习之间联系的历史背景，以及它给艺术带来的挑战和机遇。

自书籍出版以来，该领域最显著的发展无疑是我们如今所称的“生成式人工智能”（Generative AI）技术的崛起，特别是基于大型语言模型（LLMs）、Transformer 模型及相关的基于提示的媒体内容生成技术，如写作、图像、视频和音频。这些强大而易于使用的工具的出现，从根本上改变了创作生态，将机器学习从专业人士和实验者的领域带到了普通大众的手中。从某种意义上说，这种民主化正是我所预测的“混搭文化”，它不仅能对内容进行混搭，更能够对声音、流派、风格、情绪等生成过程进行混搭。

然而，这些技术的普及也致使围绕机器学习和艺术的讨论一度乏善可陈。如今，话语权被那些只有大型企业才能训练和支持的算法模型所主导。这些大模型系统让人印象深刻，但它们却掩盖了过去、现在以及未来存在的无数机器学习的艺术创作方法。针对这种情况，近年来艺术家和研究者们开始远离庞大而昂贵的企业级算法模型，转而探索更开源的小型模型，以此允许艺术家利用自己的数据进行模型训练，并在社区中自由分享。这种更本土化和多样化的方法对于机器学习艺术的未来至关重要。我希望中国读者能从自身丰富的文化、艺术、科学与技术传统中找到灵感，探索未被深入挖掘的机器学习“创作路径”。

本书的核心论点之一是，机器学习艺术与所有艺术一样，也需要有其存活的生态环境，其创造潜力本质上与人类在社会文化背景下的解读息息相关。即使在生成式人工智能系统不断进步和普及的今天，这一论点依然成立。在这本书首次出版时，争论的焦点主要围绕通用人工智能（AGI）以及机器能否完全独立进行艺术创作的概念上。虽然这些讨论到今天仍在继续，但人工智能技术的广泛应用暴露了其局限性，并在人们眼中赋予了更多人性化的特征。因此，曾经主导舆论的诸多言论，例如对超人类智能的恐惧，或将人工智能作为神奇“同谋者”的幻想，逐渐让位于更接地气、更多元的理解。

机器学习技术的发展使我对某些话题的看法变得更加细致入微。例如，尽管在这本书中我最初明确反对机器取代人类艺术家的观点，但在艺术博览会和音乐流媒体服务等艺术展示框架中加入人工智能生成作品的做法，让我对这个问题的思考有了改进，因为很明显，机器确实能够在一定程度上动摇早已固化的作者权概念。这并不是说机器正在成为与人类相同意义上的艺术家，而是说在特定条件下，机器生成的作品可以被感知和赋予艺术价值。然而至关重要的是，作品被认定为“艺术”

的过程仍旧依赖于人类的解释和价值体系。

此外，我格外期待这本书在中国的关注度和公众反响。尽管我努力将多元的视角和艺术实践纳入其中，但本书在观点上仍有些西方化。希望中国读者能在自己的文化语境中找到应用这些概念的方法。在西方语境中，人工智能往往被框定为潜在的威胁或神奇的合作伙伴，这种过于简化的二元论并不总能与其他文化框架产生共鸣。中国文化中蕴含的丰富哲学和艺术传统理论，可能会促使人们对人工智能形成更为平衡和谐的理解，从而以更加流畅的方式驾驭这项复杂技术。在中国的参展经历让我看到了这种跨文化对话的潜力：我与伊什特万 · 康特（Istvan Kantor）共同创作的装置作品《人工反智能机器：新主义？！感知》（*The Sense of Neoism*?! *Artificial Counter-Intelligence Machine*）曾在中国的重要展览中展出，这类作品表明艺术, 尤其是与技术结合的艺术, 可以成为弥合文化鸿沟、促进相互理解的有力媒介。

展望未来，我们有必要重申，当前占主导地位的“生成式人工智能”技术——这些由科技巨头提供的技术，仅代表了艺术创作可能性的小部分。正如本书所记录的那样，机器学习和艺术的历史包含了丰富多样的方法，远远超出今天的主流工具。从对学习算法本身的改进，到对新型模型、数据和训练过程的实验，机器学习系统中有着无穷的艺术创作可能性。

对于第一次接触这些信息的读者来说，我想传达的核心观点是：你在主流媒体中看到的仅是冰山一角。请将目光投向头条新闻之外，去探索那些在人工智能技术边缘实验的艺术家、音乐家、作曲家和团体的作品，这些作品才代表了最令人兴奋和具有变革性发展的潜在空间。

最后，我希望本书能激励中国读者为机器学习和艺术领域贡献自己的创新点。当前主导公众讨论的人工智能由相对单一的开发者群体所研发，服务于更为同质化和小众化的特定群体。我坚信，人工智能的研发并非只有一种途径，艺术家、理论家和文化从业者在内的不同群体必须积极参与人工智能的发展。这不仅关乎公平性与代表性，更是创造更丰富、更有意义并与文化密切相关的人工智能系统所不可或缺的。我相信未来几年，当中国在技术创新中持续发挥领先作用时，中国的艺术家和思想家将拥有在全球范围内塑造人工智能与创造力的对话机会。

由衷感谢使《人工智能艺术：机器学习时代的新艺术形式》中文版问世的译者、

编辑和出版社。我希望本书不仅能作为一种资源，还能成为新思想、新对话和新艺术形式的催化剂，继续推动机器学习艺术的发展。

感谢大家，期待未来人工智能与创造力的全球对话发展。

2024 年 9 月于加拿大蒙特利尔

致“人工智能艺术：机器学习时代的新艺术形式”

郑达

2022年的初夏我在网络直播间看到了索非安 · 奥德里（Sofian Audry）和克里斯 · 索尔特（Chris Salter）两位作者讨论关于MIT出版社的两本新书的发布，其中一本就是奥德里的《人工智能艺术：机器学习时代的新艺术形式》（*Art in the Age of Machine Learning*）。本书英文版刚好是在AI大模型盛行前夕出版，帮助我们冷静地分析了当下AIGC在中国的创意产业、艺术教育中盛行的话题，回应了艺术家是否会被AI替代的焦虑。

这本书是人工智能+科技艺术系列丛书的第二部作品，也是我们团队低科技艺术实验室（Low Tech Art Lab）继《互动艺术的美学》译著出版后，持续关注全球科技艺术研究成果的新呈现。低科技艺术实验室近年来创作的具有“自主性”的艺术作品，探讨了智能体与艺术家的“耦合”与“自主”，这恰巧在奥德里教授的著作中也找到了同样的诉求。这本书用通俗易懂的语言帮助缺少技术背景的读者全面深入地理解人工智能艺术研究的方法、路径与框架，将其视线从主流大模型转向个性化数据与创作，为读者带来了认识人工智能艺术的跨学科视角，提供了一本系统性很强的理论框架与实践方法的“通用指南”。

好的艺术作品是可以被智能优化出来的吗？书中对“人工智能”与“艺术”两者关系的深度剖析，为读者提供了完整清晰的理解框架，AIGC等“生成式人工智能”（Generative AI）技术在文本、图像、视频内容生成方面展现出了高效的能力，这得益于“智能优化”技术的不断完善，进而使机器生成的图像、视频等变得“更美”“最优”。回望人工智能的发展，其优化方法经历了几个阶段：从早期的“参数优化”，到20世纪的“算法优化”与“模型优化”，再到如今的“智能优化”。以目的论为导向的人工智能优化规则目前并不适用于艺术创作领域，究其原因，是艺术的本质属性决定了其无法被视为可“优化”的对象，即艺术是无法被“优化”的。

从艺术史的角度来看，对艺术的定义主要围绕两个基本层面展开：在精神层面，艺术是一种智慧的创造，是人类的理智和情感的外化；在物质层面，艺术是人类经验与劳作的产物。然而，“生成式人工智能”技术的出现，主要“优化”了人类经验与能力的局限性，这些技术所取得的进步充其量仅是艺术在物质层面中对创作工具的革新，远远不及艺术的精神层面，难以触及人工智能艺术的核心。生成式人工智能优化选择的计算能力并不能取代人类的创造力，更不可能提供新的审美类型。

新的智能系统如同一个巨大的“黑盒子”摆放在众人的面前，我们不应该沉迷于魔法式的生成内容，而应该更深入地窥探盒子的结构与艺术活动的联系。人工智能艺术有两个核心。一是创造主体身份的转变。以机器学习为代表的人工智能并非简单的工具，而是具备了自主学习和自主生成能力的智能体。这种特性模糊了艺术家的主导地位，使其作者身份不再具有唯一性，从而人工智能艺术创作的主体性由单一的“人类中心”转向“分布式主体”，这一转变促使我们重新思考创作主体的定义。二是跨学科艺术创作的变革。奥德里教授在本书中强调，人工智能艺术实践天然地具有跨学科特性，涉及计算机科学、数学等技术领域。此外，他还关注智能体随时间展开的行为美学，以此提出智能机器系统的行为等级理论，从而完善艺术家西蒙 · 彭尼（Simon Penny）提出的“行为美学”理论框架，进一步关注具有适应性特质的具身智能体。奥德里教授的观点催生了智能化时代的新艺术形式，带来了前所未有的 AI 艺术审美体验，进而推动了新的美学系统形成。

作者索非安 · 奥德里从本科到博士阶段接受了不同学科的教育，积累了多个领域的实践与研究经验。因此，奥德里教授不仅将计算机编程视为艺术创作的工具，更将其视为一种媒介和创造性实践的核心要素。这种理念驱动他在艺术实践中充分利用各种开源软件与材料，并注重艺术与技术的具体融合。他通过深入理解和研究机器学习算法的代码和物质化表现形式，来探索机器学习在艺术创作中的应用与意义。他的艺术作品为本书提供了有力的跨学科实证研究，也为 AI

艺术创作提供了宝贵的资源。正是这种将技术与艺术高度融合的实践，不容置疑地体现出了人工智能艺术跨学科性的核心特征，进而使艺术家、设计师、研究者、行业从业者更容易理解在技术语境下诞生的新艺术形式及其美学系统。

近 20 年，我们团队的跨学科艺术实践创作从未停止，目的是理解科技艺术的知识谱系，试图去思考人工智能时代下的新艺术形式与创作路径。本书所提到的人工智能艺术的两个核心——创作主体转变和跨学科的变革，对国内人工智能艺术领域的研究来说尤其具有启发性，特别是对人工智能艺术的批判性思考以及对艺术与技术关系的重新审视，成为学界与艺术家们需要面对的重要议题。感谢索非安 · 奥德里教授为这本书中文出版特地撰写序言，他强调了在社会文化背景下解读人工智能艺术的重要性，并表达了与中国读者搭建起全球化对话的愿景。与此同时，希望本书译著的出版能够促进国内人工智能艺术的创新和多元化发展。

历时两年有余，本书的翻译终告完成。期间低科技艺术实验室的研究生发挥了重要作用，大家深入研讨本书，结合人工智能艺术的实践对书中观点进行分析与验证，构建了较为有效的人工智能艺术实践与设计方法。特别感谢参与试译的龙东丽、焦雪、姚诗雨、陈曦、彭晴雯、陈澳文等同学；同时，感谢华中科技大学出版社的金紫等编辑，他们不辞辛劳地修改稿件，确保了本学术译著的严谨性。由于水平所限，若译介有误，责任由本人承担，恳请读者不吝批评，多多赐教。

2024 年 12 月于武昌桂子山

引言

艺术与人工智能（AI）之间的关系是怎样的呢？基于机器学习（ML）的人工智能系统能否创作出真正的艺术作品？或者从更加现实的角度思考，机器学习能否以与传统艺术工具和材料截然不同的方式，协助艺术家创造出新颖的艺术作品？过去的艺术家们是如何在他们的艺术创作中利用计算机技术的？理解 21 世纪机器学习技术的核心概念，对艺术家们来说，会带来哪些收获？艺术家与机器之间，或是自适应性艺术作品与体验这些新型艺术形式的人类之间，将产生怎样的互动关系？热衷于艺术的创作者能否运用人工智能来批判那些过度追求利润或动机不良的人工智能应用？虽然机器学习系统往往建立在优化目标、达成一定效果的原则之上，但这种理念与艺术家们开放式的创作过程且没有明确目标的特点是否相冲突呢？探索图像或声音的新配置究竟意味着什么，而艺术家们为何要进行这样的探索？

本书满载相关问题的讨论，旨在满足人类与生俱来的好奇心。对于渴望深入理解因基于机器学习的人工智能技术进步而兴起的科技革命的艺术家们来说，本书无疑具有极大的吸引力。此外，对于那些被机器学习在艺术领域的潜在价值所吸引的工程师或计算机科学家而言，本书也具有参考价值。最后，对于广大读者而言，尤其是那些对艺术与尖端人工智能技术这一看似悖论般的交汇点抱有浓厚兴趣的朋友，本书同样值得一阅。

当我翻阅这些篇章时，在我的机器学习研究领域内本书引发了我更多的深思。创造力究竟是什么呢？至少是人类所展现的那种创造力。请铭记，深度学习——这一我毕生投入研究的极为成功的机器学习形式，其大部分灵感源自人类的大脑。我自己的研究很大程度上基于这样的理念：存在一些关键性原则，它们能够去解释人类的智能，并为人工智能设计提供指引。婴儿无疑是探索者，以原始的方式展现着他们的艺术天赋，而这种看似无明确目标的玩耍，显然对我们的心智发展至关重要。艺术，作为一种表达形式，其社会价值不可小觑。它能够拓宽我们的思维，让我们从新的角度审视问题，去反思、质疑、抗议，揭露并强调不公，或是将我们的情感和思想引领至全新的领域，有时甚至是我们的舒适区之外。

然而，人类的创造力和探索能力并不仅限于对新领域的搜寻；那些由纯粹像素随机配置形成的图像与现有的自然图像相比显得截然不同，但它们通常对艺术家和技术人员都缺乏吸引力。显然，人类的创造力涉及将旧元素以出人意料的配置重新组合成新事物，这依赖于我们神秘的类比和抽象能力。这种能力恰恰与当前人工智能的一个重要局限形成了有趣的对比；这些系统在熟悉的环境中训练的数据表现优异，但在其他环境中可能一败涂地，而人类则对这些变化表现得更为坚韧，并能轻松地构建出完全不可能的想象世界。因此，我认为人工智能研究应继续从人类认知过程（包括艺术家的创造力）中寻求灵感和新解。这种现象与科学进步的缓慢（尽管媒体炒作时可能给出相反的暗示），都表明人工智能系统尚未准备好取代人类艺术家。相反，人类艺术家和机器学习工具或许能够携手并进，共同探索目前任何一方都难以独自涉足的领域。因此，我极力推荐这本由我的前合作者、研究生（现为教授）索非安 · 奥德里（Sofian Audry）撰写的佳作。

约书亚 · 本吉奥
2018 年图灵奖得主、英国皇家学会院士、蒙特利尔大学教授
2021 年 2 月 27 日

目录

II 模型

III 数据

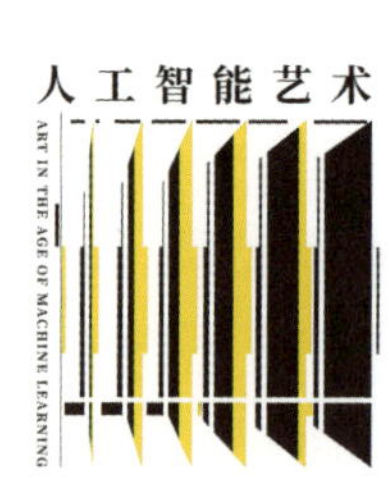
人工智能艺术
ART IN THE AGE OF MACHINE LEARNING

1 绪论

1992年12月的柏林，具有无监督式学习能力的机器人乐队中的电吉他——“阿格劳斐墨”（Aglaopheme），刚刚重置了拨动琴弦的六个电磁阀，伴随着它的人工神经网络的浮点突触计算，全新的高斯噪声令机器人乐队对自己的机体环境感到无所适从。在探索并利用输出和输入之间最紧密联系的同时，这个顽皮、童真的机器人开始演绎自己的音乐世界，表现出惊人的创造能力。

空气中弥漫着静电，“海妖”（siren）机器人迟疑地拨动着E弦，同时向下移动吉他的滑音管，发出一种尖锐的、失真的声音。一场漫长而单调的独奏开始了：“阿格劳斐墨”如痴如醉地一遍遍循环弹奏着这段E音调。

此刻，德国艺术家尼古拉斯·巴金斯基（Nicolas Baginsky）正站在它面前，被眼前的景象深深迷住。这台机器人以前从未有过这样的举动，可能是某段源代码出现了漏洞，导致控制行为的某条规则发生了故障；又或许是硬件当中的某个部件，如拾音器或效果踏板没有正常运转。尽管巴金斯基在聆听演奏时被“阿格劳斐墨”的奇异表演深深吸引住了，但他的脑海中却一直在苦苦思索这台机器人“神经质”的行为。

二十分钟过去了，漫长得犹如二十个小时。E弦的振动通过吉他拾音器传递到一组失真器中，滤除杂音后的声波被转换为一组频谱，随后这些频谱被反馈到“海妖”机器人的六个人工神经网络中。每一个网络都会发出数字信号来努力争夺观众们的注意力。自从突触被重置以来，这是“阿格劳斐墨”的A型网络第一次发出比E型网络更响亮的声音。吉他机器人漫不经心地拨动着相应的琴弦，仿佛正从恍惚状态中苏醒过来。

为期三天三夜的柏林第二届电子艺术综合征节（Berlin's Second Electronic Art Syndrome Festival）在亚历山大广场附近盛大举行，在活动期间以外，“海妖”机器人开始制作更复杂的声音即兴表演，它能够在声谱的物理特性范围内进行自组织，逐渐发展出一种自成一派的表演风格。在接下来的二十年里，“阿格劳斐墨”（见图1.1）一直在练习、排练和表演，不断适应身处的不同声音环境。在这漫长的岁月里，它和其他音乐演奏机器人组成了一支爵士乐即兴演奏乐队——“三海妖乐队”。这支乐队所有的音乐作品都是现场即兴演奏，从不依照任何乐谱，完全是几台机器人在排练和表演时一起限时即兴演奏而产生的自适应交互的结果。

图 1.1　尼古拉斯·巴金斯基，“阿格劳斐墨”，1992 年。吉他机器人。图片由尼古拉斯·巴金斯基提供。

“三海妖乐队”被视作当代数字艺术蓬勃发展中实践领域的早期案例，其涉及一种名为“机器学习”（machine learning）的人工智能形式。机器学习的核心理念并不是通过直接编程逻辑规则来赋予机器智能，而是让机器从人类经验中自行学习来进行编程。这种编程方法在 20 世纪 90 年代末几乎被当时主流的编程方法淘汰，但自 21 世纪 00 年代中期以来，得益于人工智能基础研究的重大突破，这种方法获得了世人空前的追捧，前所未有地激发了商界的兴趣，近年来也在艺术圈引起了广泛的关注，并且催生了一场定义模糊的艺术运动，我称之为“机器学习艺术”（machine learning art）[1]，与之前的控制论艺术（cybernetics art）、人工生命艺术（artificial life art）和演化艺术（evolutionary art）等计算艺术实践密切相关。

机器学习是人工智能的一个分支，它允许计算机从人类的经验中学习，而不是通过“显著式编程”来完成指令（Samuel，1959）。在“三海妖乐队”的案例中，“海妖”机器人从环境实时采集的声音数据（包括自己产生的声音）中学习。这些数据会经过一个机器训练处理的过程，即一个逐渐调整将输入声波映射到输出（拨动指定的弦）的数学函数算法。

这支“三海妖乐队”与现代移动设备上的 Alexa、Siri 等语音识别软件有许多相似之处。目前使用的最先进的语音识别算法也是建立在机器学习的基础之上的，就像巴金斯基的机器人乐队一样，这些系统也接收音频数据流，并从中提取规律性。例如，语音识别应用首先将声音信息与先前由人工标注的特定音素相关联，之后语音识别算法会尝试根据新的音频输入流来预测正确的音素，并使用被标记的数据进行自我调整。

这两个案例虽然运用的是同一项技术，但二者的真正区别在于如何运用以及为什么运用这项技术。虽然可以使用一套特定的标准来评估语音识别系统在既定任务（即将声音转换成文字）中的表现，但巴金斯基实际上并不关心他的机器人是如何做出决策的，也不关心它们音乐表演的准确程度。他真正在意的，是自己是否喜欢听到的声音。巴金斯基的兴趣在于这项技术带来的一些可能性，以及亲眼看到这些机器人正发展出一种独特而明确的演奏风格，这一过程并非通过人类手工编程实现，而是由机器人自行探索外部世界的环境并找到专属的演奏方式。或许，巴金斯基更深层的兴趣在于这些自适应机器及其制造声音的过程，因为艺术家从中可以学到音乐相关的知识。

机器学习领域的最新突破引发了“第四次工业革命”（Schwab，2016），在这场革命浪潮中，自适应计算系统正在迅速取代医学、交通和金融等诸多领域的脑力劳动。正如人工智能研究员马克斯·威灵（Max Welling）所说：“工业革命爆发以来，蒸汽机取代了体力劳动，在被誉为‘第二次机器革命’的时代趋势之下，智能算法将很快取代脑力劳动。”（Welling，2016）这场革命的先锋是深度学习（deep learning）（LeCun，Bengio & Hinton，2015；Goodfellow，

Bengio & Courville，2016），它涉及使用多个相互连接的人工神经元层级来解释海量数据存在的模式。这些“极具颠覆性的技术”深刻改变了商业和社会的运行方式，涵盖了自动驾驶汽车、自动化医疗诊断、智能金融交易系统、自主武器、数据挖掘和监控等多个不同领域。事实上，尽管人工智能对众多领域产生了根本性的影响，但在经济、劳务、司法和环境等方面的应用只是很小的部分。

深度学习起源于20世纪40年代末的控制论科学，属于这一技术谱系中的最后分支，并在20世纪80年代伴随着联结主义（connectionism）得到进一步发展。联结主义是认知科学和人工智能领域的一套方法，它以使用简化的数学模型来模拟人脑中的神经网络为基础。深度学习在21世纪初的出现与两个重要因素密不可分：一是原始计算能力的提高，尤其是图形处理单元（GPUs）的发展，这一进步一定程度上是由游戏和电影业偶然推动促成的；二是数据的指数级增长，这要归功于作为大众社交媒体平台的互联网爆炸性扩张。人工智能已经成为一门产业科学，并且离我们的生活更近了：随着互联网和移动设备的发展，现在人工智能科技每时每刻都与我们同在，可谓触手可及。

随着深度神经网络架构在规模最大的IT公司拥有的GPU集群上运行，计算数十亿的软件神经元和数万亿的突触连接，我们已经习以为常的数字世界以最低调、稳定、势不可挡的方式适应着我们的日常行为。与此同时，那些基于手工编码的启发式算法的可识别、可解释的决策程序已经不复存在了。我们正在步入一个新时代，一个以统计数据为基础的、看似有机的、无处不在的算法正在取代基于规则系统的新时代。这些算法在全方位的、分布式的控制和优化过程中自适应地与人类耦合。为了理解这个新时代，我们需要摒弃对于计算系统的过时想象，它不再是拘泥形式、基于规则、符合逻辑的构造，而是变成了受生物启发、统计驱动、基于智能体、网络化的实体。

我们正加速进入一个由这些自适应、自主性且神秘的计算形式构成的世界，这种世界构成了一种高度依赖于大企业[2]和政府权力利益的模控社会。艺术家迈莫·艾克腾（Memo Akten）强调，就像第二次世界大战催生了数字计算机，冷战为我们带来了互联网一样，如今“有关反恐战争的大众监控，以及互联网商业模式为我们带来了人工智能和深度学习算法的发展”（Akten，2016）。人工智能亟须经历一个重新界定、解构、拆解和民主化的过程，因此人工智能是能参与到21世纪世界中的最重要的领域。

迷思和误解

尽管机器学习在当代工业和商业文化的许多方面得到了越来越广泛的应用，但近年来还没有对艺术实践领域产生重大影响。不过，今时不同往日：在过去的十年里，由于艺术界对于人工智能和机器学习的热情高涨，众多展览不断涌现，如《恐怖谷：在人工智能时代的人类》（*Uncanny Valley: Being Human in the Age of AI*）（笛洋博物馆，旧金山，2020—2021年）、《人工智能：超越人类》（*AI: More Than Human*）（巴比肯中心，伦敦，2019年）、《深度感受：人工智能和情感》（*Deep Feeling: AI and Emotions*）（佩塔赫提克瓦博物馆，特拉维夫，2019年）、*D3US EX M4CH1NA*（劳博尔工业艺术与创作中心，西班牙希洪，2019年）、《纠结现实：与人工智能共存》（*Entangled Realities: Living with Artificial Intelligence*）（电子艺术之家，巴塞尔，2019年）、《我在这里学习：论机器对世界的解释》（*I Am Here To Learn: On Machinic Interpretations of the World*）（法兰克福艺术协会，2018年），以及《机器不孤单：机器三部曲》（*Machines Are Not Alone: A Machinic Trilogy*）（新时线媒体艺术中心，上海，2018年）等。2019年的电子艺术大奖（*The 2019 edition of the Prix Ars Electronica*）新增一个“人工智能与生命艺术”的奖项，确立了以人工智能为导向的数字艺术新趋势。

这种狂热也伴随着诸多迷思和误解，导致对机器学习的分析变得复杂起来。以下展开其中的一些迷思。

迷思一：人工智能、机器学习和深度学习是同一回事。这三个概念之所以会混淆，是因为“人工智能”这个词至少有三种不同的定义。第一种定义是本书采用的含义，指的是一个涵盖了许多竞争性方法的广泛研究领域。其中，机器学习就是一种专注于设计能够自主学习的计算机算法的方法，而深度学习则属于机器学习的一种特殊方式，它使用一种特殊类型的学习系统，即“人工神经网络”。人工智能的第二个定义，特指最先进的系统，意味着以前的方法是缺乏智能的。根据这一定义，如今只有深度学习和其他高级形式的机器学习才应该被称为“人工智能”，因此人工智能经常被用来统称这些尖端技术。最后，人工智能的第三个定义，常见于日常用语中，涉及可能依赖或不依赖机器学习的人工智能体，如“人工智能创造了这份杰作”的说法。

迷思二：机器学习艺术属于新事物。但实际上，机器学习的源头可以追溯到20世纪40年代的控制论初期。“机器学习”这一术语首次出现在20世纪50年代，与“人工智能”几乎同时出现。从那时起，艺术家们通过各种艺术运动，如系统艺术、算法艺术、机器人艺术和演化艺术，探索和使用自适应或学习型计算系统。然而，这些方法在艺术作品中的存在往往难以追踪，因为它们经常用于隐喻，而不是实际的技术。例如，艺术家们对于“学习”“适应”甚至包括“人工智能”等概念的定义，与相应的科学定义往往存在巨大的差异。

迷思三：机器学习可以在没有艺术家参与的情况下创造艺术。关于机器可以完全取代艺术家的观点早已存在。例如，尚·丁格利（Jean Tinguely）自20世纪50年代末起制作的“变形”（Métamatics）系列绘画机器，还有哈罗德·科恩（Harold Cohen）在1973—2016年开发的绘画程序“AARON”。虽然一些机器学习系统确实产生了令人瞩目的成果，但事实上，正如本书所示，机器学习艺术仍然需要艺术家大量的劳力投入。机器学习虽然执行了一些与计算机编程高度相关的任务，但也出现了其他烦琐的、花费更大的任务，比如构建庞大的数据集、微调训练算法，以及大量的预处理和后期处理。更重要的是，尽管机器在创作过程中存在一定的选择空间，但涉及艺术的许多关键决策，始终只能由艺术家本人拍板。

迷思四：机器学习很快就会拥有超越人类的智力和创造力。这是一个关于机器学习的常见迷思，也是一个关于技术层面的普遍迷思。每一项新技术的出现都会引发人们被机器淘汰的恐惧。例如，在20世纪初，未来主义者声称机械技术将很快超越人类（Versari，Doak，Evans，Bellow & Curtin，2016）。关于如今的机器学习，虽然科学界在此问题上众说纷纭，但似乎普遍认为目前的人工智能系统具有很大的局限性。尽管目前存在一些令人耳目一新的系统，但它们仍然局限于一些非常狭隘的工作，并且需要大量的实例来进行训练。这些系统缺乏常识，无法将所学知识应用到超出其训练范围的情境。创造力的一个关键特征是具有“跳出思维定式”的能力，即凭借直觉提出颠覆常规的想法。即便机器在遥远的未来可能达到这一步，但目前仍然有很大的差距。

领会机器学习艺术

新媒体艺术这一研究领域始终未能成为艺术史学家持续研究的主题，直到最近这一空白才开始得以填补。这一转变在很大程度上是因为新媒体艺术家们深入分析自己的艺术实践，开始构建一些理解新媒体艺术学科的理论工具。相比之下，机器学习自 20 世纪 50 年代起一直是人工智能生态系统的重要组成部分。尽管充当的都是辅助性角色，但自 21 世纪 00 年代中期的深度学习革命以来，机器学习的应用一直呈现指数级增长，这主要归功于机器学习在解决人工智能相关的重大问题上取得了前所未有的成功。因此，机器学习已经成为一个关键性概念，在我们的世界当中不断扩张，产生了不可估量的社会性技术影响。

这些技术逐渐盛行和易获取，然而目前几乎还没有形成关于如何创作与机器学习相关的作品，以及如何构思这些作品的概念指导或理论框架，不过关于生成式人工生命的实践与自我调节、进化和涌现等概念已经做了一些基础工作（Kac，1997；Tenhaaf，2000；Whitelaw，2004），但艺术家们对于机器学习和自适应计算方面的细致严谨的研究较为稀少。

自 21 世纪 00 年代中期以来，我们见证的机器学习的复兴是在西蒙・彭尼（Simon Penny）提出的“新媒体结晶”的背景下发生的（Penny，2017），这一复兴受到了市场力量的强大推动，导致存在于 20 世纪 80 年代和 90 年代的独立实验性艺术实践的价值被低估。因此创建机器学习系统的美学理论体系变得至关重要，这不仅便于我们更好地认识那些使用了机器学习系统的艺术作品，还能深入了解在艺术中使用机器学习系统所涉及的过程，并重新定位艺术家在新形势下的角色和作用。

本书旨在初步奠定新媒体艺术领域内关于机器学习认知的基础概念框架，通过考察机器学习在艺术中的历史、实践和理论，为新兴工业革命的早期阶段提供一些清晰的解读。通过这种方式，本书将为当代新媒体艺术家、音乐家、作曲家、作家、策展人和理论家提供一系列历史视角、实践指南和概念工具，帮助他们深入理解机器学习系统的定义、把握机器学习系统与实验性新媒体艺术实践之间的关系，并提出一些方法指导艺术家如何参与其中，如何使用机器学习系统。本书并非旨在教授一些具体的技术，而是将基本的定义和挑战转变为普通读者易于理解的话语，同时将它们与新媒体艺术的核心问题联系起来。

为了实现上述目的，我们将机器学习系统放在研究的“手术台”上进行深入的剖析，从艺术实践的视角来审视其各个维度和构造。在拆解的过程中，我们探讨机器学习系统中每个元素的审美、艺术特征、意义，同时还展示艺术家们与这些元素之间的互动关系。这个过程的目标是揭示机器学习的内部运作方式及其在艺术实践中的运行情况。本书的三个核心板块详尽阐述了这一过程，每个板块分别对应机器学习系统的三个核心构成部分：训练过程、模型和数据。

本书通过研究机器学习与艺术中的关键概念（如不确定性、物质性、表征和作者身份）之间的关系，将机器学习与新媒体艺术紧密结合；介绍并探讨了形式多样、来自各种领域的艺术作品和创意技术实例，尤其聚焦于独立艺术家创作的作品。这些独立艺术家并非简单依赖现成的系统来创作，而是批判性地与机器学习技术进行互动。作为一名与机器学习打交道的艺术家，我将在书中分享自己在研究和实践中的相关案例。这种展开方法有助于理解深度学习技术对21世纪及以后新媒体艺术演进的意义，以及艺术家对机器学习领域所做出的贡献。

为什么机器要学习

在西方世界，智能往往与理性思维、数学和逻辑混为一谈。早在20世纪50年代，大多数人工智能专家认为人工智能的最终目标是执行数学导向的任务，如证明定理或玩国际象棋、跳棋等战略游戏。然而事实证明，这类任务对于计算机来说相对容易解决，因为它们存在于基于逻辑规则和符号的明确定义域。例如，在国际象棋游戏的任何一个时刻都存在一组有限的符合规定的走法，将棋子移动到两个方格之间的中间位置属于违规行为。

相比之下，现实世界中大多数需要运用智能的问题与玩棋盘游戏的差别很大。例如，尽管翻译、金融交易、教学、研究、医疗诊断和治疗等专业性工作必须遵循一套规定和准则，但这些任务需要大量的直觉和经验。此外，许多看似不需要太多智能的任务，比如走动、说话、识别物体或驾驶车辆，我们无须过多思考就可以完成这些动作，对计算机来说却无比困难。

以行走为例。我们是如何行走的呢？粗略一看，“行走”这个动作似乎可以用一个简单的算法来表达。

第一步：一只脚放在另一只脚前面。

第二步：重复这个步骤。

然而，这个行走程序并未考虑到双足运动涉及的所有生物力学动态。虽然行走的算法可能涵盖了大多数情况，但它没有考虑到可能需要付出额外努力的情况，如在不规则表面上移动或攀爬；也没有考虑到更具挑战性的情况，比如失去平衡或携带重物。事实上，人类的双足行走是一项极其复杂的感知运动，涉及协调控制身体多个部位的肌肉。

事实上，我们并不知道我们是如何行走的。

但我们可以明确的一点是：我们不是天生就会走路的，而是在监护人的监督下不断尝试，才一步步学会了走路。

当我们甚至都不知道自己是如何了解或做到这些事情的时候，我们如何对计算机进行编程，让它来执行我们的任务，了解我们所知的事物呢？机器学习的理念就是基于这样的思考，它希望计算机能够像我们用双脚走路一样，从自己的经验中学习。因此，机器学习与根植于生物学的适应概念密切相关，它指的是“通过逐步修正一个结构，从而提升其在环境中性能的过程”（Holland，1992，p.7）。大多数机器学习系统都是基于迭代学习，它们观察数据流，并逐步完善对于正在尝试解决的问题的理解。

监督学习、无监督学习和强化学习

机器学习算法通常被划分为三个子类别，分别对应三种不同类型的任务。其中，监督学习（迄今为止最常用的机器学习方法）是指系统从已标记的数据中学习，即已经为系统分配了（通常是人工分配的）正确输出的数据。例如，假设有一个图像数据库，每张图像都被标记为狗或猫的图像。系统的目标是从这些图像信息中学习，从而更准确地区分图像中的猫和狗。换言之，当系统碰到一张以前没有遇到过的猫或狗的图像时，机器学习算法必须准确地猜测图像代表的动物，即识别它的物种分类。

无监督学习则用于对没有上述标记的数据集进行推断，这可能会产生与初始数据不同的结果。比如，系统的目标可能包括提取数据形成更精练的表现形式（如降维或表征学习）或将数据分组。这里还是沿用前文的猫狗图像的例子，假设我们给学习系统构建一个图像数据库，这次的图像是无标记的。我们要求系统将图像分为两个未指定的类别。根据数据库和系统的配置，它可能决定将图像分为狗和猫两个类别，但是由于分类的指定方式已经交由机器学习系统来判断，因此它可以根据数据集、机器学习系统的类型或其他的系统特性采取其他分类方式，比如它可以自主选择将图像分为深色和浅色，或者彩色和灰色。

最后，强化学习涉及的是一个人工智能体[3]在特定环境中进化，并需要学习如何在其环境中采取最佳行动的情况。通过对系统给予积极的奖励来强化良好的决策，而对不良的行动则给予消极的反馈（即惩罚）。强化学习的常见应用包括：机器人控制、金融交易、配送管理以及游戏人工智能的自适应智能体等。

假如我们设法让一个交易软件智能体在股票市场上运作，并尝试实现收益最大化。该程序根据其对市场的观察，包括其他股票的价格和多方资讯，如日期、时间和金融新闻等，来选择买入或卖出一些股票。根据这些决策，智能体系统会获得与赚到的金额（正向激励）成比例的奖励，或与损失的金额（负向激励）成比例的惩罚。久而久之，该系统将逐渐学会如何做出更赚钱的决策。强化学习还有一个常见的示例：一台需要在开放空间移动并收集物品的机器人，同时必须在电池耗尽之前返回充电站。在这种情况下，这台机器人需要自主控制好空间活动和电量管理之间的平衡。

尽管这些技术可能看起来非常抽象，与我们通常所认为的生物系统的学习和成长过程在数学逻辑上相差甚远，但监督学习、无监督学习和强化学习都对应于现实生活中的一种学习形式。监督学习对应的是在老师或参考文件等指导下的学习，例如学习一本附有动物图片和名称的童书。无监督学习对应的是通过基本的观察来获得关于外界的知识，例如，孩子通过玩积木（或者以后还会玩火）来学习基本的物理定律。而强化学习涉及的是智能体在外界环境中因为某种行为受到奖励（或惩罚）的情况，例如，一只狗带回一根木棍后得到零食奖励的情况，或者一个小孩因不小心被自己脚下的积木绊倒的情况。

这些学习系统的类别并不是相互孤立存在的。由于一个领域内的研究往往可以应用于另一个领域，因此这些系统常常是相互渗透的，模型和算法时常可以共享。一个典型的案例是：在 21 世纪 00 年代中期，科学家们发现的一种方法重新点燃了人们对神经计算和机器学习的热情，这种方法即通过运用无监督学习来促进较低层次神经架构的训练，进而对监督学习和强化学习系统的多层神经元进行训练（Hinton，Osindero & Teh，2006）。

机器学习系统的构成

机器学习系统可以进一步划分为三个相互作用的构成部分：训练过程、模型和数据（见图 1.2）。这些构成部分代表了学习系统在相互依存的维度上对结果产生的影响，特别是应用于艺术时对美学潜力的影响。

机器学习系统是在一系列的实例集合上进行训练的，这些实例集合代表了系统可以访问的经验和知识数据。为算法提供的数据是影响系统行为和性能的基本元素之一：除非数据本身或系统内已经预先编码了这些知识，否则系统不能获取超出其被提供的数据范围的知识。每个实例通常由一组数值组成，每个数值代表学习空间的一个维度。例如，一个由 10×10 灰度图像组成的数据集通常表示为一系列的点，每个点有 100 个不同的值（即 10×10 个像素的值）。

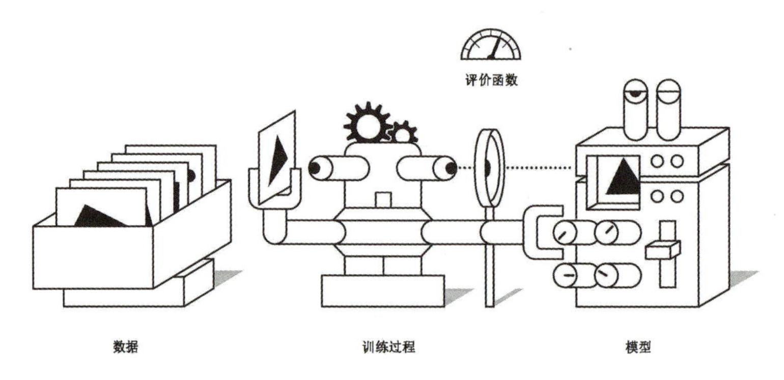

图 1.2　机器学习系统的构成部分。训练过程是在一组数据上训练一个模型，使用一个评估函数来衡量模型的性能。图片绘制：让 - 弗朗索瓦·雷诺（Jean-François Renaud）。

机器学习系统关于世界的知识包含在一个称为“模型”的结构中。机器学习模型通常可以理解为训练数据的精练版本，类似于帆船的比例模型。比例模型既可以代表原船的造型，又可以通过删减无关紧要的细节，缩小为便携的版本模型。同样，一个优秀的机器学习模型必须足够复杂，才能表现出源数据的重要特征，以确保其有效运行。然而，模型也不能过于复杂，以免过于精确而无法概括训练集之外的新示例。[4]

这类模型有多种不同的类型，每一种都有其独特的优势和劣势。例如，人工神经网络由人工神经元组成，这些神经元通过突触权重（即表示两个神经元之间连接强度的数值）相互连接，这种模型能够表示各种数学函数，并且因其擅长识别模式而被广泛应用于计算机视觉和语音识别等领域。另外，还有一种模型用于遗传编程（genetic programming，GP），此模型使用二进制遗传代码来表示计算机程序。这种模型具有实现任何算法的潜力，因此被称为“通用问题解决模型”。[5]

模型和数据集在本质上是一种惰性结构，而第三个构成部分——训练过程则是通过使用数据调整模型，将它们绑定在一起。为了引导模型做出正确的决策，训练过程中系统会使用评估函数（根据上下文语境，也叫成本、适应度或奖励函数）来测量模型在数据点上的性能（Alpaydin，2004，p.35-36）。

因此，机器学习系统可以总结如下：在设定某种特定类型的任务（监督学习、无监督学习或强化学习）后，学习算法会通过调整模型来提升整个系统在数据集上的性能（按评估标准进行测量）。虽然机器学习的所有应用领域大多遵循这一套逻辑，但适用于各个构成部分的技术还会产生多种多样的变化。

因此，机器学习提供了一个解决问题的通用框架，这个框架不仅挑战了传统的人工智能方法，也挑战了计算机科学本身。机器学习系统希望实现的，并非设计一个直接处理问题的计算机程序，而是将不同的组件（数据、模型、训练过程和评估函数）放在一起，让系统自主寻找解决方案。尽管这种方法在许多年间的表现欠佳（主要原因是数据和计算资源不足），但自 21 世纪 00 年代中期以来，机器学习已经逐渐从人工智能的幕后走向了前沿，并成为深刻推动社会变革的重要催化剂。

从控制论到深度学习

机器学习在 21 世纪取得的巨大成就，是建立在计算机科学 50 多年的研究基础之上的。深度学习是一种受大脑层次结构和自组织性质启发的机器学习方法，它使得我们在解决诸如计算机视觉、语音识别等挑战性问题上取得了重大突破（有时甚至超越了人类的表现），推动了人工智能领域的发展，使我们进入了一个有望颠覆社会基本结构的新工业时代。然而，深度学习不仅是人工智能领域的最新里程碑，从更广泛的维度来看，它更是人类探索生命系统和人类智能运行这一漫长而不懈的征途上的一座重要里程碑。

控制论这一跨学科性的科学概念最初可以追溯到 20 世纪 80 年代机器学习的出现至 21 世纪 00 年代机器学习的复兴这一时期。在战后时期的美国和英国，研究控制论的目的是认识大脑的工作原理，进而探究支配有机系统和计算机系统的基本机制。控制论学家设计了自适应和自主性的机器（Walter，1950；Ashby，1954），并为控制和通信的新理论奠定了基础（Wiener，1961；Shannon，1948）。

一些控制论学家试图通过研究大脑最基本的单元——神经元，来揭示人类认知的工作原理。沃尔特·皮茨（Walter Pitts）和沃伦·麦卡洛克（Warren

S.McCulloch）认为，相互连接的简单神经元可以用建立模型的方法来模拟逻辑门（McCulloch & Pitts, 1943）。格雷·沃尔特（Grey Walter）和罗斯·阿什比（Ross Ashby）建立了一款人工装置，试图通过相互连接的神经元之间的反馈回路来模拟神经机制。在 20 世纪 50 年代末，在神经科学家唐纳德·赫布（Donald Hebb）研究成果的基础上，心理学家弗兰克·罗森布拉特（Frank Rosenblatt）提出了一个受神经启发能够识别模式的系统：感知器（Rosenblatt，1957）。几乎与此同时，奥利弗·塞尔弗里奇（Oliver Selfridge）提出了一种用于图像识别的结构，它由神经元的分层单元组成，他称之为“群魔”（pandemonium）（Selfridge, 1959）。尽管感知器和“群魔”还存在许多重要的实际和理论问题尚未解决，但它们已经体现了现代深度学习系统基础的核心思想：人工智能的关键在于设计由自组织单元（即神经元）的堆叠层组成的自主系统，每一层神经元都学习了系统所观察到的越来越高层次的内容。

尽管控制论在科学领域的作用已经基本式微了，但它在计算机技术发展中的重要性不容忽视，尤其是在人工智能和机器学习方面的发展。不过，控制论对 20 世纪 60 年代社会和文化的影响鲜为人知，特别是在当代艺术领域，控制论与概念艺术、行为艺术和动态艺术（kinetic art）等运动密切相关。这些革命性的方法试图超越艺术对象的物质性，推动艺术作品朝着计算机程序和人工系统构思的方向发展（Burnham，1968）。

这种从对象到系统的范式转变也与战后出现的一种重要的心智理论有关，它将深刻地影响西方世界在随后几十年里对人类主体概念的构想。这种思想潮流被称为“计算主义”（computationalism）（也称为“认知主义”（cognitivism）），它是表征主义（representationalism）的一种特殊形式。该理论所依据的概念是：我们不是直接体验，而是通过世界的表征来体验。计算主义认为：人类的认知能力等同于计算机的计算力，换言之，人类智能是大脑通过收集代表世界的符号并对其进行运算来实现的。计算主义理论声称，大脑只是运行心智能力软件的硬件基础。因此，计算主义认为，即使在硅基机器上运行，只要能够重现人类的认知表现的计算机程序，都应该视为有智能的表现（Turing，1950）。[6] 对计算主义者来说，认知是完全功能性的，因此是非物质性的。认知不是由人的大脑定义的，也不局限于人的大脑，更不是人类的主观经验。所以，计算主义者认为，理论上是可以在计算机上设计并实现认知过程的。

20 世纪 50 年代，伴随着人工智能的出现和发展，计算主义与控制论开始并行发展。人工智能作为一个独立领域，其核心目标是研究计算机如何模拟人类智能。那些年里出现了两种令人瞩目的研究方法，而这两种方法此后在人工智能的历史上不断地合作与竞争。第一种方法是传统人工智能（symbolic AI）[7]，这种方法试图通过直接编程的方式来赋予计算机智能。第二种方法是机器学习，这种方法认为，与其试图让机器实现智能，不如教会机器如何自行学习。这与基于规则的人工智能同计算主义相互关联的方式类似，机器学习似乎与心智理论的联结主义有着密切的关系，联结主义认为认知是通过如神经元[8]等相互连接的单元之间的多重平行交互形成的。

在人工智能历史的第一阶段，传统人工智能迅速取得了显著的进展，由于计算机程序在完成一些对人类来说极具挑战性的任务（如玩策略游戏）时表现出色，人们对此感到十分惊异。然而，与此同时，如感知器等联结主义学习系统被证明有严重的理论局限性（Minsky & Papert，1969）。马文·明斯基（Marvin Minsky）和西蒙·派珀特（Seymour Papert）等科学家主张采用基于规则的计算和启发式方法，利用计算机强大的计算能力——暴力算法来解决问题。然而，到了 20 世纪 70 年代末，传统人工智能研究停滞不前，公共资金也戛然中断。人工智能进入了一个备受冷落的时期，这个时期后来被称为“第一次人工智能寒冬”。进入 20 世纪 80 年代，西方艺术界对控制论和系统的兴趣逐渐减弱，虽然人工智能的研究并没有完全终止，但研究方向却转向如图形和声音制作等其他计算机功能的探索。

到了 20 世纪 80 年代中期，随着神经网络研究的复兴，人工智能再次激起了人们的兴趣，这主要归功于复杂神经网络获取的新发现，其训练灵感来源于感知器。与此同时，一些基于规则的人工智能算法由于专家系统（expert systems）的发展重新流行起来，专家系统的目的是将人类专家的专业知识转化为一套逻辑规则。

除了这两种并存的人工智能方法，20 世纪 80 年代末出现了一个与控制论直接相关的关键新领域：人工生命（Alife）。人工生命的目的是研究生命系统的运行模式，尤其是通过计算机模拟生命的过程，这一领域受到控制论、复杂性理论（complexity theory）、混沌理论（chaos theory）和人工智能的启发。人工生命采用的是一种自下而上的方法：它利用计算机的原始能力来模拟众多单元之间的复杂互动，并观察其最后结果。人工生命的研究人员探讨的是如何将简单的算法指令应用于低级单元，从而在更高的层次上产生类似生命过程和有机体的复杂模式。

到了20世纪80年代末，专家系统和神经网络都在现实环境中凸显出严重局限性，人们对人工智能的兴趣再次减退，此时进入第二次人工智能寒冬。为了应对这些挑战，罗德尼·布鲁克斯（Rodney Brooks）提出了一种被称为“新人工智能”（New AI）的替代方案，他结合了人工生命和机器学习的成果，并淡化了人工智能系统中表征的重要性。这一套方案与联结主义和传统人工智能都是对立的，布鲁克斯认为智能不需要对世界的表征，认知不能脱离情景化和体验式行为发生。换言之，身体在使用世界作为本身的模型。因此，他认为人工智能真正进步发展的唯一途径是：设计能够在自己的世界中互动的机器人，并逐渐训练它们，教会它们如何在这样的环境中行动。

20世纪90年代，人工生命和新人工智能成为新媒体艺术家的重要灵感来源。其中一个显著的案例是人工生命和复杂性理论对电子游戏的影响；由于《模拟城市》（*SimCity*）和《文明》（*Civilization*）等游戏作品流行，一系列涉及复杂现象的模拟游戏得到了广泛关注。一个典型的例子是威尔·莱特（Will Wright）于1990年创作的游戏《模拟地球》（*SimEarth*），该游戏允许玩家通过调节火山活动、侵蚀、降雨和反照率等间接手段来监管一个星球。游戏的主要场景是追踪一个类似地球的行星的不同时期，从地壳的形成到第一片海洋的出现，再到生命和文明的出现。

在当代艺术中，人工生命艺术逐渐发展为一种独特的艺术形式。例如1999年，在内尔·坦哈夫、苏西·拉姆斯（Susie Ramsay）和拉斐尔·洛萨诺·海默（Rafael Lozano Hemmer）等人的共同努力下，西班牙电信基金会支持创建了“艺术与人工生命国际奖”（VIDA）。该奖项延续了16年之久，旨在支持人工生命领域的艺术探究。受到罗德尼·布鲁克斯的新人工智能的启发，一些机器人艺术家，如路易斯-菲利普·德默斯（Louis-Philippe Demers）、肯·里纳尔多（Ken

Rinaldo）和比尔·沃恩（Bill Vorn）都是该奖项的获奖者。同样受到布鲁克斯影响的艺术家和媒体理论家西蒙·彭尼提出了“行为美学”的概念，用来描述在创建一个与现实世界互动的人工智能体（Penny，2000，2017）的条件下创作而成的艺术作品。

从 20 世纪 90 年代中期到 21 世纪 00 年代中期，互联网的发展产生了大量数据，与此同时，互联网的计算能力也得以提升，特别是图形处理单元的发展，该单元最初是为了应对娱乐行业持续增长的需求（如电子游戏和特效）而开发的，后来专门运用于计算量庞大的人工神经网络所需的扩展性矩阵乘法运算。基于这些条件，加拿大高级研究所（CIFAR）对加拿大国内基础研究的支持，为基于神经网络的机器学习的复兴奠定了坚实的基础，有时这一复兴也会被外界称为“加拿大人工智能阴谋”。尽管联结主义人工智能在 21 世纪初已基本被抛弃，但在算法方面的关键突破在 21 世纪 00 年代中期出现，这些突破使得多层次的神经网络得到有效训练。于是，这些系统能够通过分析原始信息的方式，真正自主地模仿甚至超越人类在高难度任务（如计算机视觉、语音识别和文本翻译）上的表现，而无须依赖人类设计的先验知识或启发式算法。

经过 50 多年的研究，人工智能技术终于走向成熟，步入实践阶段。谷歌和 Meta 等巨头公司通过直接收购实验室的方式，开始积极雇用该领域的顶级研究人员。他们不仅为研究人员提供了丰厚的工资和资金投入，更重要的是提供了大量数据集以便研究人员研究，以期在现有和未来的产品开发方面处于行业领先地位。

在短短几年内，企业纷纷加大对人工智能的投资，可谓是呈指数级增长，这一趋势甚至引发了人们对经济泡沫的担忧。但有强烈的迹象表明，这并非仅仅是炒作。几年前看似科幻般的人工智能驱动技术现如今已经进入市场，如自动驾驶汽车、语音实时翻译，以及类似 Alexa、Siri 等私人语音助手。然而，这些可能只是冰山一角。我们正在经历一场技术革命，其重要性不亚于（甚至可能大于）互联网出现后的技术革命。这场革命类似于以前的大规模工业革命，已经对社会产生了深远的影响。正如 18、19 世纪的工业革命推动社会进入第一个机器时代，机器协助人类完成体力任务一样，人工智能正成为第二个机器时代的驱动力，智能算法正在逐步取代认知任务（Brynjolfsson & McAfee，2014）。

机器学习展现了人类巨大的潜力，其应用领域远远不仅限于汽车自动驾驶和个性化广告等市场层面。不过，这些技术引发了一系列重要的社会政治和伦理问题，例如在人工智能加持下的社交媒体信息泡沫和虚假新闻的传播，对民主本身构成了威胁。知名的深度学习专家约书亚・本吉奥（Yoshua Bengio）和杰弗里・辛顿（Geoffrey Hinton）强调指出，这项技术主要是通过几十年来公共资助的基础研究发展起来的，不应该只让私营部门获利，而应该扩展到医疗、教育等公共服务领域以及其他事务领域。

艺术是一个可供机器学习探索更多可能性的领域。新媒体学者贾琳・布莱（Joline Blais）和乔恩・伊波利托（Jon Ippolito）认为，数字艺术在某种意义上充当了防止技术对文化和社会主体入侵的抗体。他们声称："科学技术始终在引领着我们的未来，有时甚至承担着修复前几代人造成的危险的责任。但在技术似乎逐步拥有自主思想的时代，艺术对技术的无情扩张形成了重要的制衡。"（Blais & Ippolito，2006，p.9）[9]

范式的转变

机器学习时代的兴起让媒体界和学术界喜忧参半，因此关于人工智能技术的当代讨论变成了一场两极高度分化的辩论。一方阵营持悲观态度，他们警告说：人工智能会对劳动力市场造成严重的负面影响，比如机器人和算法会在交通、物流和办公室行政[10]等方面迅速取代人类；此外，一个令人恐惧的技术奇点出现了，人工智能将取代人类成为高级智能物种，带来可怕的后果，比如导致人类的灭绝（Kurzweil，2006）。而辩论的另一方阵营，技术乐观主义者歌颂着一个后工作、后民主的自由主义乌托邦世界，认为人类的问题将由仁慈的人工智能学习系统顺利解决；同时，还有温和主义者指出机器学习在医疗保健和教育方面的实际好处，并认为其利大于弊。

在20世纪50年代和60年代，控制论学者们憧憬着一个由智能、自我调节、适应性调节系统构成的社会，这些系统类似于人脑的工作方式。这个愿景由跨学科的研究人员提出，他们虽然组织松散，但他们的建议彻底改变了我们看待技术以及技术在世界中运作的范式。他们批评过去那种以人类为中心的世界观、以控制自然为导向的技术观，认为这种技术观缺乏适应性和自主性（Pickering，2010），于是，他们提出另一种打破这些过时原则的技术发展愿景。

如果技术是为了自行适应自然过程和实体而设计的，而不是控制自然呢？我们是否可以设想那些并非为了控制自然，而是能够融入生态系统中，与其他生命运行过程同时努力生存下来的技术？我们是否可以赋予人工智能体犯错的权利？我们能否允许它们像我们一样以优雅的方式表现出脆弱、不精确和犹豫不决的一面？在人工智能领域，如果我们不再执着于优化和控制的理想，而是转向更开放的适应性范式，将其视为一个生命过程，那么将会发生什么呢？

虽然机器学习的历史深深根植于控制论（Goodfellow，Bengio & Courville，2016），但现代机器学习并未接纳控制论者关于自我调节技术的乌托邦梦想。相反，它更多的是依赖相对传统的工程文化，试图高效地解决例如识别模式、预测未来可量化事件等具体且可测量的问题。换言之，机器学习依然致力于维持对自然的控制。

机器学习的工业发展存在潜在的重大影响，既包括积极的一面，也包括消极的一面。从积极的方面来看，自动翻译技术如何促进获取跨越语言界限信息的能力；自动驾驶的智能汽车如何减少潜在交通事故的发生；以及基于图像的模式识别如何提高医疗诊断质量，并帮助减轻病人的痛苦程度。然而，正如许多观察者所指出的那样，自 21 世纪 00 年代以来，随着跨国公司的快速工业部署，机器学习的存在感越来越强，这也导致它在很多方面都存在问题。作为这场重要辩论的源头，许多人认为这些技术实际上可能导致不平等和加剧权力的失衡，进而削弱民主。思考一下，例如由于运输业的自动化而导致的失业问题、自主武器带来的深层伦理问题、在人工智能辅助下的媒体信息泡沫和虚假新闻传播加剧社会分裂的问题，以及犯罪预测和人类画像分析等学习技术可能被潜在恶意利用的问题等。

这些重要议题亟须社会各界的关注和参与。机器学习已成为 21 世纪最重要的工业技术之一，那么艺术家们该如何参与机器学习所引发的物质和知识辩论呢？随着技术的大规模私有化，再加上艺术家们越来越依赖以社交媒体和广告为基础的工业综合体，他们如何进行创造性的独立工作呢？例如谷歌的“深梦”（DeepDream）项目[11]，尽管谷歌试图将其作为一个创意工具向公众开放，不过，这与谷歌获得大量数据的能力、强大的计算能力和科学专业知识的能力是密不可分的。

艺术家具备批判性和创造性地处理物质和经验问题的能力，因此他们有一个独特的立场来反思围绕机器学习的复杂问题。艺术家可以提出参与机器学习系统的其他方式，帮助我们思考这些系统与现在、未来的关系。但是，艺术家们如何与那些看似高度依赖大型数据库、计算机和专业知识的技术开展合作呢？他们如何处理那些主要用于解决和优化问题的算法？这两者与艺术似乎毫无关系。换言之，他们如何同一个关于工程、科学和商业，但似乎与当代艺术表达形式完全脱节的领域关联起来呢？

考虑到新媒体艺术领域存在着丰富的历史传统，创作者使用适应性和自组织技术作为处理这些问题的一种方式，比如机器学习。自现代计算机的兴起以来，艺术家和其他创意从业者一直在探索将自组织系统、人工智能和自适应计算作为创造审美经验的基础材料。早在 20 世纪 50 年代，艺术家们就已经在使用控制论系统创造自适应机器人和生成性作品。诸如杰克·伯纳姆的系统美学、罗伊·阿斯科特（Roy Ascott）的控制论艺术、机器人艺术和人工生命艺术等重要运动标志着战后新媒体艺术的发展。这一传统与当代围绕生命和认知本质的论述密切相关，如自主性、混沌、涌现和新奇性的生成，人工生命研究学者池上高志（Takashi Ikegami）称之为“生活技术”（Ikegami，2013）。

当我们比较机器学习艺术与新媒体艺术中使用计算系统的记录方法时，如人工生命艺术（Langton，1995；Tenhaaf，2008；Penny，2009）和情景机器人艺术（Brooks，1999；Penny，2013），会发现最重要的区别是，这些方法在本质上是自下而上的，它们依靠人工的反复试错来构建涌现和自组织。从事这些实践的艺术家通过计算来模拟人工生命形式，观察其结果，并试探性地做出一些改变，然后再次尝试，直至达到满意的效果。换言之，艺术家们自身充当着一个自适应设备，在不确定的过程中进行选择。

机器学习提出了一种处理自组织的不同方式，人们组合不同的要素（数据、模型和训练过程），让新生成的系统自行找到实现目标的方式，从而赋予机器更多的控制权。这种方式改变了人们与机器之间的关系，使其更接近实验科学或一种在艺术家和机器之间形成的合作关系。与纯粹的新生成程序相比，这种方式允许对结果进行更精细地控制。它还提供了更多的选择，因为艺术家仍然可以直接实时控制系统的目标（如人工生命模拟），也可以间接地通过微调数据、模型和评估函数进行干预。

我们正在进入计算机技术愈发自适应的时代，而类似的系统以前只存在于自然现象中。这些无处不在的系统为艺术家和文化理论家创造了新的意义，因为它们提供了与自组织系统合作的新方法，开辟了理解生命和人类意义的新途径。同时，机器学习也挑战了艺术创作纯粹的以人为中心的实践观念，因为创作性智能体能够在人类和机器之间互相耦合。最后，在大数据和财富、权力大规模集中的时代，机器学习的快速发展使其成为艺术的重要参与空间。

利用机器学习进行艺术创作面临着一些重要挑战。首先，机器学习通常需要大量的数据，多数大型的数据库是私有的，因此这些数据往往很难生成或获取。其次，尽管计算机的计算成本一直在稳步下降，但仍然相对昂贵。最后，更重要的是，艺术家们往往缺乏有效使用这些技术的技能。

最后，在大多数情况下，机器学习其实是一个解决问题的优化过程，它试图在一段时间内最大化或最小化评价函数。例如，在监督学习检测图像中的猫和狗的分类应用中，我们试图最小化系统所出现的错误数量和范围。但艺术创作不涉及优化，因为艺术创作不存在最小化的客观评估函数。正如没有所谓的“最佳绘画”，也没有“最佳笑话”一样。偏好是主观的，而且往往不是互斥的，比如说一个人可以同时喜欢很多部电影。

幸运的是，这些困难并不是无法克服的。实际上，由于艺术家的需求和目标与科学家、工程师不同，所以许多问题是可以规避的。对于各自艺术领域的应用来说，也许使用较小的数据库和计算机密集度较低的学习系统比较合适。此外，大多数技术是在非常开放的文化氛围下开发的。即使是在科技巨头内部进行的研究，大部分研究成果也是公开可用的，许多大型 IT 公司在拥有开放源码许可证的情况下开放各种工具。计算能力在未来几年可能会得到快速提升，新一代创意开放硬件将拥有多个内核和 GPU。

可喜的是，机器学习技术的使用门槛变低了。例如，基于神经网络的机器学习曾经是一种神秘的技艺，因为它需要对数据进行大量的调整和处理。深度学习的优势之一在于，算法现在能够处理原始数据，这对于用户来说是一项重大利好，也让用户更容易与这种系统配合。人们可以通过大量的免费软件工具和在线教程学习相关技术，通过教育实现这些技术的民主化，这可能会成为未来几十年社会发展的核心趋势。

章节划分

本书旨在从艺术的角度出发，通过提供概念工具、实践说明和历史观点，来帮助读者认识和处理机器学习技术。全书大致按照机器学习系统的不同构成部分，划分为三个部分：训练过程和评估函数（第一部分）、模型和机器（第二部分）、数据（第三部分）。通过剖析学习算法的科学描述，并将其属性与艺术问题联系起来，我希望建立一个全面的框架，帮助艺术家、音乐家、作曲家、作家、策展人和媒体理论家处理艺术作品中的机器学习与广泛的文化问题。因此在本书中，我以通俗易懂的方式整合了与机器学习的各个构成部分有关的科学理论、概念和定义，我还通过实例，深入探讨了利用机器学习进行艺术探索与创作的机会，这既包括直接使用现成的技术方法，也包括通过“改造”或“挪用”技术的创新实践；同时，我也指出了在艺术创作过程中，这些机器学习组件所面临的主要局限、挑战和制约因素。

本书将尽力在机器学习艺术错综复杂的领域中，直接探讨美学和实践问题，穿梭于艺术和科学、人类和机器、身体和过程之间。按照后人类主义学者罗西·布拉多蒂（Rosi Braidotti）的“之字形”概念（Braidotti，2013，p.164），本书以机器学习系统本身的物质性为指导，以非线性的方式亦步亦趋地穿过这片混沌的领域。由于本书建立在我自身作为跨学科艺术家、研究者的研究创作工作基础之上，因此我将不时分享自己的实践和经验的样例和观点。

本书的第一部分深入探讨了围绕训练过程的问题。在第 2 章中，我将学习循环定位为一个优化过程，因为艺术是不以目的和优化为目标的，似乎与学习循环的优化过程是相互对立的。艺术家的实践与科学家、工程师的实践不同，其更注重的是过程驱动，而不是目标驱动。因此，我认为如果试图在特定的艺术领域复制人类水平的创造力，可能会在计算创造力和创意人工智能领域的研究里产生误导，因为这种研究往往误解了当代艺术的基本原则和价值观。在第 3 章中，我将具体探讨艺术家如何通过灵活运用评价函数来操控训练过程的替代方法，由此回顾机器学习在控制论中的起源，即智能体如何适应其环境。在第 4 章中，我提出了一个框架，用以理解自适应行为的美学特性。

本书的第二部分主要探讨的是构成机器学习系统真正输出的模型。在第 5 章中，我将探讨这些自组织的黑盒子是如何以超越人类理解的方式行动的，以及为何这些特质能够为新型实践和艺术形式提供坚实的基础和强有力的支持。随后，我将进一步探究不同种类的机器学习系统如何催生不同类型的艺术实践和审美品质。最后，第 6 章将聚焦于参数模型和遗传算法，第 7 章将探讨浅层联结主义学习，而第 8 章则致力于研究深度学习。

本书的第三部分，也是最后一部分，主要聚焦于数据在机器学习艺术中的作用。第 9 章将展示艺术家如何运用数据作为原材料来塑造机器学习系统，并探讨数据如何影响整个创作过程。第 10 章将论证机器学习通过收集数据和重新使用预训练模型（reuse of pretrained models），如何催生新形式的算法融合。紧接着，第 11 章将深入探讨机器学习系统中观察和生成之间的对应关系，并分析偏见是如何在这些背景下产生的。最后，在第 12 章中，我将从机器学习艺术的实质性角度出发，讨论艺术家与机器学习系统之间建立的关系，以及机器学习对艺术界和策展实践的影响，同时还将探讨 21 世纪机器学习艺术带来的社会政治影响等更广泛的问题。

本书各章节是基于对机器学习的不同视角及其与新媒体艺术的联系来划分的。我期望本书能够帮助普通读者认识机器学习算法结构的基本设计，同时我将这类技术置于更广阔的历史和概念背景之中。即使是阅读过后很久，本书依然能成为读者汲取知识和灵感的宝贵参考。

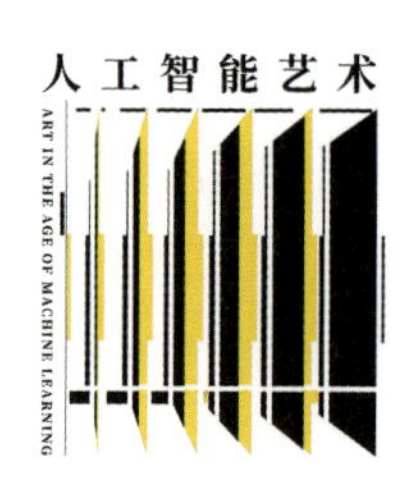
人工智能艺术
ART IN THE AGE OF MACHINE LEARNING

I　训练

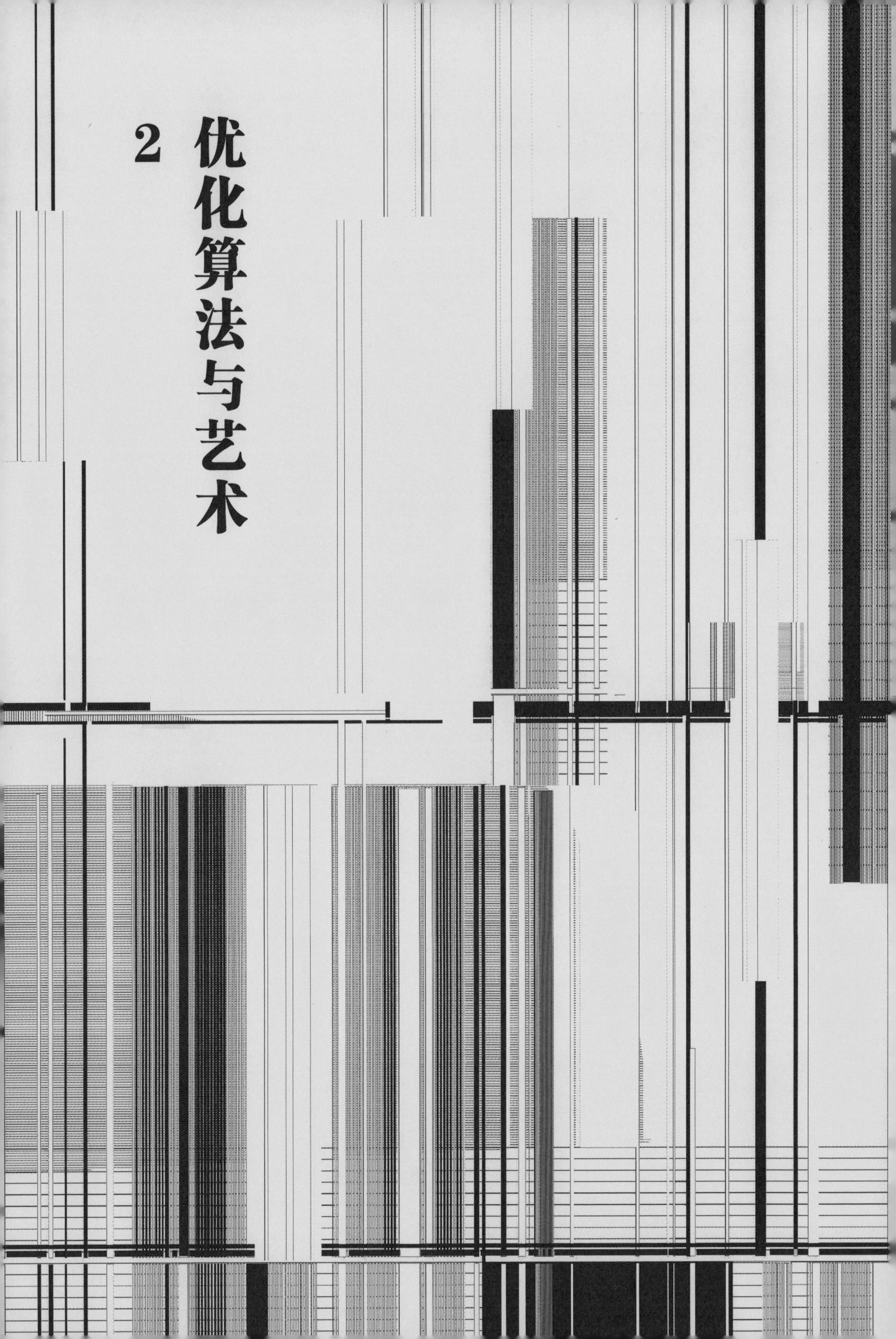

2 优化算法与艺术

本章从我个人的经历开始说起。

21 世纪初，我在蒙特利尔大学（University of Montréal）获得计算机科学硕士学位，我的毕业项目是在约书亚·本吉奥的“计算机科学与自适应系统”实验室（Laboratoire d’Informatique des Systèmes Adaptatifs）[1] 研究人工神经网络语言模型，这类模型是深度学习语言模型的前身，运行着当前最先进的语音识别和自动翻译系统。然而在当时，绝大多数人工智能研究人员不看好人工神经网络，认为这个研究方向没有出路。

在攻读硕士学位的那几年里，我对当时计算机科学领域充斥的纪律、同质和保守的文化感到失望。硕士毕业后不久，偶然的境况和际遇促使我逐渐退出了人工智能研究，转而投入到新媒体艺术领域。21 世纪初的蒙特利尔是一个充满活力、令新兴新媒体艺术家激情澎湃的地方，这里拥有着丰富多彩、蓬勃发展的生态系统，该系统由艺术家运营的中心、学术网络和科技公司共同组成。然而，当我踏入艺术界时，我对于艺术的看法已经被我近十年来浸染其中的工程文化扭曲，这导致我倾向于将所有的事情都视为需要解决的问题，而这种对艺术和社会的看法无疑是幼稚且狭隘的。

在当时的背景下，我在 2005 年冬季的某个时间提出了一个艺术项目的方案，该方案充分反映出我当时的心态。在方案中，首先需要创建一个交互装置向参与者展示生成的图像，让他们根据自身的喜好与之互动并进行选择。随后，该装置将通过机器学习技术生成符合参与者喜好的图像，随着时间的推移，它将生成对参与者而言越来越具有审美吸引力的图像。总之，通过运用我多年来习得的机器学习技术，我将这份艺术作品定义为：为公众提供一个利用机器学习的优化能力、优化“美感”的机会。

在我年轻的时候，我的思维方式更偏向于计算机科学，所以当时的我坚信这个方案的革命性。我认为我的项目将为艺术创作“问题”提供最佳解决方案，并有可能完全取代艺术家。这个想法包含了我对艺术家同行一定程度的轻视。他们大部分都是从艺术或电影学校出来的，不具备我掌握的那些计算机知识和技能，所以肯定无法与我竞争。

这种想法在任何艺术家、策展人或任何其他熟悉当代艺术的人看来，都是值得怀疑的，但我还记得这种想法和感受是因为长年受到狭隘的人工智能学科文化的熏陶，该文化对于以艺术和人文学科为首的其他学科有一种优越感。因此，包括我在内的计算机科学从业者们常常将艺术家视为懒惰的白日梦想家，认为他们选择艺术是因为不够聪明，无法从事科学工作。

当然，事实并非如此，艺术创作是一项具有挑战性的工作，创作优秀的艺术作品不仅要求艺术家具备直觉和才能，还需要艺术家具备强大的精神韧性并持续地倾注身心。艺术家们不仅在艰苦的条件下勤奋地工作，还经常面临严厉的批评和否定。他们不仅需要找到制作作品的方法，还需要到处展示和推销自己的作品，这样一番努力后却往往只能获得微薄的收入。艺术家通常需要投入艺术创作几十年之后，作品才会开始产生回报，但哪怕是成功的艺术家也依然过着朴素的生活。

尽管如此，如今在媒体的推波助澜之下，硅谷文化更是助长了对艺术家的歪曲，这种歪曲的观点认为艺术家唯一的社会功能就是在人们等待未来机器发展得更好的时候生成美。除此之外，这种歪曲的看法尤其持续存在于计算创造力领域。计算创造力是人工智能研究领域的一个分支，它试图理解和复制人类的创造力，并倾向于采用二元论世界观来对待艺术创作。这种世界观自 20 世纪 50 年代以来一直困扰着计算机科学领域。

幸运的是，我并没有将当年提出的生成式交互装置项目落地。通过多年来作为艺术家的学习和工作经历，以及从艺术界的同行们那里学到的新知，我心底那些曾扭曲了我对艺术创作的理解与欣赏的偏见逐渐被摧毁。我开始明白，当代艺术与其说是解决问题，不如说是通过将观众带入某种体验来向他们提出问题，并以间接的方式揭示这个世界上深不可测的真理。[2]

艺术、目的、目的论

多年后，我在康考迪亚大学的美术学院（Concordia University）攻读博士学位期间，于蒙特利尔展示了一个利用强化学习系统生成声光模式的作品。该作品是一种具有不确定性、自主性的模式生成智能体。它不是对观众的喜好做出反应，而是根据作品所处环境情况实时训练。

我邀请了一位计算机科学界的前同事来观看这份作品。展览结束后，他作为一名杰出的深度学习研究员，向我提出了一个将机器学习技术应用于艺术创作的想法。他提议创建一个在线平台，生成图像推送给用户，让用户选择他们最喜欢的作品，换言之，将审美价值归因于生成图片的众包（crowdsourcing）。利用这些信息，深度学习算法将找到问题的最佳解决方案，进而自主创建审美吸引力更强的图像。

同行的想法让我想起了自己以前提出的关于美学优化系统的方案。我们都将艺术过程设定为一个优化问题，按照多数人的投票来决定图像的审美价值。不仅如此，我们将作品的艺术价值定义为可量化的目标函数，以此将艺术创作视为一个待解决的问题。

这段故事暴露了一个核心问题，那就是机器学习领域乃至整个计算机科学领域的传统优化方法不适合应用于艺术领域。它还展示了艺术家如何用与机器学习的惯例背道而驰的方式来利用机器学习进行艺术创作。这种美学优化系统背后的逻辑推导并不是完全没有道理。事实上，类似的概念已经在艺术界付诸实践，其中最著名的是卡尔·西姆斯（Karl Sims）1997 年的装置作品《加拉帕戈斯群岛》（*Galápagos*）。在这件作品中，参与者可以根据自己的喜好来控制虚拟生命形式的进化（见图 2.1 ）。我在年轻的时候就明白艺术作品的价值是主观的，但仍然经历了一系列经不起推敲的思维跳跃，以至于相信可以用机器学习技术来解决艺术创作问题。

首先，我假设艺术品的主观价值可以通过统计人们品位的数据来转化为客观价值。在此前提下，我推断虽然每个人都有自己的品位和偏好，但好的艺术作品通常会受到更多人的欣赏。其次，我们可以假设艺术领域存在某些隐藏的属性，这些隐藏的属性可以使某些作品的受欢迎度比其他作品更好。最后，我假设这些隐藏的属性可以通过神经网络等机器学习模型进行优化，从而满足大多数人的喜好。

尽管从数学的角度来看，该假设似乎是合理的，但这建立在艺术的不准确性前提之上。[3] 首先，它假设艺术可以描述为一个优化问题，但这个假设的不确定性太高了。这世上不存在最动听歌曲或最佳绘画，艺术被优化的可能性是模糊的，并且艺术通常被视为是完全没有目的和不可优化的存在。

图 2.1　图片来自《加拉帕戈斯群岛》互动展览，1997 年。由卡尔·西姆斯提供。

其次，该假设试图根据大众的平均偏好来衡量艺术作品的价值。在艺术的世界中，艺术价值的归因非常复杂，并且视语境而定。在评估一件艺术作品的价值时，普通大众的意见占比极小。艺术价值主要受地理、历史、艺术形式或其他客观因素，以及收藏家、策展人、画廊主、艺术家同行等专家判断的主观因素的影响。

最后，也许更重要的是，如图像或声音等一系列独立生成的对象，将艺术表现与其生产框架脱钩。因此，需要对艺术进行正式的、非具象的和去语境化的定义。艺术史学家安德里亚·布罗克曼（Andreas Broeckmann）曾告诫过这种对艺术的过时的认知，他解释了艺术在 20 世纪如何被广泛定义为“一种实践或一种物质生产形式，取代和疏离了社会手工制品和习俗的意义”（Broeckmann，2019，p.3）。美感和新颖性之于当代艺术，远不如概念和语境那么重要。[4]

最好的艺术

20 世纪 90 年代中期，俄罗斯艺术家维塔利·科马尔（Vitaly Komar）和亚历山大·梅拉米德（Alex Melamid）对于“根据人们的喜好来优化艺术作品”这一想法进行了概念性和讽刺性的艺术创作。1994 年，作为“人民的选择”（*People's Choice*）项目的一部分，他们聘请了一家营销公司调查 1001 名成年美国人的喜好，例如最喜欢的颜色、形状和绘画主题。根据调查结果，他们创作了两幅画：《美国人最喜欢的绘画》（*America's Most Wanted*）和《美国人最不喜欢的绘画》（*America's Least Wanted*）。这两幅画作先后在纽约的另类美术馆（Alternative Museum）和网络上展出。

尽管这项工作多少带有一定的讽刺意味，但两位艺术家坚称他们的创作过程和结果诚实且忠实地反映了人们的品位。然而，包括在其他十几个国家根据调查而创作的“最喜欢的绘画”和“最不喜欢的绘画”在内的这一系列的作品，似乎都没有太高的艺术价值。除少数例外，大多数“最喜欢的绘画”展现的都是某种形式的风景画（见图 2.2），而“最不喜欢的绘画”通常是描绘了重复几何形状的抽象画。因此，值得重申的一点是，正是该项目的概念背景使它成为一个有趣的作品，并得到了艺术机构的支持。

图 2.2　科马尔和梅拉米德，《美国人最喜欢的绘画》，1994 年。布面油画和丙烯，24×32 英寸。图片：詹姆斯·迪（D.James Dee）。图片由艺术家和纽约罗纳德·费尔德曼画廊提供。

科马尔和梅拉米德提醒我们，没有最好或最差的绘画，也没有最动听的歌曲或最佳媒体艺术作品。艺术一般不会试图解决问题或提供答案，艺术作品总是处于某种情境之中。艺术通常被描述成无目的性的存在，因而无法进行优化。因此，尽管本书试图阐明机器学习技术应用于艺术世界的巨大潜力，但是，将机器学习方法应用于艺术创作时面临的根本挑战是机器学习乃至人工智能领域的核心应用方法（即优化理论和问题思维）不适用于艺术创作领域。

在机器学习中，优化结果通过成本函数（也被称为“评价函数”或“目标函数”）来表达，人们试图最小化或最大化适应度或奖励函数。例如，在区分猫和狗的图像的典型分类任务中，成本函数会在系统出错时，显示较大的数值（反之亦然）。另一个例子是强化学习，智能体（例如玩电子游戏的程序）在所处的世界中自主决策，并努力获得高分。

这一优化原则可以追溯到罗森布鲁思（Rosenblueth）和维纳（Wiener）的“有目的系统”，他们试图通过目的论来定义系统的行为（Rosenblueth，Wiener & Bigelow，1943）。在他们具有开创性的论文中，作者将随机过程与有目的、目标的过程区分开来，并在这些有目的的系统中进一步定义了能够通过反馈回路来调整自身决策过程的目的系统。

如果艺术确实不符合目的论，甚至是无目的性的，那么建立在机器学习基础之上的艺术似乎注定会失败。优化不利于增加可能性，而只会减少选项，因为它推动系统聚焦于一个特定的目标。艺术家西蒙·佩尼针对人工智能表达了类似的批评意见，他声称自己在寻求“反优化”系统，从而增加他的机器人艺术作品的表现力和特色。

受到与绘图机器人合作的启发，艺术家莱昂内尔·莫拉（Leonel Moura）和学者恩里克·加西亚·佩雷拉（Henrique Garcia Pereira）在他们的著作《人类+机器人：共生艺术》（*Man + Robots：Symbiotic Art*）（Moura，2004）中就彭尼对优化理论的批评做出了补充：“显然与任何类型的‘目标函数’相关的任何目的设置……都应该禁止纳入‘艺术’应用技术的概念背景当中。”（Moura，2004，p.18-19）他们补充说，由于艺术输出没有客观目标，无法通过这种客观的函数进行评估，因此使用机器学习进行艺术创作毫无意义。

这些对优化理论的批评揭示了艺术实践和工程实践之间的根本区别。正如我之前解释过的那样，计算机科学家习惯以“解决问题”的视角看待一切，总是将一切事物都当作待优化问题来处理，这带来的结果是，计算机科学家倾向于复制已经存在的（即有预期的）事物，而艺术家则尝试创造意想不到的事物。

因此，优化理论不适用于艺术实践。最主要的原因是艺术存在多个最大值，即使是在如个人品位这样有限的领域内，大多数人都有好几部最喜爱的电影、小说，以及好几首最喜欢的歌曲。举个简单的例子，我最喜欢的电影是简・坎皮恩（Jane Campion）的《钢琴课》（*The Piano*），斯派克・李（Spike Lee）的《马尔科姆・X》（*Malcolm X*）和斯坦利・库布里克（Stanley Kubrick）的《2001 太空漫游》（*2001*：*A Space Odyssey*），我很难确定这三部电影中的哪一部在我心目中排第一，因为我可能出于各种各样的原因喜欢这些电影，甚至有些原因我自己都说不清楚。

此外，艺术作品存在的可能性空间是无限广阔、不可类比的，这增加了优化的难度。我最喜欢的三部电影差别很大，很难找到三者之间的共同点。更何况，哪怕我喜爱这几部电影，也不意味着与其中任意一部类型相似的电影就会引起我的兴趣。例如，《2010: 威震太阳神》（*2010*：*The Year We Make Contact*）虽然是《2001 太空漫游》的续集，但远不如库布里克的其他作品。许多翻拍电影都比原版差，但也有一部分比原版好。坎皮恩、李和库布里克也导演过其他一些我不太喜欢的电影。一部电影的优秀特质很难照搬到其他电影上面。

将艺术创作视为优化问题的最后一个主要矛盾是：艺术并不总是为了直接回应观众的喜好而存在的。相反，艺术家设计的美学体验往往违背或挑战公众的偏好。试图将艺术当作优化问题来解决的工程师和科学家将艺术与娱乐混为一谈，而娱乐以取悦大众为目的。[5]

计算创造力

本章描述的工程和优化创造方法均属于计算创造力领域。在过去 30 年间，这种人工智能方法变得愈发重要，也激发了许多专家人士的研究热情。从理论上而言，计算创造力并不仅限于对艺术创作的应用，而是广泛适用于科学、工程和数学等充满创造力的人类思维活动。但在实践中，目前计算创造力似乎主要应用于艺术创作活动。计算创造力是一个广泛的跨学科领域，汇集了艺术家、设计师、计算机科学家、心理学家和哲学家等专家人士，整合了计算系统中多种不同的创造性方法和概念。计算创造力的核心在于延续了传统人工智能使用计算机研究和构建与人类水平相当的创造力，例如通过计算机生成与人类专家创作水平不相上下的乐谱或诗歌。

哲学家玛格丽特·A·博登（Margaret A.Boden）是该领域的杰出人物，她将创造力与提出原创、有价值的想法和制作对应作品的能力联系起来，将创造力的定义细化为两种形式：①心理创造力（psychological creativity）或者 P- 创造力（P-creativity），指的是从创造行为主体的角度出发，平凡的日常活动当中的新奇表现（例如，孩子们在艺术课上表现出来的创造力）；②历史创造力（historical creativity）或 H- 创造力（H-creativity），这是一种被社会认可的创造力（例如，一部杰出作品的诞生）（Boden，1996，p.76）。

博登进一步将创造力分为三种不同类型：①探索式、②组合式、③转换式。

探索式创造力涉及对设定空间的探索，从而在这一空间里生成新颖的、未预见的元素。一个典型案例是艺术家哈罗德·科恩搭建的计算机程序“AARON”，它可以根据一套复杂的规则自主绘图。探索式创造力的另一个案例是根据指定歌手的歌曲数据库进行训练的神经网络，它可以生成与迈克尔·杰克逊（Michael Jackson）等知名歌手曲风相似的作品。

组合式创造力指的是通过组合来自不同领域的两个对象来创建新事物。20 世纪 60 年代流行的融合爵士是结合自由爵士和摇滚乐的一种音乐流派，属于组合式创造力的经典案例。另一个案例是 NSynth（大规模高质量音符标记音频数据集），它运用深度学习组合现有乐器的音源来创建全新的乐器音色（Engel 等，2017）。

最后，转换式创造力涉及颠覆既有的概念或文化习俗。马塞尔·杜尚（Marcel Duchamp）的“现成品”概念打破了现代主义艺术的传统，很好地体现了转换式创造力。

博登将计算创造力的起源追溯到艾达·洛夫莱斯（Ada Lovelace），洛夫莱斯曾谈到分析引擎——在19世纪由发明家查尔斯·巴贝奇（Charles Babbage）设计的机械通用计算机，可以创作复杂的乐谱（Lovelace，1842）。一个世纪后，1956年召开的达特茅斯会议推动了人工智能领域的发展，这场会议将创造力确定为人工智能的一个核心方面（McCarthy，Minsky，Rochester & Shannon，2006）。然而，几十年来，大部分人工智能研究的关注点在于解决问题，忽视了创造力的重要性。因此，早期计算机创造力领域最成功的尝试都是由人工智能的外行设计出来的。例如，远见卓识的作曲家伊阿尼斯·泽纳基斯（Iannis Xenakis）用计算机根据他的随机音乐理论（Xenakis，1992）生成乐谱；建筑师乔·弗雷泽（John Frazer）凭借他在计算机生成环境方面的成就，于1969年获得建筑协会奖。

本书中讨论的许多艺术作品确实可以归入计算创造力领域的范畴，不过，计算创造力的一个决定性特征是它与人工智能技术的联系，计算创造力通过在计算机上建立创造过程来理解人类的创造力。

从20世纪90年代起，随着计算机性能的提高（原始计算能力变得更易获得），设计更复杂的人工智能系统成为可能，主流人工智能领域再次燃起了对创造力的研究兴趣。机器学习技术在计算创造力领域广泛投入使用，并在20世纪90年代中期取得了可喜的成果，自21世纪00年代中期以来取得了巨大的成功。

音乐生成可能是计算创造力最前沿的应用领域。近期的一个成功案例是深度巴赫（DeepBach）系统，该系统基于约翰·塞巴斯蒂安·巴赫（Johann Sebastian Bach）的多声部赞美诗合唱语料库来训练神经网络，生成类似巴赫创作的众赞歌乐谱。在一次面向1600名听众的在线测试中（约25%的人具备相当的音乐专业知识），超过50%的人分不清深度巴赫生成的乐谱与巴洛克作曲家的真实作品（Hadjeres，Pachet & Nielsen，2016）。

尽管计算创造力领域包含艺术和科学学科研究方法，但该领域仍然由科学家而非艺术家主导，因为该领域的核心研究目标和方法主要来自科学，而不是艺术方面。例如，算法能够模仿梵·高或德加等大师级画家的风格，甚至可以骗过专家的眼睛，并且从工程的角度来看，这种对算法的利用无疑是令人印象深刻且有趣的。然而，这种机器拼凑而成的仿制品（pastiche）和借助计算机人工制造的赝品没什么两样，目前尚不清楚它对当代艺术有什么贡献。

此外，计算术语中的创造力和艺术领域的创造力含义并不相同的。艺术就像科学一样，采用创造性的过程，但远不止于此，它首先是一个拥有自己的群体、符码和参考的活动领域。因此，虽然计算创造力领域与哲学、科学高度相关，并且近期它在相关领域的表现可圈可点，但与艺术的相关性仍然非常微妙。

通过质疑“新颖性”和“价值”来定义创造力也存在许多问题。新奇和价值是资本主义消费最强大的驱动力，艺术家如果想要创造一个迷人的、有所反思的世界，提出颠覆性的疑问和思考，就要批评资本家营造的虚假幻象。例如，一首流行的老歌混搭新版本可能会受到大众的喜爱，为艺术家和唱片公司带来数百万美元的收入，但它可能不如一个只影响少数人，但是显著改变他们生活的实验性的艺术作品那么有艺术性。

模仿与艺术

平心而论，在计算创造力领域中，大多数关于艺术创作的研究并没有试图使用生成系统直接匹配人们的偏好来解决问题。相反，为了避免人类的直接干预，许多研究选择使用智能体。这些研究没有将参与者的反馈作为优化的衡量标准，而是着眼于公认的经典，例如巴洛克音乐、英国诗歌或现代主义绘画，然后设计出能够生成符合这些类别的作品的算法。他们往往以图灵测试的变体来衡量成功的标准，即要求一组测试者区分人类原创作品和计算机生成作品。[6]

例如，罗格斯大学艺术与人工智能实验室在 2017 年发布的一项研究成果当属同类研究中最有趣的代表。研究人员设计了一个新的深度学习系统——创意生成网络（CAN）（Elgammal，Liu，Elhoseiny，Mazzone，2017）来创建艺术图像。该系统含有 81449 张具有代表性的现存图像，这些图像代表了从野兽派和点描主义到抽象表现主义的艺术流派，研究人员不仅训练系统模仿现有风格，还调整了成本函数，通过最大化偏离既定风格，同时最小化与规范的偏差，使算法生成“新颖但不至于过度新颖”的图像（见图 2.3）。

图 2.3 根据埃尔加马尔加密算法的创意生成网络（CAN）生成的示例“图像”（2017 年）。由罗格斯大学艺术与人工智能实验室 AICAN.io 的艾哈迈德·埃尔加马尔（AICAN.io -Ahmed Elgammal）提供。

为了验证他们的技术，研究人员将程序生成的图像结果与两组数据集当中的人类艺术家作品进行了比较，这两组数据集一组是抽象表现主义绘画作品，另一组是在巴塞尔艺术博览会上最新展出的绘画作品。研究人员认为，根据当代艺术专家的说法，巴塞尔艺术展是“全球当代艺术的旗舰级艺术博览会”，这里展出的作品可以作为“人类绘画创造力前沿”的象征。这是研究人员的明智之举，他们解释说，他们不只是想模仿现有的风格，还想看看他们的方法是否能产生被艺术界认可的真正新颖的艺术。

这项研究的结果很有说服力。一组不具备艺术专业知识的随机受试者不仅认为计算机生成的图像比巴塞尔艺术展的作品艺术价值更高，而且还认为计算机生成的图像具有更高的意向性和“人性化”程度。虽然有 85% 的受试者能够准确判断抽象表现主义数据集中的那些作品是人类创作的，但当他们看到 2016 年巴塞尔艺术展的作品时，只有 41% 的受试者还坚持自己的看法。相比之下，53% 的计算机生成图像被他们误认为是人类作品。也就是说，参与该研究的受试者感觉，创意生成网络生成的图像普遍比国际当代艺术界的顶尖人类艺术家亲手绘制的作品更“人性化”。[7]

尽管从计算创造力的角度来说，这项研究作为人工智能研究具有很高的科学价值，但它对新媒体艺术领域的贡献远没有人们想象的那么显著。与大多数类似的研究一样，它错误地假设艺术价值可以在排除其他影响因素的情况下通过图灵测试的变体来确定。如前所述，艺术史表明，在制作和展示艺术方面，背景是关键：艺术创作嵌入在文化、历史和制度框架中，与艺术家自己的创作过程直接相互作用。

艺术是人类生活当中充满变数的领域，与文化、科技和历史紧密联系在一起。谈及现代绘画的意义离不开 19 世纪中叶欧洲新兴的社会技术环境，它对当时的审美规范和摄影图像的机械化做出了对抗性反应。艺术与人工智能实验室的论文调查显示，抽象表现主义的价值不仅在于它的形式美学，还在于它在艺术史上与其他艺术流派的相关性。抽象表现主义发端于第二次世界大战后的纽约，受到超现实主义自动化（Surrealist automatism）、原始艺术（aboriginal painting）和量子力学（quantum mechanics）的影响（Paalen，1943）。这场运动与核心的艺术团体密不可分，这批人在纽约 20 世纪 30 年代的经济和政治动荡时期成熟起来，开始重视根植于人类经验的艺术，特别是通过解放思想和释放无意识的方式创作的作品。换言之，我们认为这些作品具有艺术价值，因为它们诞生于特定的背景，但是，如果现今有人创作相同类型的作品（就像创意生成网络的做法），大众不一定认可它是原创作品，更不必说认可它的艺术价值了。

因此，虽然计算创造力研究在展示算法如何产生新颖性方面非常有趣，但它会带来一种错觉，令人以为算法是有创造力的，或是以为算法在创造艺术。这些快捷方式只会加剧普遍的认知混乱，这种认知受到计算主义的污染。计算主义是在人工智能领域仍然占据主导地位的一种二元论，认为人类的行为是一种完全独立于人体，甚至无关乎文化、历史和社会环境的计算程序。

我不认同算法在创造艺术的观点，我认为它在理解和推进艺术实践方面存在严重的缺陷和局限。这种工程方法的艺术制作观念建立在错误的假设之上，即机器学习系统可以通过将决策过程交给中立的创造性黑匣子来绕过系统决策过程中对作者的需求。实际上，在选择优化算法、评价函数、模型和数据集过程中的每个步骤都需要人类做出决策。例如，即使是计算创造力领域最先进的研究，也是在数据充足情况下，在如古典作曲家的作品（Hadjeres，Pachet & Nielsen，2016）或抽象绘画（Elgammal 等，2017）等相对局限的范畴中进行的。

对于机器学习系统来说，模仿人类进行物体检测或语音识别是一项相对容易的任务，因为这要求系统在数据中找到规律性，也就是寻找预期目标。然而，像尼古拉斯·巴金斯基这样使用自组织系统进行创作的艺术家往往更倾向于寻求系统运行中出现的意外、故障或异常值。此外，许多艺术家不太关心最终的作品，而是对创作过程中的创造性探索更感兴趣，这最终会引发新知识和关于世界的新认知。从这个角度来看，使用人工智能进行艺术自动化的尝试至少从表面上看是存疑的。

抛开这些问题，艺术家们使用或者是误用机器学习和其他优化方法进行创作的方式数不胜数。优化可以采取不同的形式，例如在机器学习研究中，存在大量限制较少的优化目标函数，它们鼓励多样性和新颖性。例如，深度学习的许多最新进展与无监督学习和表示学习方法有关，这些方法的目标是从数据中提取规律和模式，而不一定要设法将数据点匹配到如猫和狗等预定的类别。

我们不能否认，得益于计算机科学的进步，越来越多的艺术制作实现了自动化，而机器学习技术也为此做出了贡献。这种艺术创作过程的机械化新形式使得批量生产新颖作品成为可能，然而，这种新形式不应等同于艺术，但它可能会对艺术界产生巨大影响，以至于艺术家和艺术史学家将不得不重新定义艺术的界限。

有些人可能会转而投向人类中心主义的庇护，声称因为艺术从本质上来说是一种人类活动，所以艺术根本不可能这么简单地由机器完成。但我认为这种说法是错误的。虽然我们需要注意不要陷入谷歌引领的技术乐观主义，并接受创造性机器即将取代人类的观点，但我们也必须考虑艺术的某些维度将如何超越人类物种及其行为活动的界限。[8]

机器学习和其他人工智能技术使得创造性劳动的自动化成为可能，这成为艺术家面临的一个严峻挑战。这导致了一种危机感的产生，艺术家的生活条件和社会地位往往很脆弱，他们将不再在社会中担任有价值的角色，因为算法会抢走他们的工作。这种危机感应该引起人们的重视。目前，艺术家通过从事大量创造性活动来生存，其中包括可能会被机器学习系统以较低成本取代的工作，例如为娱乐产业创作商业作品来维持生计。然而，机器学习也为艺术家提供了进一步重新定义人机关系的机会，例如，想象人机合作的新方式。

艺术家们总能找到办法来灵活运用当代科技，并且根据自身需要对技术进行改造，例如，艺术家没有必要定义学习算法的评价函数，来达到接近公众的品位或模仿特定风格的目的。实际上，评价函数可以被自由定义以达到其他目的。因此，创作者们可以根据自己的喜好进行调整，他们可以尝试不同的评估方法来生成新的内容，甚至可以随着时间的推移对评估功能进行更改。换言之，虽然优化理论与艺术实践之间似乎是相互冲突的，但艺术家可以通过如修改输入系统的数据、调整模型或微调评价函数等方法操控优化过程来进行创造性实践。

实时学习

除尝试通过广泛的调查来直接“解决”艺术创作的问题外，一些艺术家还尝试将机器学习的过程作为新艺术形式。在这种情况下，虽然系统依旧根据一个客观目标进行优化，但作品的构造使得训练过程本身成为艺术作品的一部分。

以英国艺术家布丽吉塔・齐克斯（Brigitta Zics）2017 年的作品《弹珠机》（*Pachinko Machine*）为例。这件作品的取名和创作灵感来自日本的“柏青哥”（老虎机），“柏青哥”是一种类似弹珠台的赌博设备。玩家使用一个弹簧负载的推杆将小金属球弹射到机器中，这些弹球从机器内部穿过，在不同的金属销子上弹跳，最后落入不同的接球口（这些接球口代表获得的不同分数），游戏的目标是获得尽可能多的分数。

齐克斯的作品中没有人类玩家参与，她的视频装置呈现了一台与自己对战的“柏青哥”的动态模拟画面。在展览的一天时间内，机器学习智能体尝试通过自主玩游戏来优化自身行为，不断提升游戏技能。然而，优化过程中这台“柏青哥”智能体还在与另一个为游戏增加障碍和制造混乱的算法对抗。这件作品可以作为人生的一种隐喻：在我们为目标努力的同时又总是有各种机遇或挑战让我们背离原本的路径，激发我们去探索替代方案。

波兰艺术家纳塔利娅·巴尔斯卡（Natalia Balska）2014 年的新媒体装置作品 *B-612* 也以实时发生的强化学习过程为主题（见图 2.4）。然而，该作品的学习速度要比《弹珠机》慢得多。齐克斯的作品在一天内完成进化，而巴尔斯卡（Balska）的学习循环则持续数月。这件作品的初始灵感来自艺术家对利他主义概念的研究，展现了一个由机器学习系统培育植物的封闭系统。

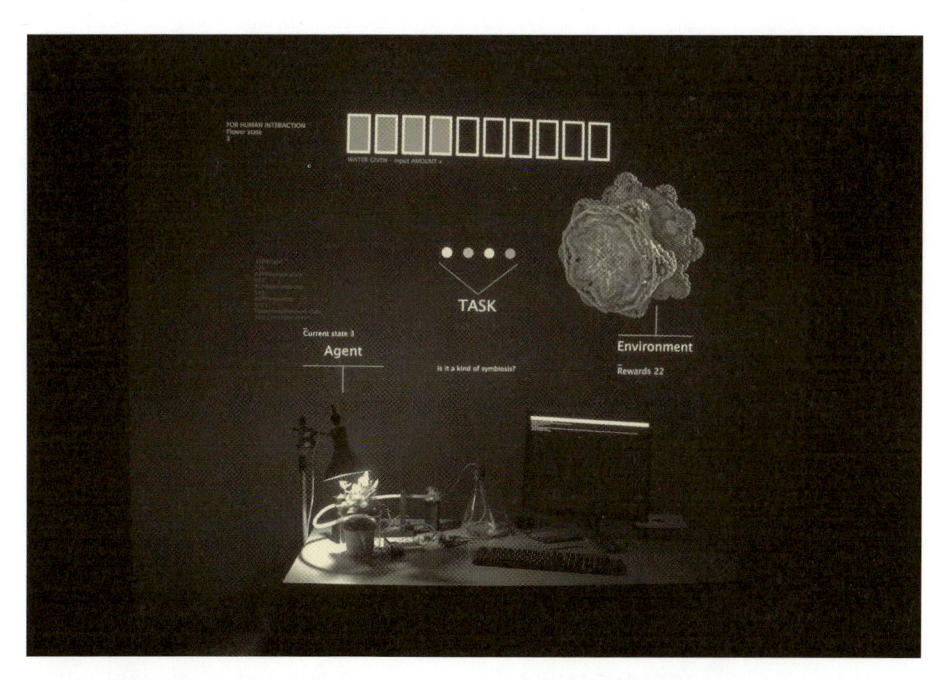

图 2.4　纳塔利娅·巴尔斯卡，*B-612*，2014 年。由纳塔利娅·巴尔斯卡提供。

植物和机器学习系统每天共享一个水池中 10 个独立单元的水（每个单元 10 毫升），智能体对分配水资源做出决策，从而影响环境，特别是影响植物的健康。

作为系统表现的评估方法，智能体决策的影响由外部计算机程序评估，该程序向智能体发送奖励或惩罚形式的强化信号。在展览的过程中，机器学习智能体和植物都会逐渐适应巴尔斯卡创建的环境。

在展览的前两周，智能体的行动大多是随机的，直到几周后才会形成一个模式。首先，智能体在几天内显得非常“贪婪”，将所有的水都留给自己，导致植物开始枯萎。为了响应植物枯萎的迹象，智能体逐渐开始在几天内共享一些水资源。当植物显示出恢复迹象时，学习智能体再次变得“贪婪”。终于，几个月过去，系统对于水资源的管理变得更加高效，可以做出更加稳定和平衡的决策。

对于巴尔斯卡来说，该作品的目的不是创建一个优秀的植物培育系统，而是通过在两个自适应系统（计算系统和生物系统）之间建立关系来实现现实和虚拟间的相互作用。艺术家邀请观众去发现这种关系，并希望他们能以自己的方式来解释它。这件作品虽然采取了实验装置的形式，但通过这个优化过程揭示了系统的不可预测性，系统会根据外部因素（比如湿度和温度）来变化。

总结

机器学习对艺术提出了独特的挑战，因为机器学习与工程文化存在历史上的纠葛，工程文化对优化理论和解决问题的理想化，胜过开放性和多样性。正因为计算机科学和人工智能专注于技术和结果，而不是过程和背景，所以用于艺术创作的传统工程方法是基于错误的前提。

换言之，因为优化理论作为机器学习领域的核心，所以当该领域的专家试图将机器学习算法直接应用于艺术创作时，他们往往会不得要领。当你手里只有一把锤子时，一切都看起来像是钉子。

这是计算创造力研究中反复出现的问题——将机器学习技术直接应用于艺术创作时，将艺术制作定位为一个优化问题。然而，将这些生成性输出从任何参考框架中移除，实际上是与当代艺术的运作方式对立的。20 世纪前卫艺术的持续发展告诉我们，艺术不仅仅是创造新的、美的东西，它还是文化的一个维度，始终作为更广泛的文化、社会和政治背景的反映。此外，正如科马尔和梅拉米德的《美国人最喜欢的绘画》所示，艺术价值不能归结为人气投票。

艺术家们总能找到方法从侧面批判性地参与科技潮流。使用机器学习技术进行创作的艺术家将自适应技术作为创作工具，通过控制机器学习的优化过程创造有目的或有意义的体验。艺术家不会试图回答或解决问题，而是向参与者提出问题，引发参与者的反思。因此，机器学习艺术也被包含在如控制论艺术、计算机艺术、人工生命艺术和生成艺术等之前就已兴起的艺术运动中。

艺术家是如何使用机器学习技术进行艺术创作的？下一章将通过阐述艺术家干预机器学习系统的训练过程方式更深入探讨相关问题。

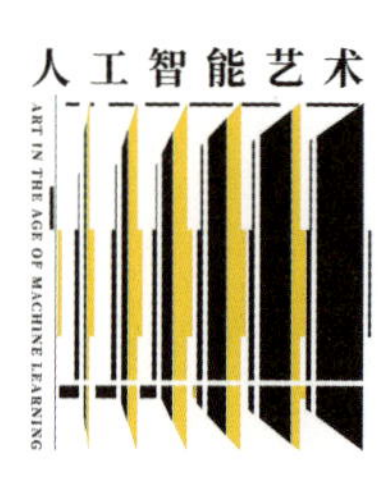
人工智能艺术
ART IN THE AGE OF MACHINE LEARNING

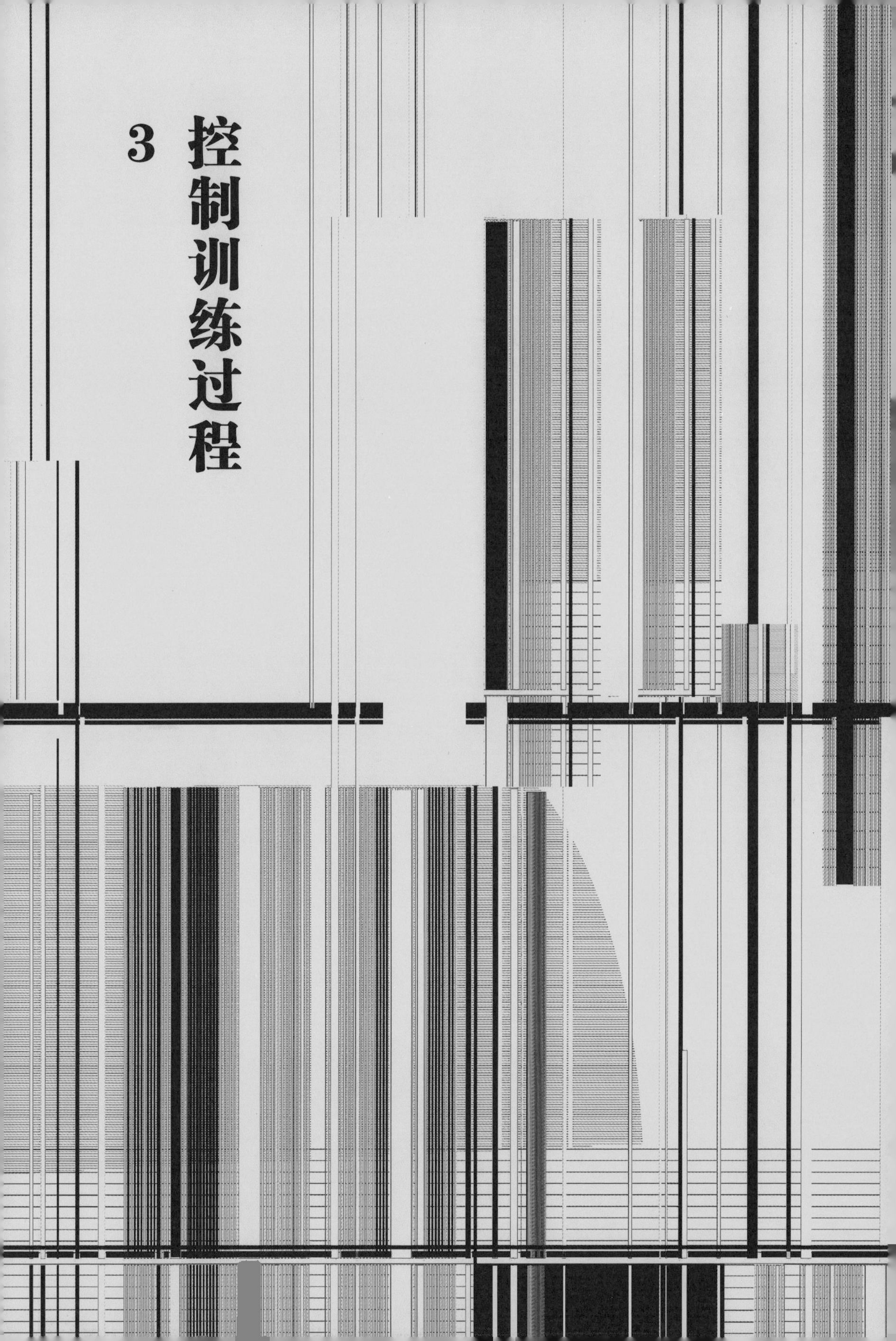

3 控制训练过程

无论好坏，机器学习算法都是为优化而设计的。通过从算法给定的大量示例中学习规律并逐步迭代优化学习模型，提高机器学习模型性能。对于大部分训练过程，一旦用户确定了训练数据、训练模型和训练方法，系统就会自主运行而非受用户控制。因此，艺术家在使用机器学习技术进行艺术创作时总是与计算过程保持一定的距离，艺术家无法直接参与系统的决策，只能间接地影响其结果。

众所周知，基于机器学习技术的艺术重构了艺术家的作者身份与创作材料及过程的自主性之间存在的紧张关系。这种影响对于使用算法进行创作的艺术家来说尤为常见，但它不限于以计算机为媒介的艺术。从创作过程中去除人类的意向性已经成为 20 世纪前卫运动的显著特征。举例来说，达达主义者安德烈·布雷顿（André Breton）和特里斯唐·查拉（Tristan Tzara）的自动主义方法，随后被萨尔瓦多·达利（Salvador Dalí）、安德烈·马松（André Masson）和胡安·米罗（Joan Miró）等超现实主义者用来表达潜意识；20 世纪 60 年代法国实验文学团体“乌力波”（Oulipo，法语 Ouvroir de Littérature Potentielle“潜在文学工作坊”的简写）的作品中对于语言文字的排列、游戏；伊阿尼斯·泽纳基斯的以随机法则为基础的作曲方法。

然而自相矛盾的是，尽管机器学习技术因其强大的预测能力而空前流行，但当其应用于艺术创作时，机器学习算法的不可预测性对于艺术实践来说是一种缺陷。不过，基于机器学习技术进行创作的艺术家接受并重视这种过程的不可预测性，并试图寻找方法来驾驭这些具有自主性的算法。

计算涌现与作者身份

既然机器学习过程如此不可预测，那么如何控制它们来进行艺术创作呢？这些系统是否足够自主，以至于艺术家最终可以完全脱离艺术创作的过程？

机器学习技术不是魔法，目前可用的机器学习系统很难称得上“智能”。事实上，这些算法或许擅长如人脸识别或诊断癌症等某一具体任务，但在其他领域的表现却不尽如人意。[1] 在攻克新的难题时，该领域所在的工程师和科学家通常会尝试用不同的数据集、模型和参数来操控机器学习系统，直到找出适合手头任务的正确参数。换言之，尽管机器学习系统确实能自主完成人类的一些工作，但人类的介入仍然不可或缺。

数字艺术家马克·唐尼（Marc Downie）在处理自主系统的选择问题上提出了一个有趣的思路。唐尼曾制作了多个具有可互动角色的交互装置作品，比如《阿尔法狼》（*AlphaWolf*）（Tomlinson & Blumberg，2002）和《音乐生物》（*Music Creatures*）（2000—2003）等，他使用了多种计算方法（包括机器学习）来控制人工智能体，赋予作品独特的艺术魅力。

在他的博士论文中，唐尼通过计算涌现（computational emergence）的概念来讨论人工智能和机器学习技术在艺术领域中的使用情况，计算涌现指的是计算系统出现了原始系统构成所没有的属性的现象（Downie，2005）。例如，深度学习系统依赖于人工神经元的复杂相互作用，这些神经元通过自组织来实现复杂的决策。单个神经元可以做出非常简单的决策，通过它们的集体配合，就可以做出复杂的预测。

唐尼将计算涌现与艺术实践中的作者身份问题进行了对比。如机器学习和人工生命等基于涌现的方法，通过创建自称无须人工干预即可工作的自主过程，完全回避了作者身份的问题（Downie，2005，p.29）。然而，尽管已经花费了数十年的努力，我们仍在等待高阶涌现系统的出现（Bedau，2000）。

唐尼指出，尽管计算机相对容易生成新事物，但真正的挑战在于将这种潜力转化为实际作品。一旦人们对自组织系统的涌现失去兴趣，那么真正重要的则是来源于作品的审美体验。因此，当艺术家将机器学习技术视为一种艺术创作方法时，他们应该关注更广泛的技术干预的背景，包括机器学习系统提出的关于作者身份的独特问题。系统做出了哪些决策？接下来会输入什么数据？系统的训练标准是什么？系统的自适应性如何帮助或阻碍作品所要表达的内容？系统的自适应性会导致某种程度的失控，向作品传达出一种不稳定性和独特性，这些显著的特征也可以为作品的审美体验增添新意。

主观函数

艺术家怎样才能干预高度自主化和具有失控潜力的机器学习过程呢？他们可以通过调整提供给算法的数据库，或更改正在调整的计算系统结构来操控学习过程。在我们深入探讨这些干预策略之前，让我们首先看一个更基础的方法，即明确定义系统的目标，以便引导学习朝着特定方向发展。

优化的一个核心特点是它必须依赖于明确的目标。绝对不能盲目地优化，必须清楚知道优化的目标是什么。在机器学习领域，这意味着要么最小化损失、成本或错误率，要么最大化适应度或正反馈。不论哪种情况原理都是相同的，都是机器学习算法尝试使用系统性能指标来训练机器处理一组数据。评估函数或目标函数在这里起着关键作用，它是机器学习过程的指南，用来判断系统的表现优劣，进而指导系统进行适当的调整。[2]

评价函数在优化过程中的重要性不可忽视，特别是在艺术家利用机器学习技术创作作品时。它扮演着关键角色，尤其在强化学习和其他基于智能体的作品中。例如，在前文中提到的布丽吉塔・齐克斯的《弹珠机》和纳塔利娅・巴尔斯卡的*B-612*作品中，评价函数对整个作品创作过程产生着深远影响。在监督学习和无监督学习方面，大多数用户倾向于使用现有的评价函数，依赖数据驱动来影响系统的发展。

在操控评价函数方面，艺术家采用了两种核心策略：直接反馈和间接反馈。直接反馈是指人类（通常是艺术家或观众）直接干预系统的评价功能，而间接反馈则是艺术家通过尝试不同的评价函数来获取结果。在这两种情况下，评价函数在艺术家的掌控下，不再仅仅是对系统性能的客观衡量标准，而是转变为一种工具，帮助艺术家引导系统实现他们内心深处的创作意图。

交互式遗传算法

艺术家可以通过直接控制评价函数来引导自适应系统产生期望的结果。在这种情况下，艺术家绕过评价函数导致的自动决策机制，根据艺术家自己的直觉和判断力直接评估算法的性能。

20 世纪 80 年代，理查德·道金斯（Richard Dawkins）在他的著作《盲眼钟表匠》（*The Blind Watchmaker*）（Dawkins，1986）中首次提出了这样一种方法，称为“交互式遗传算法”（IGA）。道金斯提出一个名为“生物形态”（biomorphs）的计算机程序，该程序旨在展示自然演化如何通过随机过程创造复杂结构。[3]“生物形态”可以生成超过 1180 亿张不同的图像，这些图像是由 9 个数字基因构成的二维矢量化计算机图像。这个程序要求参与者从屏幕上展示的生物形态中选择一个喜欢的图像，从而激发程序生成具有所选特征的演化后代。道金斯展示了如何通过几次迭代生成形似生物的形状，比如昆虫[4]（见图 3.1）。

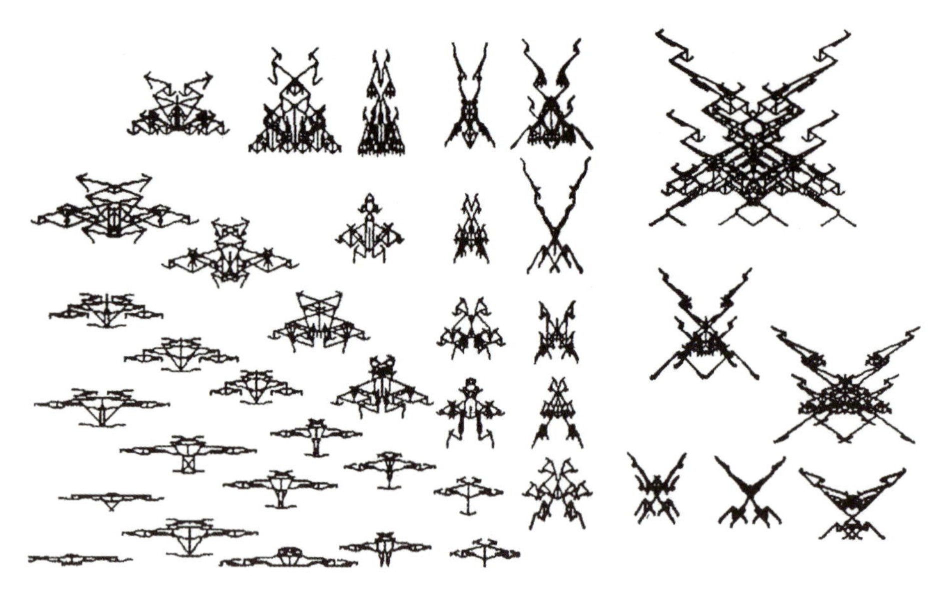

图 3.1　理查德·道金斯，“生物形态”，1986 年。由理查德·道金斯提供。

在 20 世纪 90 年代，艺术家威廉·莱瑟姆（William Latham）和数学家斯蒂芬·托德（Stephen Todd）将交互式遗传算法（IGA）程序引入他们在计算机上创作的三维形态的开创性作品中（Todd & Latham，1992b），这种称为“进化主义”的方法将艺术过程分为两个独立的阶段。在第一阶段，艺术家定义了一个形态生成系统，允许计算机生成不同的虚拟对象。莱瑟姆和托德运用名为“形态生长”（FormGrow）的技术实现了这一愿景。形态生长系统的灵感来自莱瑟姆早期使用纸笔进行创作的经历，通过可编程的语法，递归性地重复使用如圆锥体、球体和角等几何形状，呈现出层次分明的作品（见图 3.2）。

图 3.2　威廉·莱瑟姆，*FormGrow/Mutator Generated Art*，1992/1993。使用定制的形态生长和增变基因（Mutator）软件在 IBM 大型机上呈现的通过软件创建的艺术。重复的分形喇叭结构是形态生长的特征。图片由威廉·莱瑟姆提供。

在第二阶段，IGA 程序帮助艺术家在虚拟世界中选择更合心意的图形结构（Todd & Latham，1992a，p.504）。在这个阶段，艺术家变成了“创意园丁”（Todd & Latham，1992b，p.12），艺术家并非直接创作 3D 形态，而是凭借自己的审美眼光，精心选择和培育人造结构。IGA 程序使遗传学和进化论的原理与计算机技术相结合，自动为艺术家提供选择的可能性，帮助艺术家进行艺术创作，并产生“超出艺术家预期和想象”的结果，使计算机成为艺术家的“创意伙伴”（Todd & Latham，1992a，p.504）。

1977 年的装置作品《加拉帕戈斯群岛》是卡尔·西姆斯的代表作之一，也是在交互式装置中使用 IGA 程序的最为著名的案例之一。在这个作品中，艺术家将园丁的角色交予了参与者，他们被要求使用一组踏板来与装置交互，选择他们最喜欢的人造 3D 生物。通过这种方式，参与者在一场神奇的自然进化过程模拟中扮演了造物主的角色，而这些（人造）生物的遗传代码将通过变异和交叉的方式被用来创造下一代。作品的审美核心在于其交互性，通过有趣、引人入胜的体验，观众们可以参与新生命形式的创造（Fifield，1994）。例如，当两名参与者同时踩在两个踏板上，这个动作会使装置系统模仿有性生殖过程，两种相应生物的遗传代码可能会混合在一起，从而产生后代（Fifield，1994）。[5]

类似的程序已经在强化学习领域中得到应用，通过及时提供正面或负面反馈来塑造机器人和其他智能体的行为。然而，成功案例却屈指可数。在艺术领域中，对互动反馈的主观解释给控制机器学习智能体的发展带来了更为严峻的挑战。首要问题在于，许多复杂的机器学习算法需要基于大量数据才能学到有趣的事物。即使这种学习是可能的，但需要对每个数据点进行手动评估，这个过程将耗费大量时间和精力。

第二个问题是，主观评价可能非常复杂甚至矛盾。人们可能会对系统的两个相似状态给予不同的评价，或者对两个完全不同的状态给予相似的评价。这导致学习算法很难理解用户的偏好。

最后，艺术家很容易将自己的感知与自适应智能体的感知混淆。例如，一位正在观察机器人的艺术家可能会根据其所看到的内容给出反馈；然而，机器人的感知能力可能远不如人类丰富，这使得人工智能体难以真正理解它的表现是好还是差、如何改进它的性能。这种困境类似于无法教给色盲者某些颜色的区别。在训练机器学习时，有一部分艺术作品需要艺术家站在机器的视角，透过其人工眼睛来观察事物。换句话说，艺术家需要直观地理解机器的特性并设计它，以便它能够学习艺术家的审美趣味。

人工好奇心

在艺术家彼得拉·戈米因伯格（Petra Gemeinboeck）和计算机科学家罗布·桑德斯（Rob Saunders）2014年的装置作品《同谋者》（*Zwischenräume*）中，机器人智能体在好奇心驱使下进行实时的自适应表演（见图3.3）。这些机器人被夹在艺廊墙体和临时墙体之间，每一台机器人都配备了电动系统，让它们可以垂直和水平移动，覆盖墙壁的特定区域。它们还配备有一个穿孔装置，可以在墙壁表面钻孔。此外，它们还装备了摄像头和麦克风，用于感知环境。机器人使用无监督学习神经网络[6]将从摄像头和麦克风提取的特征结合起来，检测图像之间的相似性。同时，它们还利用强化学习程序，努力捕捉最“有趣”的图像（Gemeinboeck & Saunders，2013，p.217）。

图3.3 彼得拉·戈米因伯格和罗布·桑德斯，《同谋者》，2010年。图片由彼得拉·戈米因伯格和罗布·桑德斯提供。

在装置作品《同谋者》中，数字正反馈形式的评估函数扮演着关键角色，它规定了机器人认定为“有趣”图像的类型，以及机器人应采取的行动以捕捉这些图像。机器人智能体的好奇心基于“新颖性”和“惊喜”这两大衡量标准，其中“新颖性”定义为图像与机器人之前拍摄的所有图像的差异，而“惊喜”则是指在已知情况下图像的意外性（Gemeinboeck & Saunders，2013，p.217）。这些评估标准旨在代表机器人的好奇心，并作为根据机器人的行为结果而提供奖励的依据。机器人的行为不是静态硬编码的，相反，它们需要探求最佳策略以最大化“新颖性”和“惊喜”。艺术家期望机器人的行为能激起观众的好奇和惊喜之情。

该装置在机器和观众之间建立了一种特殊的关系。当机器人在墙壁上钻孔时，被好奇心驱使的智能体成为“观看表演的观众”。该装置之所以独特，是因为机器人不仅仅能响应和适应观众的存在和行为，而且还能以好奇的态度感知观众。因此，该装置不只是机器人在表演，观众也在激发、引导和回应机器人的好奇心（Gemeinboeck & Saunders，2013，p.218）。

智能体追逐行为

装置作品《N- 多胞形：泽纳基斯之后的声与光行为》（*N-Polytope*：*Behaviors in Light and Sound After Iannis Xenakis*）（以下简称《N- 多胞形》）对如何在强化学习系统中调整奖励函数以生成不同类型的实时模式的技术提供了示例。《N- 多胞形》是我联合克里斯·萨尔特（Chris Salter）、玛丽杰·巴尔曼（Marije Baalman）、亚当·巴桑塔（Adam Basanta）、埃利奥·比迪诺斯特（Elio Bidinost），以及建筑师托马斯·施皮尔（Thomas Spier）在 2012 年创作的作品。它将观众带入灯光与声音的沉浸式奇观之中，重新诠释了著名作曲家伊阿尼斯·泽纳基斯的系列大型装置作品《多胞形》（*Polytopes*）。

《N- 多胞形》的物理结构采用了钢缆构成的可定制拓扑表面，完美适配不同的展览场馆。这种架构并非随意设计，而是根据艺术家泽纳基斯对投影几何学和直纹面的浓厚兴趣而精心打造的。LED 沿电缆线性连接，通过脉宽调制（pulse-width modulation，PWM）技术实现对 144 个 LED 的实时独立控制。作品采用不同类型的算法编排灯光和声音效果。

其中一个模式生成过程模拟了一组在电缆上移动的虚拟智能体。通过强化学习算法，这些智能体实时接受训练。每个智能体在电缆上的位置由微弱的灯光指示，当两个智能体碰撞时，将触发强烈的闪光效果。每个智能体都使用一种独特的奖励函数，这种奖励函数由三种不同类型的反馈组成。这三种反馈分别是：触摸反馈（touch），奖励或惩罚与另一个智能体在同一位置的智能体；移动反馈（move），奖励向特定方向移动的智能体或惩罚朝相反方向移动的智能体；停留反馈（stay），奖励原地不动的智能体或惩罚移动的智能体。这些参数既可以单独使用，也可以组合使用以促进智能体展现不同的行为。通过灵活地设置这些参数，可以引导智能体在模拟环境中展现多样性的行为模式，从而增强其学习和适应能力，如表 3.1 所示。

表 3.1

“追逐者”（Chasers）程序的反馈函数示例以及相应的期望结果

触摸	移动	停留	行为结果
1	0	0	不惜一切代价尝试抓住其他智能体
－1	0	1	尽量避开其他智能体，否则保持不动
0	1	0	始终遵循从左往右移动
2	－1	0	尝试抓住其他智能体，倾向于从右往左移动
－1	0	－1	始终处于移动状态，但避免碰撞

通过让具有不同奖励函数的智能体在同一根电缆上移动，我们可以引入更多变化，从而产生多样化的行为表现，例如实现追逐者 - 逃跑者模式的追逐行为、具有适应性的舞蹈等。在安装时，我们先设置一些智能体，并迅速使它们稳定下来。随后，我们以不同方式使智能体的运动时而有序时而失序，创造出富有创意和变化的智能体动态表演。

举例来说，我们巧妙地运用强化学习优化过程的一个关键特性：探索与利用之间的平衡。在这个过程中，ε-greedy 策略起着关键作用，它决定了智能体在每一个步骤中采取某种程度的随机行为来探索环境的概率，或者说通过“贪婪”行为（即追求当前最高奖励的行动）来巩固已有知识的概率。[7] 当 ε 参数值较低时，通常会呈现出更有组织、更"智能"的移动方式（尤其是在智能体经过足够学习时间后），而较高的 ε 值则会导致更多的随机行为。通过调节 ε 这一参数，我们可以左右智能体的行为趋势，使它们的运动在有序和无序之间游移。[8]

摇摆、碰撞与滚动：调整成本函数

在艺术家和目标驱动系统（goal-driven system）合作中，调整评估函数是一种常见的策略，通常应用于进化计算和强化学习等系统中。然而，在数据驱动系统中，比如监督学习和无监督学习中，这种方法却并不常见。在这类系统中，艺术家可以利用已经设定好的通用成本函数，比如均方误差和对数似然函数，来引导模型以最佳方式拟合训练数据集。相对于使用复杂的数学公式构建评估函数，调整数据集以达到期望目标往往更为简单而直接。

在计算机科学（领域）的实践中，成本函数通常被视为对系统添加约束的主要调整对象。举例来说，创意生成网络（CAN）采用了一个经过设计的成本函数，旨在最大化生成系统对创新性的追求，同时最小化与平均值的偏离，这样就能够鼓励新的形式的产生，同时避免输出结果过于极端或随机（Elgammal 等，2017）。

尽管大部分艺术家可能不会采取这种方式，但一些精通计算机技术的艺术家却能通过调整成本函数来实现他们的艺术创作目标。马里奥・克林格曼（Mario Klingemann）便是其中之一，他凭借对深度学习技术的娴熟运用，创作了充满创意与技巧的独特艺术作品。调整和平衡成本函数的不同组成部分，以及编写自定义成本函数，是克林格曼艺术实践中至关重要的步骤。举例来说，为了训练图像生成模型，克林格曼开发了一个名为"摇摆、碰撞与滚动"（Shake，Rattle & Roll）的成本函数，该函数在每一步都以不同概率或类型的损失函数进行随机采样（Klingemann，2017）。

克林格曼投入大量时间训练他需要的模型，调整如神经元、层等超参数

（hyperparameters），并根据美学、风格、新颖性、语义或类别相似性来试验不同的成本函数。这使得他的生成艺术作品具有充满辨识度的个人风格，并能够从那些使用现有系统创作的生成艺术作品中脱颖而出。

总结

机器学习领域致力于打造完全自主的系统，使其能够在无须人工干预的情况下进行自主学习。当前，这类系统已成为推动人工智能领域发展的先锋，这在很大程度上要归功于机器学习系统能够熟练地解决诸如语音识别、图像分类等复杂难题。

然而，矛盾的是，高度自动化也使得机器学习系统难以操控，在艺术家手中显得格外不可预测和不受控制。因此，利用机器学习技术进行艺术创作的艺术家需要想办法处理这些系统的高度自主性，并使系统的输出结果满足自己的审美要求。

尽管对艺术进行优化注定会失败，但在艺术领域中依然有许多方法可以运用优化理论。威廉・莱瑟姆和卡尔・西姆斯等使用遗传算法的创作者常用的一种方法是艺术家充当目标函数的代理，通过在系统学习过程中主动提供反馈来直接指导机器学习。还有一种方法是通过建立目标函数，并观察系统如何对其做出反应，从而间接影响训练过程。

后一种方法在*B-612*、《同谋者》和《N- 多胞形》等作品中有所体现。除此之外，这些作品还都将机器的学习过程作为美学体验的组成部分。这个创意也出现在涉及自适应智能体的作品中，例如尼古拉斯・巴金斯基的“三海妖乐队”和马克・唐尼的《音乐生物》。下一章将探讨艺术作品中适应性行为的美学特质。

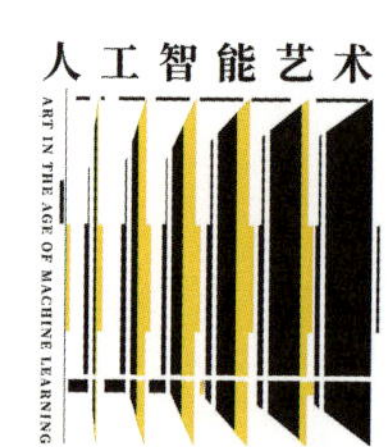
人工智能艺术
ART IN THE AGE OF MACHINE LEARNING

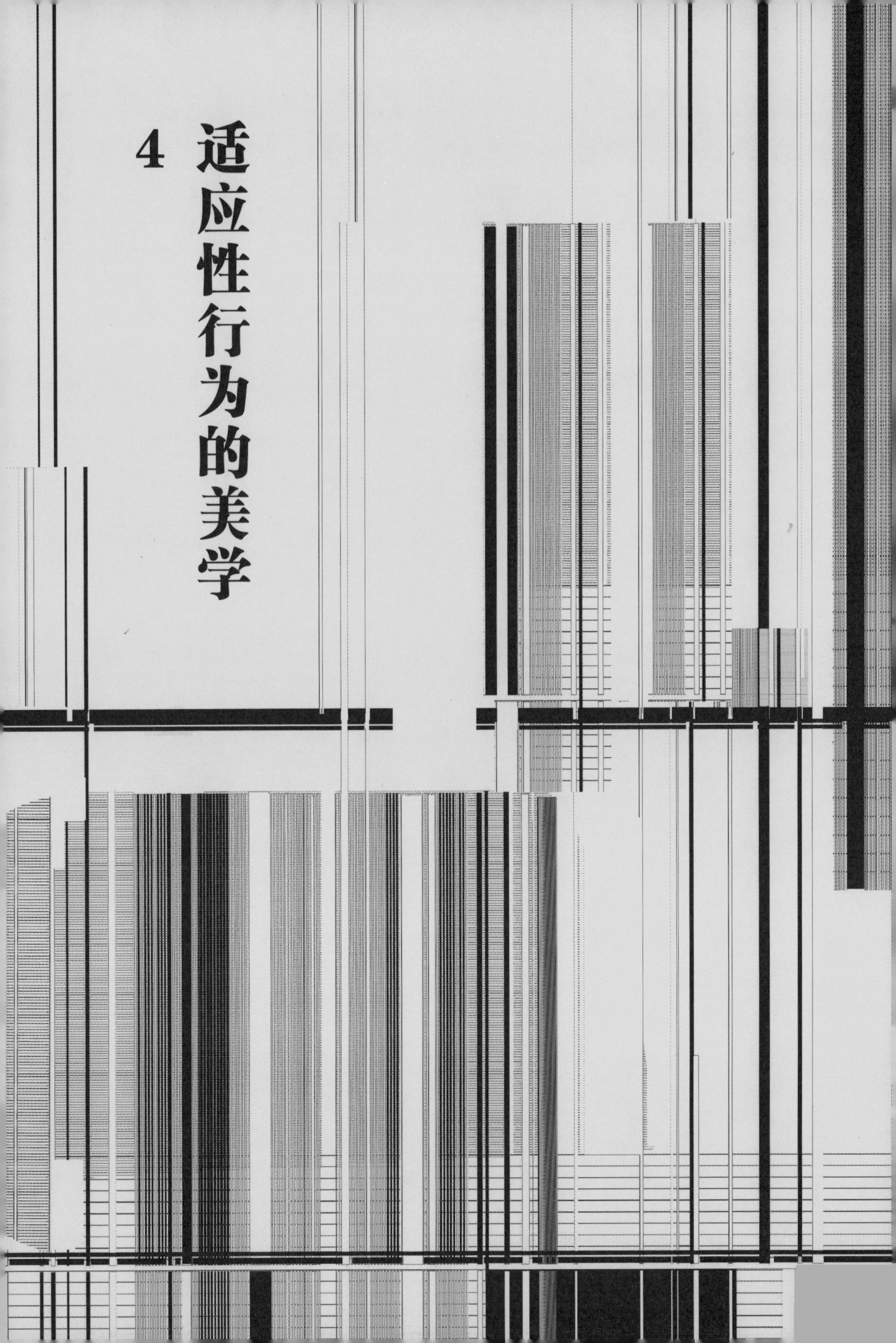

4 适应性行为的美学

机器学习艺术经常使用的一种方法是将“训练过程”视为审美潜力的源泉。例如，巴金斯基的“三海妖乐队”展示了机器人根据环境和自身的即兴表演学习乐器演奏的特点。戈米因伯格和桑德斯的《同谋者》则由充满“好奇心”的机器人驱动，他们让机器人装备钻机，在艺术馆的墙壁上钻孔，重新塑造了机器人和观众所处的环境。这些作品侧重于让观众直接体验机器学习的过程。使用机器学习来生成或展示自适应的人工行为，不符合传统的工程和科学方法论，但对艺术家来说却是独特的尝试。

事实上，在人工智能研究中，机器学习通常被视为达到目的的手段。直到最近，传统人工智能仍然是人工智能领域的主流研究方法，主要是因为它在实际应用中的表现更为出色。人工智能作为以测量为准则的工程领域，允许不同技术相互竞争。例如，在图像识别方面，通过比较算法对图像进行分类的准确率来衡量最新技术的具体水平。算法本身是否使用机器学习并不重要，目前的结果表明，机器学习（尤其是深度学习）在大多数图像识别任务上的性能要优于其他与之竞争的算法。

然而，观察机器从零开始学习的过程令人十分激动。随着机器学习复杂程度的增加，这些系统将经历以某种形式进行自我改变的过程。这个过程可以通过观察学习曲线来感知，也可以通过观察智能体在学习过程中的行为来感知。

除了理论研究，大多数工程师不会将“学习过程”当作研究成果。对他们来说，最重要的不是机器系统的学习过程，而是在具体任务上的最终表现。

然而，我们已经解释过，最优化机器系统并不是艺术创作的灵丹妙药。在特定的背景下，次优的学习机器可以提供跟最优的学习机器一样好甚至更好的结果。此外，机器学习系统优化迭代的学习过程，也为艺术家生成了一个极为丰富的数据库，供艺术创作之用。

行为美学

这种将适应性过程作为新媒体美学的艺术形式，有助于完善西蒙·彭尼定义的“行为美学”，即“文化与机器系统进行互动而开启的新的美学领域”（Penny,

2000）。通过打破“传统美学中主客体的二元对立结构”，这个新领域将美学从“展现”转向“表演”。正如彭尼所说，“艺术不再是关于某个事物的记录、回忆或展现，而是事物正在做什么的动态呈现”（Penny，2017，p.319）。

彭尼批判了人工智能（特别是机器人技术）的工程方法，因为它存在二元论的世界观。他认为，不应该将“行为”理解为纯粹的计算化、非实体的“软件”，而应该当作是一个通过智能体运行的情景过程。因此，通过将它们整合到行为的展演性理论中，行为美学重新阐明了人工生命中的涌现和自组织概念。行为美学是沿袭机器制造艺术的最新发展成果，其历史可以追溯到20世纪50年代计算机的出现，由控制论科学发展而来。艺术史学家爱德华·A·尚肯（Edward A.Shanken）通过研究罗伊·阿斯科特的作品，阐述了控制论对20世纪60年代的艺术的影响（Shanken，2002）。阿斯科特于1961年研读了控制论专家诺伯特·维纳（Norbert Wiener）、罗斯·阿什比和弗兰克·H·乔治（Frank H.George）的著作，由此他构想出了“具身化互动系统”概念。控制论作为一种涵盖系统行为和交流的理论，促使阿斯科特提出将其与艺术融合，从而通过互联网定义艺术和社会之间的信息交流（Shanken，2002）。[1]

英国的博学家安德鲁·斯比迪·戈登·帕斯克（Andrew Speedie Gordon Pask）是控制论艺术运动的关键人物。[2] 据帕斯克回忆，他是在20世纪50年代初在剑桥大学读本科时，在与诺伯特·维纳的一次偶然会面时接触了控制论（Pickering，2010，p.313）。尽管帕斯克以其科学成就而闻名，但他对控制论的研究工作却始于艺术领域。在剑桥大学就读期间，帕斯克参与了剑桥、伦敦的戏剧演出的灯光设计，并与同学罗宾·麦金农·伍德（Robin McKinnon Wood）创办了一家专门从事音乐喜剧编曲的公司。1953年，他们发明了一套名为“音彩机”（musicolour）的戏剧照明系统，该设备通过表演的声音来控制灯光表演，实现声音和灯光的联觉反应（Pickering，2010，p.316）。系统根据表演的声音信号，自适应生成光线图案，以此与人类表演者进行实时互动。这个装置包含一个“初始化学习程序”，该程序能够在表演过程中改变声音和光线之间的互动关系。

关于戈登·帕斯克对于“行为”的定义，在他1968年出版的关于控制论的著作中有详细介绍，帕斯克提出了一个关于“行为”的前瞻性视角，这不禁让人联想起彭尼的观点，即系统地描述“行为”形态学的演变过程。按照他的观点，我认为机器系统的“行为”不能仅仅被定义为算法“配方”，而应该被定义为实时交互模式。正如帕斯克写道：

作为观察者，我们在观察环境时，会去关注环境中持续不变的特征，“行为”就是那些随着时间的推移保持不变的特征（Pask，1968，p.18）。

该定义有两层重要含义。首先，尽管智能体的行为会随时间不断产生变化，但它的行为是有规律可循的。帕斯克以一只猫为例，猫会表现出“像进食、睡觉这样的行为，而这些行为又是从猫可能做的众多动作中选出来的具有规律性的形式”（Pask，1968，p.18）。

其次，行为始终是由“智能系统”生成的，该系统也许是计算机，但也未必需要使用计算机，而只是通过对观察者的感知而存在。这一特征关注智能体运行时产生的现象学体验，可以此特征为基础构建美学框架。它呼应了约翰·杜威（John Dewey）的实用主义美学，即艺术作品不应该被当作是物体，而应该是“精练和强化的体验形式”（Dewey，1959，p.3）。

20 世纪 60 年代，随着传统人工智能的兴起，控制论开始逐渐被边缘化。传统人工智能通常与计算主义有关联，计算主义作为一种心智理论，将人类的心智比作计算机，人的思维过程比作计算形式。换言之，计算主义者认为认知和计算是同一回事（Dietrich，1990）。[3] 1950 年，艾伦·图灵（Alan Turing）提出用机器模拟人类的游戏来测试机器智能的方法，后来被称为“图灵测试”。机器的目标是跟人类审讯者进行持续对话，试图让对方误以为跟自己交谈的对象是人类。如果审讯者无法分清对话的是机器还是人类，那么，根据图灵的说法，该机器应该被视为有思想的生命体（Turing, 1950）。也就是说，图灵认为认知的关键不在于生物基质，而在于系统针对具体任务上的智能表现。

这种测试方法在 20 世纪 70 年代占主导地位，但在 20 世纪 80 年代逐渐式微，源于两方面原因：一方面，是其难以解决实际问题；另一方面，则是涉及更深层次的哲学难题（Dreyfus，1979）。在 20 世纪 80 年代末，机器人学家罗德尼·布鲁克斯提出了另一种测试人工智能的方法，称为“新人工智能”或“新型人工智能”。作为一种高效的、自下而上的机器人测试方法，“新人工智能”在 20 世纪 90 年代对机器人艺术产生了重要影响。尤其是北美的一些机器人专家，比如路易斯 - 菲利浦·德默斯、比尔·沃恩、肯·里纳尔多和西蒙·彭尼等人都认为“新人工智能”激发了他们的创作灵感（Demers，Vorn，1995；Rinaldo，1998）。

20 世纪 80 年代末，罗德尼·布鲁克斯开创了情境机器人技术的革命性工成果，该成果批判了人工智能领域的表征系统。受到布鲁克斯的启发，彭尼为人工智能艺术作品搭建了一个新的美学框架——行为美学，该框架打破了计算主义的教条约束。在 2012 年的一次采访中讨论到行为美学时，他解释道：

> 在我们使用实时计算技术进行文化实践的过程中，会涉及行为的美学设计实践。在某种程度上，我们正在构建一个可以对突发事件做出回应的权变模型，从而引导观者的审美与艺术作品本身的美学系统保持一致，这是交互动态与创作者意图碰撞时所产生的“审美协商”。（Kim & Galvin，2012，p.138）

因此，彭尼批判了影响传统人工智能的二元论观点。他认为行为不应该被理解为一个纯粹计算化、非实体的“软件”，而应该是通过智能体感知世界的情景互动过程。行为在基于计算的艺术作品中是算法的“代码群组”，而在艺术家手中，代码则变成了具备特定属性的材料，可以与视觉、声音和物理组件一起构建全新的审美体验。

布鲁克斯的“新人工智能”和彭尼的“行为美学”受到了人工生命研究的启发，都表现出了自下而上的技术实践特征，同时还批判了人工智能领域的计算主义理论。因此，新人工智能和行为美学都重新阐明了人工生命中的涌现和自组织的概念，并将它们整合到行为的展演性理论中。也就是说，彭尼提出的艺术框架在本质上与脱离实体的艺术形式，如算法艺术、人工生命艺术，有着本质区别。

行为阶级

我认为，不同类别的系统框架能构建不同的行为和审美体验。现有的控制论系统主要从这些系统的“关系”和“结构”两方面进行分类（Cariani，1989；Rosenblueth，Wiener & Bigelow，1943）。在本节中，我通过关注智能体随时间展开的行为美学，提出了机器系统的分类法，完善了彭尼提出的“行为美学”艺术框架，进一步关注具有适应性特质的具身智能体。

我认为内部状态不随时间发生变化的无状态系统应该被称为“零阶行为”。像“映射”这样的无状态系统与智能体这样的有状态系统有着根本区别，前者是输入和输出的直接转换，而后者则可以根据不同的事件改变内部结构。换言之，模糊图像或压缩声音都不能算作行为，雕像[4]和声码器也不存在行为一说。

从设计上而言，无状态系统无法积累经验，因为它们的输出 / 行动完全取决于它们的输入 / 观察。这种系统在数字媒体艺术领域被称为“映射”。它们在新媒体艺术中的广泛流行，从 Max 或 Pure Data 等数据流软件的普及中得以证明，这些软件通常被冠以“可视化”或“可听化”的特征。马克 • 唐尼强烈批判了互动艺术中映射的主导地位。他认为映射的通用特征看似是有益的，但也导致了它的“无效”，不会产生令人意想不到结果。他写道：

在实践中，我们可以感受到类似于函数的“映射”中数据输入和输出之间的关系。这种关系在某种程度上是像在大学学到的那种分段线性或者平滑的数学关系，局部上是稳定的，甚至是可以被分解的无状态信息。这个视角描述了数字是如何被转换为另一个数字的过程。虽然该领域最好的作品是反对这个观点的，但构成作品的基本“规则和空间”不会因此发生变化。（Downie，2005，p.17）

由于映射系统缺乏自主权和能动性，所以它们的行为几乎依赖于输入数据。它们传达的生命感，如人类表演者、自然现象等，完全存在于生成这些数据的系统。它们的无状态性将表演限制在瞬间。它们的“世界”是一连串独立的时刻。换言之，它们可以被定义为“零阶行为”，或者是“非行为”。[5]

基于智能体的系统是有行为能力的，能通过某种内部结构将它们的世界延伸到过去。这些有状态的设备拥有某种记忆（无论它是离散的还是连续的，长的还是短的），这种记忆会随着与环境的互动而修改。换言之，它们过去的经验会对它们现在的行动造成影响（至少在一定的时间内）。

这种状态性意味着可以在计算机程序中找到某种形式的结构或痕迹。例如，由彼得 • 卡里亚尼（Peter Cariani）定义的正式设备是拥有内部状态的，通常在计算机代码中可识别为不同类型的命名变量（即布尔值、整数和浮点数），但这些语法组件是固定的。这些系统生成的行为因而被限制在某个特定领域。因此，虽然智能体对数据的反应可能会随着环境而改变，但其行为不会随着时间而变化。只要有足够的时间，它就会不可避免地重复类似的模式，我们将这些类型的行为称为“一阶行为”。

为了更好地理解这个概念，需要思考一下与其他非计算的、稳定的媒体形式不同的领域如何拥有可识别的行为形态，例如图像、视频，甚至是我在前面解释过的可听化或可视化的实时映射。行为由机器系统的传感器、效应器和算法而形成，并在一定的时空领域内演化。在当代音乐作曲家伊阿尼斯·泽纳基斯和阿格斯蒂诺·迪·西皮奥（Agostino Di Scipio）的著作中，机器系统的形态（morphology）和形态过程被用来描述基于时间的行为（Di Scipio，1994；Solomos，2006；Xenakis，1981）。

由于一阶行为无法生成新形式和改变自身的形式，所以我认为由正式的、基于规则的系统产生的行为形态，与由自适应和进化性智能体产生的行为形态有本质上的区别（见图 4.1 和表 4.1）。后者产生的二阶行为涉及对一阶行为的进化和适应性转化，正因为二阶行为不同于一阶行为的时间变化维度，所以才影响了它们产生的整体美学效果。

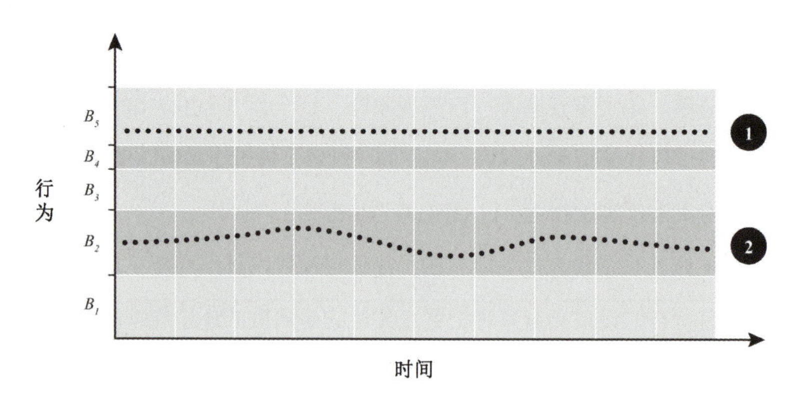

图4.1 一阶行为的时间演化（示例）。纵轴代表系统的行为，即系统生成了具有规律性的可观察行为。可识别的行为形态用标签 B_1，…，B_5 表示。横轴代表时间的推移。该图显示了一阶行为如何保持时间上的稳定：①保持不变；②在某种形态范围内波动。本图由让 - 弗朗索瓦·雷诺根据奥德瑞的原作绘制而成。

表 4.1

基于智能体的系统中的行为阶级

阶级	系统类别	属性
零阶	无状态函数（映射）	行为完全依赖于观察（无记忆）
一阶	正式的 / 基于规则的系统	行为取决于一组观察和一个状态（有记忆），行为无法转化
二阶	自适应 / 进化性 / 生成性系统	行为本身随着时间的推移为应对环境而发生转化

行为形态学

我建议使用形态稳定（morphostasis）、形态建成（morphogenesis）和形态变换（metamorphosis）的概念来进一步描述行为形态的存在、涌现和 / 或随时间变化的各种过程。这些概念分别与涌现、自组织、自调节、自主性等思想相关联。这些思想突出了与形式有关的过程，比较适合为行为美学提供支持性论述。

“形态稳定”指的是行为处于较为稳定的状态。虽然该行为模式在一段时间内看起来是变化的，但形态稳定的行为系统的生成空间极为有限，在有限的生成空间中生成了所有动态行为后，就会开始重复之前的行为模式。也就是说，这些行为不随时间的流逝而改变，那么一阶行为就是纯粹的形态稳定行为模式。

“形态建成”是机器系统以连续渐进的方式发展“涌现”特征的行为机制。目前只有具备自组织特征的系统，比如自适应和进化智能体，才能够展示出形态建成的行为模式。该类别意味着通过系统与世界的互动来产生新的行为形态。

“形态变换”则与“形态建成”密切相关，指的是行为在自适应或进化智能体中从一种形态转变为另一种形态的过程。这个词应该按照它在日常对话中的用法来理解，也就是一个生物或事物的“显著变化”。“形态变换”有两个主要特征：①行为转变的幅度；②行为转变的速度。[6]

智能体的性能应该被视为行为形成过程的概念性工具，而不仅仅是硬性规定的分类标准。从这个角度来看，不同的系统，如计算机程序、传统人工智能、简单的自我调节设备和预训练的机器学习算法，都会产生形态稳定的行为。然而，正如前面强调过的，它们产生的一阶重复模式是各不相同的，这也与它们的结构和行为属性有关。

而与之截然相反的是，一些形态建成行为系统自由地从一个行为过渡到另一个行为，不断地进行形态变化，似乎永远不会完全成形。这些系统是生成性的，但不是自适应的，它们以非目的性的方式演化行为，没有如评估函数之类的客观相关标准（Bown，2012）。

另一方面，自适应系统逐步发展其形态，逐渐形成创作者心中的理想行为，也就是相对于当前评估函数而言的最佳行为。在这一点上，它们与非自适应的二阶行为不同。“自适应”系统就像具备意识性一样，这些系统不仅仅会进行形态转变，更会去适应设定的环境或规则。根据定义，适应性系统是关系性设备：它们的行为经常受到环境中其他行为的影响，而这些行为可以是零阶、一阶或二阶的。环境中的经验行为会影响系统的内在结构，从而改善系统的行为表现。换言之，机器系统的过去滋养了未来。

这个过程通常从随机状态开始，自适应智能体将经历“形态建成”的学习过程，在这个过程中，它们会渐进地修改行为的形状，以更好地执行评估函数（见图4.2）。当它们达到最终形态时，它们就进入了“形态稳定”状态。无论是出于创作者的设计意图，还是对环境变化的回应，一些自适应系统有能力脱离这种稳定的行为状态。

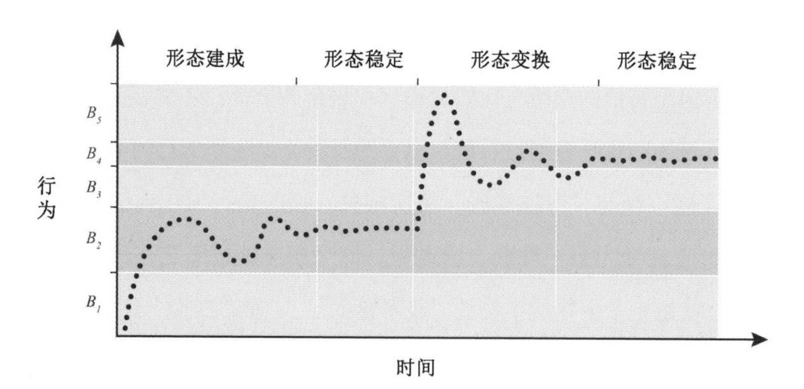

图 4.2　自适应行为经历多个学习阶段的时间演化（示例）。纵轴表示系统的行为，可识别的行为形态用标签 B_1，…，B_5 表示。横轴表示时间的推进。从随机行为开始，自适应系统经过“形态建成”阶段，发展到一个最佳行为状态，就会趋于稳定，进入“形态稳定”阶段。但由于环境的变化，它需要重新调整自己，以展现出更好的行为形态。图片由让 - 弗朗索瓦 • 雷诺根据奥德瑞的原作绘制。

在本书前言部分介绍过的“三海妖乐队”对这些行为的变化非常熟悉。尼古拉斯·巴金斯基在与机器人乐队共处的30年里，通过调整管理机器人行为的神经网络，让机器人能够学习和适应不同时间跨度的变化，最终让它们在几分钟到几小时不等的时间范围内学习，以便在表演中展示出适当的行为和反应。在表演之前，他通常要向神经网络的权重注入噪声来重新启动机器人，从而让它们恢复一些灵活性和开放性，同时保留一些上次表演和彩排中积累的行为经验。

巴金斯基将机器人的行为与动物的自适应行为相比较，后者从童年到成年经历了明显的形态变换：

正如预期的那样，机器人在“童年”时非常不受控制，不可预见，当进入学习阶段时，它仍然非常灵活；而到了中期，它变得相对完善，一旦系统变“老”，就再也懒得弹一两个和弦了。机器人系统一开始的演奏非常狂野，最终的声音变化则侧重于和弦或和声。[7]

机器系统行为的审美体验取决于许多因素。比如在“形态变换”过程中，审美体验取决于变化的幅度和持续时间的比率，在机器学习系统的情况下则与学习速度直接相关，这些因素也可以作为“行为强度”的衡量标准。突然的行为变化会给观众带来惊讶或愤怒的感受，许多互动媒体艺术家已经学会将这种感受运用到作品创作中。与较长的持续时间相比，稳定而明显的行为变化可以激发人的好奇心、焦虑感和探索感。

在艺术展览等传统规格的展陈背景下，观众在浏览一件作品上花费的时间是相当短暂的，而机器系统的学习过程会持续很久，比如说纳塔利娅·巴尔斯卡（Natalia Balska）的*B-612*，该作品的学习行为持续了好几个月。所以从大多数观众的角度来看，机器系统行为的转变是难以察觉的。在这种情况下，观众对于系统的行为变化的体验感就会降低。

除此之外，自适应行为传达了一种叙事关系。当机器系统在我们眼前展示变化的行为时，我们看到了它们不断试错的故事，这些故事唤起了我们学习的经历，让我们意识到机器也会犯错。当我们观察智能体的行动时，我们对它们的意志提出假设，并对它们的未来进行了人类经验的映射。

我想以几句免责声明来收尾。首先，我描述的“行为阶级”不应该被解读为一种划分行为等级的制度。从艺术的角度来看，有时候二阶行为并不比更低阶的行为更好，两者仅仅是不一样而已，两个阶级都有各自的优势和劣势，都可以有效地用于艺术创作。

其次，这些分类是有漏洞的。一方面，一些映射函数，如移动平均线或延迟，具备短暂的时间记忆，因此也可以说它们具有内部状态；另一方面，一些自组织、自适应系统的内部结构非常局促，不允许它们在面对环境变化时进行重大的行为调整。

最后，这些行为分类可以混合在一起。大多数基于智能体的自适应装置将不同的系统汇集在一起，表现出不同种类的零阶、一阶和二阶行为，并以不同的速度介入稳定、生成和变换形态。[8] 与此同时，低阶行为赋予了艺术家对结果更直接的控制权，这对作品的前期设计至关重要。[9]

以上分类方法并不作为系统性的分类方案，而是作为一个参考框架，一个对于艺术家和理论家的灵活分析工具而存在。它提供了基于智能系统的艺术实践的思考视角，我希望它能够对新媒体艺术的审美表达有所贡献，因为从业者们试图想象新的艺术表现方式，并与同行进行深入交流。

自适应耦合

观众在和机器学习智能体进行互动时，需要在行为上和人工智能体相互适应。毕竟人类本身就作为自适应系统，在不断尝试理解我们周围的世界。那么当我们不再是单纯的观察者，而是直接与机器学习智能体互动，将会发生什么呢？

巴黎艺术家贾斯汀·埃马德（Justine Emard）在她 2018 年的影像装置作品 *Co（AI）xistence* 中探讨了这个构想。这段 12 分钟的单通道视频展示了日本表演者森山未来（Mirai Moriyama）和阿尔特（Alter）之间的适应性互动行为，阿尔特是由大阪大学的石黑实验室（Ishiguro lab）和东京大学的池上实验室（Ikegami lab）开发的人工生命机器人（见图 4.3）。在整个作品中，我们见证了这两个智能体试图通过舞蹈、手势、触摸和声音进行交流。例如，视频的一部分展示了森山在阿尔特的凝视下与一束霓虹灯共舞，它们轻柔地移动，触摸对方的手臂，一起尖叫，共同探索适应性互动的行为特征。

图 4.3 贾斯汀·埃马德，*Co*（*AI*）*xistence*，2017 年。图片来源：© 贾斯汀·埃马德，巴黎 2020。图片由贾斯汀·埃马德提供。

埃马德解释说，创作这件作品经历了许多次试错，因为机器人在她拍摄的过程中会不断学习，所以森山只好不断改变他的行为轨迹。换言之，阿尔特的学习特质使得森山不得不随机应变，而机器人也会反过来适应人类表演者的行为。[10]

因此，*Co*（*AI*）*xistence* 揭示了森山和阿尔特之间的互动耦合的自适应行为过程，该过程涵盖了形态建成和形态变换的阶段。这部作品超越了传统的软件与硬件的二分法，而是呈现出人机关系的生成式场景，有效地建构了人类和非人类表演者之间的“智能体之舞”（Pickering，1995）。

生成主义是一种认知科学理论，它建立在大乘佛教（Mahayana Buddhism）、梅洛-庞蒂（Merleau-Ponty）的“知觉现象学”（phenomenology of perception）以及弗朗西斯科·J·瓦雷拉（Francisco J.Varela）、埃文·汤普森（Evan Thompson）和埃莉诺·罗施（Eleanor Rosch）合著的里程碑式著作《具身心智》（*The Embodied Mind*）中首次阐述的自创生成理论之上。生成主义通过结合东西方哲学，从具身智能体的角度出发，描述了计算主义难以解释的行动与感知之间的双向性的根本问题（Varela 等，1991，p.8）。

生成主义的认知模型建立在两个互补的原则之上：自主性和耦合性。一方面，认知智能体不断地重建自身的行为，在抵抗干扰的同时保持自身结构的稳定。这种自主性使它能够将自己定义为一个与环境分离的独立个体，并去逐渐适应环境的变化。另一方面，生物体也依赖其环境，它需要保持与环境的耦合，因为正是在这种环境下，它才作为具身智能体出现。“在定义它作为智能个体意味着什么的时候”，瓦雷拉认为，“在同一运动中，它定义了它的周围环境”（Varela，1992，p.7）。

耦合是现象学和具身交互中的一个重要概念，指的是物体是人体的延伸，比如一根在黑暗中指引前行的手杖（Dourish, 2001）。耦合源于海德格尔的“准备就绪”概念。对海德格尔来说，当一个人在使用某物体时，该物体会以某种方式“消失”在背景中，这种情况就属于“准备就绪”。例如，当一个人持续使用一把锤子时，这把锤子最终会成为这个人身体的延伸，人们不再注意到它。然而，当这个人需要以不同的方式来使用锤子时，它就会突然“重新出现”在场景中，锤子就会从人的身体中“分离”出来，这个人也会从心理上将锤子“剥离”出自己的身体。海德格尔把这种情况称为“现在就绪”状态（Heidegger，1972）。

机器学习智能体的显著特征在于它们能够高度适应环境中的物体，以至于物体的状态变成了“准备就绪”。从这个角度出发，机器系统的适应或学习能力是耦合的必要条件。当一些自适应智能体一起组成了一个整体的自适应环境时，这些智能体可以在彼此适应的过程中互相耦合。当然，自适应智能体并不完全像一个锤子或手杖，也就是说当人使用机器智能体时，人也会被智能体使用，双方都会变成“互相准备就绪”状态。

这两个自适应智能体之间的耦合正是 *Co（AI）xistence* 作品中人类和非人类智能体之间危险的、趣味性的互动。它显示了非人类自适应系统（如阿尔特）在与人类表演者进行双向耦合时产生的独特审美潜力。该作品采取科学实验的形式，展示出两种不同形式的智能如何通过具身经验来共存的学习过程。

总结

在人工智能领域，结果通常可以证明研究方法的合理性。解决诸如“精准识别、正确决策”之类的问题是机器学习存在的原因，这些决策或识别的准确性结果，需要通过适应性实验过程来实现，而适应性过程在某种程度上只属于实验附属品。但从另一方面来说，在艺术家手中，这种学习过程却可以成为审美潜力的来源。

在战后时代，控制论为人工智能和机器学习的研究提供了理论基础，同时也在艺术界掀起了一场革命。相对于物质材料，“过程”和“行为”成为 20 世纪 60 年代和 70 年代的关注焦点。尼古拉斯·舍费尔（Nicolas Schöffer）和戈登·帕斯克（Gordon Pask）等人创造出了实时计算的自适应机电装置。后来，在 20 世纪 80 年代和 90 年代，随着自下而上的智能体控制方法的发展，如新型人工智能，一系列艺术家也在他们的作品中使用传感系统，由此催生了新媒体艺术特有的艺术流派——行为美学。

一些作品需要去引导观众直接体验自适应系统的学习过程。这种使用机器学习作为产生或揭示自适应行为的手段，虽然不符合传统的工程和科学方法，但却是艺术家独有的做法。

基于智能体的机器学习艺术装置，诸如具身、涌现、自主、适应和学习等系统属性如何在行为模式中发挥美学作用呢？尼古拉斯 • 巴金斯基的“三海妖乐队”，纳塔利娅 • 巴尔斯卡（Natalia Balska）的植物性计算装置 *B-612*（2014 年），戈米因伯格和桑德斯的机器人作品《同谋者》（*Zwischenräume*）等作品的适应性特征，如何使得它们不同于其他计算艺术作品？

这些作品中所展示的行为状态可以通过其形态的演化来解释。有人提出了一个分类系统，将机器行为分为三类：非行为（零阶行为）、行为（一阶行为）和元行为（二阶行为）。最后一类涉及智能体随着时间的推移发生形态变化的过程，其中包括形态稳定、形态建成和形态变换。

机器学习过程属于二阶行为，并显示出智能体在迭代到最佳状态后的稳定模式。形态变换或多或少会突然发生在不同的时间跨度上，影响着这些系统的互动体验。此外，大多数成功的艺术装置使用了多种方法，可能会将智能体引导至不同的进化和稳定阶段，努力为观众生成特定的体验。

最后，自适应过程的时间属性并不只限于机器人这样的具身系统。以迈莫・艾克腾的装置作品《学习看见：你好，世界！》（*Learning to See*: *Hello*, *World*！）（2017年）为例，其展示了实时摄像捕捉下的神经网络学习过程。形态建成状态也可以被逆转，比如加拿大艺术家艾琳・吉（Erin Gee）的表演作品《机器解除学习》（*Machine Unlearning*）（2020年），吉使用自发性知觉经络反应（autonomous sensory meridian response，ASMR）发声技术来阅读神经网络生成的文本，该算法在大约15分钟的时间内发生了“退化”，从一个可以生成完整句子的最佳状态，逐渐退化到初始的随机状态。在本章中，我们重点关注学习过程，即通过调整可训练的机器来提高其性能。在下一章中，我们将更仔细地研究不同种类的可训练机器，如遗传算法和神经网络如何影响艺术实践。因此，我们从机器的学习过程中退出来，将目光转向机器学习系统生成的外在表现形式。

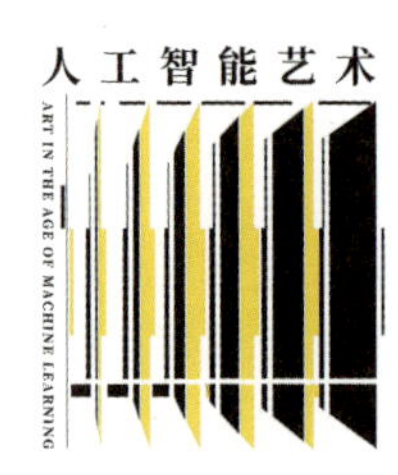

Ⅱ　模型

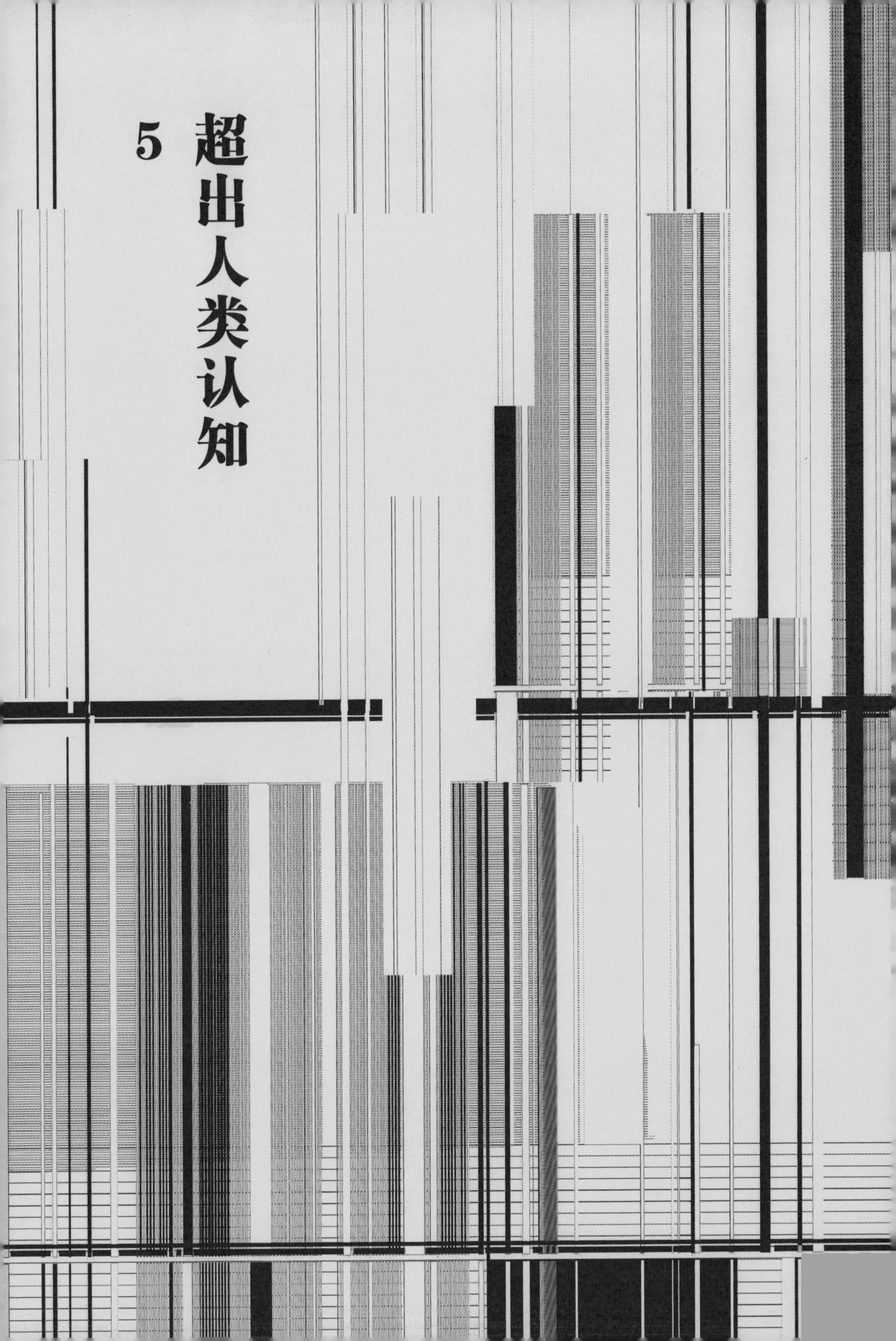

5 超出人类认知

从计算机孵化出的奇幻虚拟生物，到演奏出世界上最离奇音乐的机器人，机器学习艺术正在持续吸引着相关领域的从业者。这些机器学习艺术家乐于迎接挑战，与这些自适应系统“共舞”，尽管这种合作可能会遇到重重困难，但系统感知并影响世界的方式却让人着迷，即便这种方式超越了人类的认知边界。

艺术家与机器学习的合作呈现了一种独特的间接艺术表达形式。尽管人们可以调整参数、操控训练算法的输入数据，但最终的决策却由人工智能系统自行做出，超越了设计者的直接掌控。这些决策结果源自复杂的数学公式，这些公式虽然在某种程度上模仿了自然过程，但对我们来说却仍显得神秘莫测。因此，这些系统创造出令人费解的图像、声音或行为就显得不足为奇了。

事实上，机器学习系统的不透明性是一个众所周知的问题，人们普遍认为它是其社会接受度的障碍所在（Burrell，2016）。在某种程度上，这是为了达到系统性能和精确度的标准，而牺牲了透明度的结果。从设计的角度来看，机器学习设备的“决策”更接近于一种直觉，而不是一个合乎理性的、有逻辑的、可解释的机械构造。但人们觉得矛盾的是，一方面机器学习系统以超强的预测能力为人所熟知，但另一方面人类仍然很难预测这种学习过程的决策。

“抗解”是机器学习艺术家对这些技术着迷的核心。据新媒体艺术家迈莫·艾克腾描述，尽管与机器学习艺术相关的数据收集、训练和调试等任务极其烦琐，但他仍然在反复尝试。虽然机器学习系统带来了新的挑战和未经探索的领域，但这些未经探索的领域也隐藏着待开发的巨大艺术潜力。

如果我们将机器学习艺术置于以计算机为基础的艺术领域，比如说生成艺术（generative art）领域，我们可以充分意识到，机器学习系统比生成性硬编码程序的计算方法更加不可预测。例如，在 20 世纪 90 年代，威廉·莱瑟姆和卡尔·西姆斯等艺术家应用“演化”的原理创建了复杂的生成程序。近年来，索非亚·克雷斯波（Sofia Crespo）和马里奥·克林格曼等艺术家使用深度卷积神经网络（convolutional neural networks）来生成新型的图像。卷积神经网络是一种专门用于生成图像的深度学习系统，其特点是通过集合图像的多个局部，并将所有图像信息汇集到更高级别，从而实现分层组织信息的目标。

索非亚·克雷斯波的“神经动物园”（Neural Zoo）系列作品展示了由卷

积神经网络生成的图像。这些扭曲的图像由有机形状拼贴而成，令人想起奇怪的虚构生物形象（见图 5.1）。马里奥·克林格曼的《路人记忆》（*Memories of Passersby*）（2018 年）将类似的演化过程应用于一个生成视频装置，以此来持续地实时生成人物肖像。装置所生成的图像虽然不可预测，但具备高辨识度的艺术风格，这种风格会让人联想起索非亚·克雷斯波和其他使用类似生成卷积神经网络的艺术家。这种艺术风格不仅受到艺术家所用训练数据库的影响，同时也受到卷积神经网络的特性影响。这些网络倾向于关注艺术家认为更重要的细节，并模糊其他区域，或者重复某些生成模式来进行图像生成。这些系统的行为常常超出人类认知的

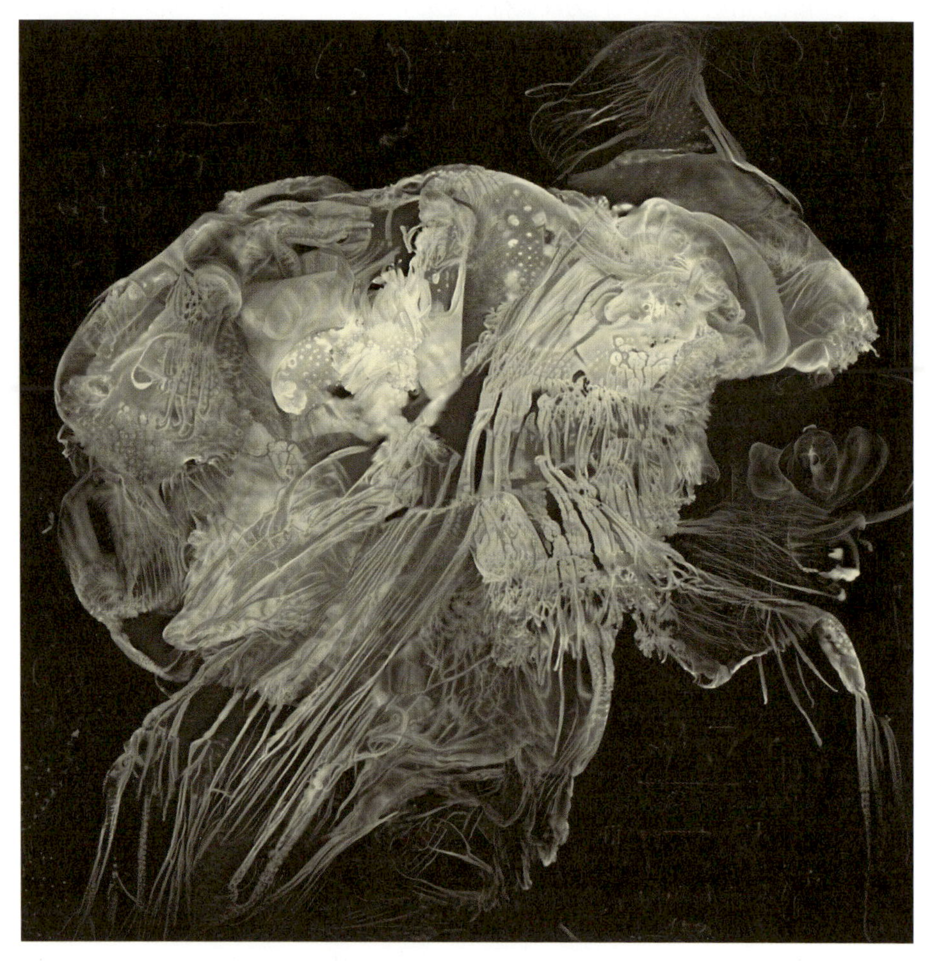

图 5.1　索非亚·克雷斯波，《自我接纳》（*Self Acceptance*），2018 年。“神经动物园”系列中的一份作品。图片由索非亚·克雷斯波提供。

边界，有时甚至令创作者自己都感到惊讶，部分原因是它们相较于基于作者编码的计算方法更具自主性和神秘性。

不妨将这些作品与生成艺术系统的著名案例——哈罗德·科恩的绘画程序AARON进行对比。科恩从20世纪70年代初在斯坦福大学人工智能实验室担任研究员开始，直到2016年去世，一直坚持不懈地编写、调试和改进AARON的代码，设计了一个独特的作品系列，这些作品在40年间不断进行迭代和完善。在整个过程中，艺术家始终致力于研究人类认知中的创造性过程，从而探究生成特定图像所需的基本要素（Cohen，1995，2016）。

AARON的迷人之处在于它精湛的作品生成技巧，同时它还具备高辨识度的艺术风格。然而，即使在最新版本中，AARON依然采用的是传统的编程技术，即科恩自己用代码编写的绘画指令列表。这一绘画系统是由科恩本人历经43年持续编写和精细调试完成的。[1] 就像哈罗德·科恩完成AARON程序的过程一样，程序员在成功地将想法转化为代码时，遵循传统人工智能的路径，设计了一个基于规则的计算机器，该系统根据输入的数据执行特定的操作，然后产生相应的输出结果。设计完善的计算机编码程序的前提是创作者必须能够熟练使用算法、逻辑和算术来构造系统的基本规则。

在机器学习中，最终的计算程序不是由编程者设计出来的。相反，机器通常随机生成一个初始化程序，然后训练算法通过人类给的类似案例程序进行反复迭代，从而对程序进行调整，最后在“学习过程”结束时产生更完善的计算程序（见图5.2）。

这种可调整的、可训练的机器学习系统有很多不同的种类，如前馈神经网络、循环神经网络、遗传编码、决策树、支持向量机（SVM）等。每一种机器学习系统都有各自的特点、优势和劣势。

了解这些机器的基本结构，可以让我们理解机器学习系统的“物质性”艺术表现特征。虽然将运用遗传算法制作的生成性视频作品与利用人工神经网络制作的作品进行比较，就像在比较苹果与橘子一样，但理解这些算法的基本结构有助于分析每种方法的概念基础。一些算法的“物质性”特征直接提出了关于世界的基本问题，如演化、记忆、认知过程、感知和表征等。

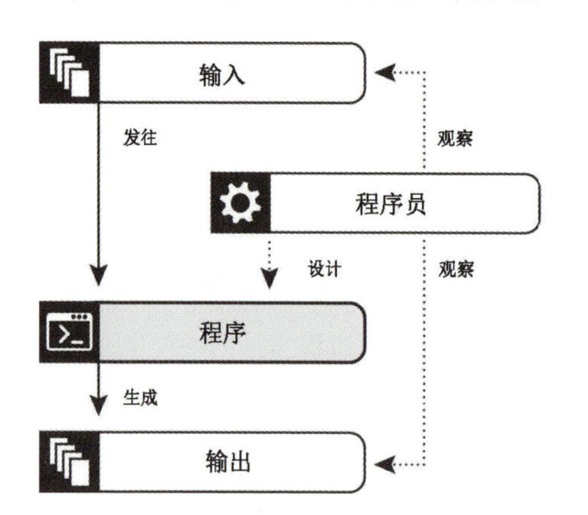

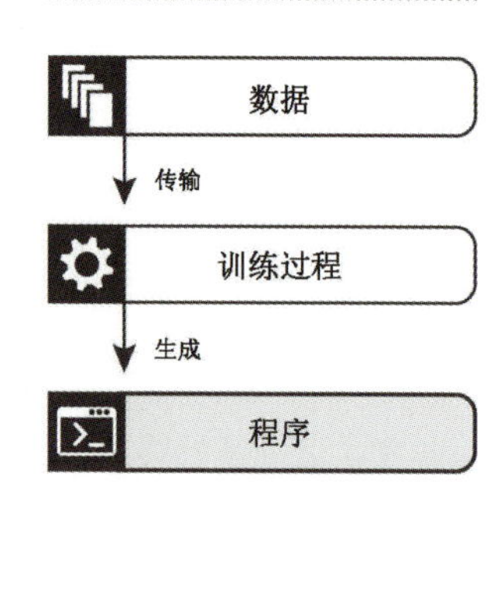

图 5.2　传统计算机编程和机器学习之间的对比。由让 - 弗朗索瓦·雷诺根据奥德瑞的原作绘制。

在机器学习文献中，这些可训练的机器通常被称为“模型”，因为它们实现了现实世界的数学表征，这样的表征可以对各种系统的行为进行建模，比如英语单词的概率分布、道琼斯工业平均指数或人脸属性。

虽然目前模式识别、概率分布评估和统计回归等机器学习应用，使用“模型”一词可能是合适的，但按照机器学习的一般原则，这一说法有待商榷。这是因为它建立在对智能的二元论观念之上，即认知需要对外部世界进行内部表征，然后服务于机器决策。例如，将原始数字图像转化为狗或猫等类别的图像。

如前文所述，自 20 世纪 80 年代以来，表征主义世界观一直备受争议，因为它忽视了承认世界与身体互动在认知中的重要性。[2] 因此我在本书使用了宽泛的“模型”概念，它不仅包括世界的“可计算性”表征，也包括学习过程中的“适应性”结构。因此，对于遗传编码、决策树、神经网络等结构，甚至对汤普森的演化电路等物理组合，在下一节中将进行结构上的彻底区分。这些可进行迭代的数据结构生成了与世界的自组织联系，也建立了超出人类控制的关系。由于这些系统的自组织性质及其与现实世界的联系，这些技术安排最好被解释为具身感知系统，而不是传统意义上的表征系统。因此，深度学习神经网络使用的分布式表征与传统人工智能中的符号表征有着天壤之别。

我们可以将模型看作是一个函数，它试图根据现实世界的抽样示例来模拟数据的行为。模型使用大量的数据来“学习”数据的行为，但本节探讨的模型不需要记忆或存储数据。在学习过程中，模型使用可用的数据来生成与特定要求相关的预测，例如猜测图像中显示的是哪些物体，或者根据今天的情况来预测明天的天气。最后，训练过程使用评估函数来评估模型的预测，并进行调整以改善其未来的模型预测，重复这一过程，直到无须进一步完善为止。

一旦模型训练到相对完善的程度，那么它理应做出较为准确的预测。完善的模型不仅可以灵活运用训练期间学习的范例，更重要的是，它能够将所学到的模式成功应用到之前未见过的新案例中。这种扩展到新数据的能力被称为“泛化”，它是真正衡量机器学习系统有效性的标准，只有当系统能够有效地适用于新信息，而非仅仅停留于机械记忆时，才能算得上是完善的。

当训练结束后，算法学习和数据集就没有存在的必要了。在模型吸收了完成任务所需的所有相关信息后，训练好的模型就可以直接使用。因此，模型是训练过程结束后唯一剩下的东西，属于机器学习系统的输出核心，也是机器学习艺术的关键考量因素。机器学习系统结构复杂，历史曲折，以至于据此制作的艺术作品常常被描述成自动的，甚至是不可思议的，而实际上不同模型的类型和流派展现出了对认知、表征、结构和生命过程概念的不同理解。不同类型的模型能够产生不同种类的美学效果和实践理念，同时特定的艺术运动和流派依赖特定的模型，例如，演化艺术重点关注“参数系统”的生成性可调整模型，而最近提出的神经艺术（Hertzmann，2019）主要关注生成性深度学习神经网络的艺术潜力。

本章概述了机器学习如何通过训练模型来改变生成性艺术实践的过程。机器学习艺术家并没有逐行构建程序来完成预设的艺术目标，而是采用了更接近于化学或生物学等科学实践的实验方法。当采用这种方法时，代码的物质性发生了变化。不同于硬编码程序，机器学习艺术家需要将正确的成分组合在一起，等待结果，进行更改，然后重复这个过程，直到他们对结果感到满意。这一过程要求艺术家给出部分控制权，并放弃完全理解机器学习过程的掌控欲。

人体电气

1996年，就职于苏塞克斯大学的科学家艾德里安·汤普森（Adrian Thompson）想探究是否有可能使用演化计算程序设计电子电路。在他1996年的作品中，汤普森尝试训练一个现场可编程逻辑门阵列（FGPA）来区分1 kHz和10 kHz音调。FGPA在20世纪80年代实现了商业化，这是一个由逻辑门矩阵组成的集成电路，可以随意组合以创建高效的程序。

汤普森生成了随机的FGPA电路，并测试了它们区分高频音和低频音的能力，最后保留了一个最佳电路的子群。接着，他对这些电路进行了交叉、突变等遗传操作。随着汤普森重复这一操作，他生成的结果变得越来越精确。经过几次迭代后，电路通过遗传程序迭代成一个几乎可以完美区分两种信号的最佳电路。最后，汤普森删除了一些未使用的数据完善电路。

经证实，主电路上的大多数信号对于电路的逻辑功能无关紧要，因为它们与声音传播的路径是完全脱节的，理论上移除这些单元也不会影响系统的性能。令汤普森出乎意料的是，去除一些看似不重要的部分，竟然会破坏系统预测的准确性。利用电路中产生的细微局部磁性作用，自适应训练回路学会了一种利用电路内在、具身、物理特性的解决方案，展示了一种根植于机器感知的逻辑，这是任何人都不可能设想出来的。[3]

黑箱

汤普森的实验揭示了机器学习领域的两个重要问题。首先，实验显示出机器学习系统常常基于其设计者难以预料且难以理解的机制做出决策。这些系统建立在复杂的非线性代数、统计学和概率模型之上，正如汤普森的FGPA实验所展示的那样，由于机器学习主要侧重于推理而非演绎，所以其目的并不是生成对世界进行解释的模型。

其次，汤普森的演化电路为机器学习中的模型概念提供了新的研究角度。这项实验展示了一种可训练的系统结构，该结构并非只是对世界建模或表征，而更像是将物质融入实际世界的一种体现。该实验展示了人工智能内部的表征和具身之间的紧张关系，自 20 世纪 80 年代以来，这一命题始终处于激烈的争论之中。尽管机器学习沿袭了传统人工智能的“模型”概念，系统的目标是使用符号和逻辑来生成世界的算法表征，而汤普森的实验提醒我们，尽管这种表征可能对解决手头的问题很有效，但最终可能派不上用场。对机器人学家罗德尼·布鲁克斯来说，构建智能系统的关键不在于创造完善的表征，而在于让这些表征立足于物理世界，因为“世界本身就是最好的模型”。[4]

汤普森的实验可以被看作是对计算主义的反思。它重新阐明了整个 20 世纪 80 年代和 90 年代期间由罗德尼·布鲁克斯、理查德·德雷福斯等一系列研究人员，以及肯·里纳尔多、西蒙·彭尼、比尔·沃恩等艺术家的另类观点，他们反对传统人工智能的二元世界观。实验模糊了硬件和软件之间的界限，揭示了机器尝试将人类可理解的规则转变为模型的决策过程注定会失败的结论。实验要求机器以模拟的方式生成自身表征。因此，它证明了认知不能与现实世界的具身系统的情景互动分离开来。然而，这并不排除这个系统在这一过程中可能会使用某些种类的符号操作，来帮助系统在其环境中执行任务，就像汤普森的可演化电路使用了逻辑门和电气干扰的混合方式来感知世界一样。

与汤普森难以捉摸的 FGPA 类似的是，其他机器学习模型，如人工神经网络，产生的现实表征往往违背了人类的表征和理解。这些机器学习模型与传统的人工智能模型有很大的区别。

“抗解性”是许多机器学习系统的显著缺陷。系统的高效识别能力是以牺牲解释性为代价的，因为这些机器学习系统往往构建在复杂而神秘的黑匣子系统之上，信息蕴藏在数以百万计的权重连接和成千上万的神经元之间，这使得系统难以解释，更不用说用通俗易懂的人类语言来描述了。因此，它们做出的决策也同样晦涩难懂，在某些情况下甚至会出现问题。举例来说，当机器系统用于做出伦理方面的决策时，比如判定一个人是否应该被逮捕入狱，或识别并击毙一个目标人物的时候，人工智能模型的准确性和可解释性之间似乎存在一个权衡。人类很难理解较为准确的预测模型，如深度学习系统。而相对容易理解的模型，比如决策树，其预测准确性通常较低。

此外，正如汤普森的实验所示，直接通过操纵数据或调整模型来改善机器学习系统的尝试往往会适得其反，尤其是深度学习模型。深度学习模型的关键功能是直接从原始数据中学习，避开任何启发式和先验知识的人类特征提取的功能。而试图根据人类的先验知识来简化模型的方法往往会偏离核心，因为这些“捷径”可能会掩盖原始数据中一些可能对机器学习系统有用的重要信息。此外，机器学习系统的结构复杂性正是其高效性的根源，进而促使其展现出比人类更为优秀的复杂行为。由于人类和机器感知能力之间存在一定差距，机器学习架构生成的模式让人类难以理解也就不足为奇了。[5]

机器学习模型能否作为世界的表征，目前仍是未解之谜。虽然深度学习系统试图通过学习数据的数学表征来模拟现实世界，但机器学习文献记载的“表征”概念与西方艺术和哲学的人文主义传统当中的表征有所不同。神经网络中的表征学习指的是系统从数据中提取相关特征的方式，比如探索系统模式中的规律性。因此，这种表征学习紧密追随人体大脑感知系统，尤其是视觉皮层对数据的抽象和压缩的内部过程。

以克雷斯波和克林格曼采用的深度学习神经网络为例，在训练图像时，每一层的神经元都逐渐掌握数据中更加抽象的规律。第一层神经元获取初始图像信息，而下一层神经元将这些原始图像数据用一系列的真假值表示，每一个值对应某种特定图像的特征，如锐利、弯曲或凹凸等。即使神经网络系统仍然使用如乘法和加法这样的传统计算过程，但它们不是传统编程意义上的表征系统，而是类似于能够对世界做出不同反应的复杂实体。

逐渐可知

通过机器学习构建的艺术作品常常展现出独特的美学特质，因为这些作品的创作过程通常比较复杂，需要新的艺术评估和欣赏方式。由于产生这些艺术作品的算法难以用人类的逻辑规则来解释，因此观众难以描述、艺术家也难以解释这些作品。虽然作品的技术路径可能并非艺术家进行艺术表达的关键，但观众通常希望了解作品的技术实现方式，来揭示其潜在含义。传统的新媒体艺术作品通常可以被解释和理解清楚。例如光电管触发声音效果、麦克风启动视频序列、手势驱动智能体绕圈运行等。正如第 4 章所解释的，它们的行为是形态化的，遵循一种可被识别且不随时间变化的模式。然而，如果想要全面体验自适应系统的丰富性，那么人们需要通过身体感知来体验它们的现象。人们需要改变自己来适应系统，直到可以从身体上感知机器行为，而非仅在理性层面上理解机器系统。

尤其是在机器人艺术的背景下，人类观察者对于机器艺术作品的行为生成模式的解释，往往高度依赖于展示环境，并且比较主观。我在展示机器人艺术装置时，参观者最常问我的一个问题是“它是如何运行的”。这种对作品功能层面的初步好奇心反映了人们对技术的焦虑，也揭示了人们对人工智能文化的成见，人们往往会预设机器人都是经过可以合理解释的编程生产出来的（Audry，2021）。

久而久之，我已经学会了避而不答，而是反问参观者：“你认为它是如何运作的呢？”这时人们通常会联想到一些与编程无关，却带有社交情感意味的情节，“看看这些机器人，它们在打架吗”“我觉得他们在亲热”“这个机器人应该喜欢独处”等。

参观者对系统行为举止的猜测只是谜题的一部分。当参观者再次提出“它是如何运行的”这个问题时，我只能回答说，尽管我可以描述机器人构建的原理和技术，但这些解释不一定可以概括机器人的具体行为。系统外部参观者（包括创作者）对该系统行为的感知与系统内部的运行机制存在巨大的差距。

机器艺术作品展现出的生命力很大程度上受到随机产生的人工智能行为的影响，而且这种外在行为形式引发的情感感知可以与其他艺术体验相互交融。例如，在乔恩·麦考马克（Jon McCormack）的作品《伊甸园》（*Eden*）（2000—2010 年）中，人工视听智能体构成的生态系统对参观者做出间接的反应，麦考马克注意到，虽然参观者不理解系统的内部运转情况，但他们描述作品的体验时表示“总感觉它是有生命的”（McCormack，2009，p.411）。

这可以通过将参观者代入到自适应系统，试图理解形态建成和形态变换两个阶段的不稳定和复杂行为来进行解释。也就是说这些自组织系统需要被置于特定环境中，人们才能正确地领悟其内涵。人们需要花时间和这些智能体待在一起来了解它们，也可以说是去适应它们。事实上，根据我的经验，那些花更多时间接触作品的人受到作品的冲击力更强烈。[6]

从这层意义而言，机器学习艺术提供了一个摆脱参观者期望的机会，因为创作者经常发现自己受限于枯燥的数据输入与输出，以及让他们陷入困境的“抗解性”范式。然而自相矛盾的一点是，尽管艺术家们努力地让机器运行起来，但是当公众的关注点是机器的运行原理时，他们会为此感到苦恼。不过，只要艺术家不以理性的方式操控机器，就可以彻底避免这个问题，因为参观者必须通过与作品互动来驱动机器的运行。

最佳观众

机器学习的发展为艺术形式带来了全新的可能性。然而，新技术对艺术界的冲击并不罕见，回顾历史，在 20 世纪 60 年代末，视频艺术的兴起迫使机构重新思考艺术作品的展览形式；互联网的普及也彻底改变了电影和音乐产业的格局。当代媒体艺术通常在画廊和艺术节中，让观众在短时间内通过坐或听等行为体验作品，通常来说，观众在几分钟的体验过后，就会离开作品展示空间，这种快餐式的展示形式并不适合大多数机器学习作品。机器学习系统需要积极且持续的互动，而传统的新媒体艺术展示设置往往无法满足这种深度互动的需求。

谈到非传统模式对新媒体艺术的影响，尼古拉斯・巴金斯基回忆了他在 20 世纪 90 年代和 21 世纪初，将机器人乐队放在熙熙攘攘的夜店时的深度体验。巴金斯基认为，在“夜店式”的环境中，自适应机器人的表演处于最佳状态，因为人们放松地享受舞台音乐，他们愿意整晚都待在夜店里，并乐于接受任何意想不到的事物。他还说，由于机器人的存在与人们对夜店环境的预期并不冲突，乐队的表演才显得格外精彩。

巴金斯基还在报告中提到，使用了面部识别和机器学习技术的装置作品《自恋企业》（*Narcissism Enterprise*）也有类似经历。这个装置在布达佩斯的文化与交流中心运行了大约15年。因为巴金斯基每个月都要去进行作品维护，所以他和保安们都很熟。保安们会频繁地与巴金斯基交流，说出他们与作品的互动情况和对作品的理解。作为展馆作品的“固定观众”，这里的保安们得以与这份作品形成最紧密的联系。

自适应系统需要大量的数据和时间来学习如何应对复杂情况。此外，由于机器学习系统需要在错综复杂的自组织基础上制定自己的决策过程，所以它们生成的数据输出“结果”永远无法被人类完全理解。这种情况会促使以“演化”为主题的作品产生，重视“持续时间”和观众的“思考内容”，或者是令人着迷的行为，这些行为更适合观众去感受，而不仅仅是去理解，这使得机器学习艺术类似于行为艺术，两者都凭借相似的“实体性”和“表演性”特征来产生影响。

与这些系统合作的艺术家以及希望向公众展示所属作品的机构应该为观众提供适宜的环境，方便他们充分体验作品，促进观众与这些机器学习系统建立联系，进一步让观众了解作品。第一种方法是为观众设置激励措施，如提供沙发、茶点等，让观众在舒适的状态下体验作品。

第二种方法是将作品的“持续时间”明确纳入作品的基本构成之中，引导观众以特定的时长来体验作品。例如，以预定时长为基准呈现作品的表演形式，要求观众在指定时间内停留，这在表演艺术中并不罕见。例如参考珍妮特・卡迪夫（Janet Cardiff）和乔治・布雷斯・米勒（George Bures Miller）的《天堂学院》（*The Paradise Institute*）（2001年）装置，观众进入一个小型的经典电影院的模型，戴上耳机体验立体声音轨，产生一种置身于真实电影院的错觉。另外还可以参考英国剑桥的时间农场艺术画廊（time farm art gallery），观众需要与展馆内陈列的作品共处整整一个小时，体验期间还不能使用互联网或移动设备。

第三种方法是在现实生活环境中展示艺术作品，让观众更放松地观察作品。“三海妖乐队”在柏林夜店的夜间演出就是这种策略的案例之一。此外还可以设计用于收藏的新媒体作品，也可以提供可租借带回家的作品，这些作品将在观众的居住空间内进行数天或数周的“演化”。[7]

烘焙模型

机器学习为传统的计算机编程和软件工程提供了丰富的替代方法。经典的编码实践涉及自定义设计的数据结构和算法，试图将关于世界的想法转化为数字逻辑规则和结构。典型的编码流程涉及问题分析、软件架构设计、编码实现以及处理语法和运行时出现的错误等过程。

计算机编程类似于建造房屋的过程。当你掌握了使用锤子的技巧时，或许会考虑如何用最简略的计划建造一个简单的小屋。然而，构建一个更大、更坚固的住所需要制定详细的计划、打下坚实的基础、搭建结构骨架等。在每一个步骤中都需要做出决策来应对意想不到的挑战，而这些决策最终旨在建成完善的建筑。需要注意的是，在建造基础和结构时，使用廉价材料可能会为房屋带来严重的隐患。

跟房屋建造类似，设计软件也需要规划、制造组件、重构等步骤。相比之下，机器学习通常还会涉及实验过程，因此更接近于生物学和化学等科学实践。构建软件的实践被称为软件工程和软件架构，而机器学习通常与数据科学领域相关。

在从事机器学习时，人们不会直接找到问题的解决方案，而是为机器学习系统创造合适的条件，来完成目标任务。这需要对问题的直观理解，并通过试错的方式将合适的元素放在一起进行特征提炼。就像实验科学需要选择正确的成分、仪器和程序一样，机器学习也需要选择合适的数据、模型、评估函数和训练过程，以上所有元素都会影响最终结果。与此同时，虽然严格遵循“配方”可以保证实验的可重复性，但新的发现还是需要发挥直觉的作用进行不断试错才能得到。

机器学习的艺术也同样如此。虽然机器学习经常被错误地描述为某种神奇的“魔术箱”，可以在没有人类参与的情况下自动解决问题，但事实比我们想象的复杂得多。虽然机器学习系统能够在没有人类参与的情况下完成令人印象深刻的“壮举”，但这些“壮举”涵盖了大量的人为实验、发明和微调。

传统的计算机科学使用编程语言来运行算法。相比之下，从事机器学习项目的研究者要完成的任务包括：挑选要使用的任务类型（如监督学习、无监督学习或强化学习）、选择和预处理数据、选择评估函数和优化程序。该过程的关键部分是为任务选择合适的模型类别（如二进制遗传代码、深度神经网络或决策树），以及决定模型结构的参数（如深度学习网络中的神经元数量和层次）。

一旦设置好这些元素，那么接下来只需要启动算法训练过程，并等待结果。一旦模型被完全训练好，研究者就可以分析它的行为，并根据这些结果对组件进行有选择性的调整，然后重新进行实验。由于其中一些实验可能需要数小时、数天的训练时间，在某些情况下甚至需要数周、数月才能正常运行，因此最理想的状态是同时使用更多的计算资源，从而驱动多个实验同时进行。

机器学习模型的物质性与传统程序有明显的差异。在艺术创作的背景下使用机器学习，将艺术家的劳动力从算法的内部运作转向了更全局的思考。比如说，需要什么类型的数据？需要多少个示例？选择什么样的模型？有多少权重、神经元、层次和其他参数？虽然每天互联网都会推出新的技术或演示来展现生成内容的新方法，但探索这些创造性的“配方”材料需要反复试错，并要求创作者对事物结合方式具备直观的感觉。

丰富的模型

机器学习逐渐脱离了传统人工智能领域，那么相应地，这两种算法的艺术形式也存在着区别。最大的区别体现在自动化和可访问性这两个方面。哈罗德·科恩使用符号主义的方法开发 AARON，耗费了 40 年时间，而像索非亚·克雷斯波和马里奥·克林格曼这样的艺术家，他们只需要有限的专业知识，就能在几周或几个月的时间内创建数据生成系统。另一个区别是概念性质的：虽然 AARON 最初完全使用内部过程来探究认知和图像制作，而威廉·莱瑟姆的生成系统则更侧重于演化和人工生命的理论，最近的深度学习系统，如克雷斯波和克林格曼的作品，通常与感知和想象的过程有关。这些不同方法的概念和实践过程对结果产生了影响，有时甚至促进了某些亚流派的形成，如演化艺术或神经美学。那么，不同类型的计算机艺术方法的美学特性是什么？这些方法的物质性如何影响艺术实践和产品?

自20世纪下半叶以来,机器学习领域经历了多个阶段,也采用了多种研究方法,从控制论时代的联结主义系统到深度学习,或从记忆学习到遗传算法。每种方法都有各自关注的研究问题、实践、模型和算法。同样,当机器学习进入艺术领域时,这些不同的方法也产生了不同的小众运动和亚流派,从而在形式、概念和实践方面对艺术产生影响。

第一,每一种模型种类都涵盖了一个特定的审美领域。源自控制论时代的简单自适应系统,特别适用于处理不确定行为的机器人设备,如格雷·沃尔特的《机器冒险者》(*Machina Speculatrix*)(1951年)、尼古拉斯·舍费尔的*CYSP 1*(1956年)和戈登·帕斯克的《运动的对话》(*Colloquy of Mobiles*)(1968年)。相比之下,20世纪80年代和90年代的演化计算的发展激发了一系列二维(2D)和三维(3D)形式的艺术作品,创造这些作品需要用到复杂的数学算式,比如威廉·莱瑟姆和卡尔·西姆斯的作品。最后,生成图像型神经网络的发展引发了一系列新作品的出现,比如克雷斯波的《神经动物园》系列作品和克林格曼的《路人记忆》,作品中奇怪而梦幻般的视觉效果是由机器生成的。

第二,方法的性质往往在作品的概念上起着重要作用。例如,回想一下神经网络所开辟的想象空间与演化计算的想象空间之间在概念上的区别。卡尔·西姆斯的装置作品《加拉帕戈斯群岛》(1997—2000年)体现了演化计算的丰富联想空间,其允许用户作为上帝般选择主体参与到遗传适应的故事中,而本·博加特(Ben Bogart)的装置作品《造梦机器2号》(2009年)则让神经网络参与人类的"记忆"和"梦境"的艺术探索,"记忆"和"梦境"作为神经学研究的两个核心话题,直接启发了基于计算机的神经网络。

第三,模型有特定的结构,允许不同形式的艺术操作,包括利用模型的意外特性的策略,将其从习惯或预定用途中转移出来。例如,尼古拉斯·巴金斯基在"三海妖乐队"中和伊夫·阿姆·克莱因(Yves Amu Klein)在他的机器人雕塑《八爪鱼》(*Octofungi*)(1996年)中,通过使用无监督神经网络来控制机器人的方式,不符合这些机器学习系统设计时的初衷。

总结

模型是机器学习系统的基石，体现了机器学习的一个基本概念，即通过向其提供示例，而不是直接通过计算机代码设计可计算系统。随着持续的训练，遗传编程树和神经网络自组织等模型产生了复杂的世界表征，以及奇特的信息处理方法。在过去 70 年里，这些系统变得越来越复杂，它们的设计模糊了模拟信号和数字信号之间的界限。这些模型的决策过程在学习过程中调整至最佳状态，这一过程往往令人惊讶，甚至难以解释。这种“抗解性”在模型本身具有直观性，就像遗传密码或神经网络的权重一样。

因此，机器学习的实践方式与传统编程有所不同，机器学习更倾向于自下而上的方法，更接近实验科学，而编码则更偏向于自上而下的工程方法。与机器系统共同工作涉及不同的学习过程，这意味着以更直观的方式与技术进行互动，例如筛选数据、选择模型参数、运行实验以及通过调整来塑造适当的模型。

接下来的 3 个章节内容将探讨不同类型的模型和机器学习方法，如何影响特定类型的作品。鉴于模型和方法的数量非常多，再加上如舞蹈、诗歌、视觉艺术和媒体艺术等庞大数量的艺术实践，所以我所做的分析仍然远远不够详尽。然而，我希望能让读者感受到机器学习和艺术之间的广泛多样性，以及该领域存在的共性。

我们大致研究了 3 种不同种类的模型，而这 3 种模型恰巧遵循时间上的顺序排列。第 6 章会研究使用演化计算训练的机器学习系统，同时介绍机器学习中参数化和非参数化系统的概念。在第 7 章中，我们考虑了不同形式的浅层学习神经网络，重点关注那些使用无监督学习网络（如自组织映射（SOM））的艺术家。第 8 章会集中讨论深度学习，这个领域孕育着一种新型模型，具有丰富和引人注目的表征和生成特性。

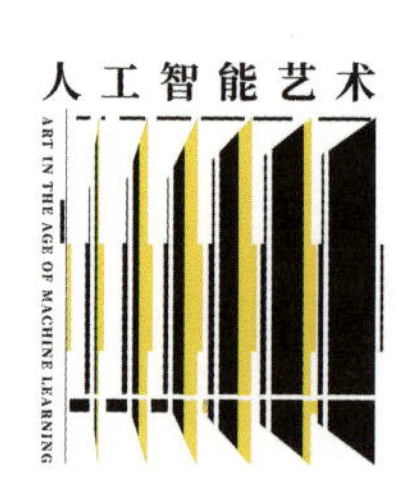
人工智能艺术
ART IN THE AGE OF MACHINE LEARNING

6 演化学习

从 20 世纪 90 年代以来，艺术家埃尔文·德里森斯（Erwin Driessens）和玛丽亚·维斯塔潘（Maria Verstappen）一直将计算机算法的自适应能力应用于艺术创作。他们的作品《繁殖》（*Breed*）（1995—2007 年）建立在一个能够产生复杂雕塑形式的生成性计算机程序之上。两位艺术家在这份作品中设计了一个程序家族，家族的每个程序都可以从单一的立方体细胞（或体素）开始，通过重复应用细胞分裂的规则创造三维（3D）形状。当程序运行结束时，系统会生成一个 3D 模型，然后人们可以使用不同的材料，如木材、尼龙或钢材，将这个模型打印出来。

结果有无限种可能性，艺术家们不太可能逐一尝试。因此，为了在一定程度上自动化决策过程，他们依托一种称为“遗传算法”的训练模型。他们并不会去直接构建符合自身偏好的规则集合，而是通过遗传算法的介入，定义作品的评估或适应性标准，从而促进不同数量和复杂性的结果产生。

本书前文已经介绍过，遗传算法在 20 世纪 80 年代开始盛行，并与人工智能、人工生命、神经计算和机器学习同时发展。[1] 从广义上而言，遗传算法涵盖了一系列生物演化过程的计算机程序家族。从机器学习的角度来看，遗传算法试图设计能够自主学习的系统，其灵感来自物种通过多样性、繁殖和自然选择来适应环境的演化方式。

通过在计算机上模拟生物演化，遗传算法在某种程度上继承了演化的创造潜力，这使得它们非常适用于创造性的实践。多年来，遗传算法已成功地应用于视觉艺术、音乐和建筑等诸多领域，因而成为艺术家和其他创意产业从业者最常用的学习技术之一。遗传算法易于实施，而且非常灵活，部分原因是它们将许多决策权交给创作者，但我们也会看到这种灵活性衍生了一些注意事项。

遗传算法是一种程序优化形式，旨在通过启发式方法在可能的模型空间中搜索解决问题的方案。该系统通过对潜在解决方案的模型群进行局部更改，在实现学习过程中逐步朝着最终目标迈进。由于其迭代开发的特性，遗传算法可用于训练不同种类的模型，包括神经网络。然而，在艺术实践中，遗传算法被广泛应用于定制模型，其任务是寻找最佳的参数。这些参数化模型则对应着新媒体艺术领域内一系列具有辨识度的作品。

尽管许多研究小组在 20 世纪 60 年代都开始研究应用于人工智能的演化计

算模型，[2] 但将遗传算法作为演化计算的首创者是科学家约翰·霍兰（John Holland）（Mitchell，1998）。为了建立一个可以在计算机系统上运行的遗传适应性的算式，霍兰开发了遗传算法。在他的奠基之作《自然系统和人工系统中的自适应》（Adaptation in Natural and Artificial Systems）的序言中，霍兰提出了“自适应”的正式定义，即“系统结构被不断修改、不断优化性能的过程”（Holland，1992，p.xiii）。通过他的定义，霍兰正式将演化的含义设定为在环境中进行启发式搜索的优化过程，通过在每一代中选择最佳的个体，保留该个体一部分遗传结构，继续进行组合和变异。值得注意的是，自然界发生的遗传推动了生物系统中器官的演化，现在已经可以进行数字模拟，从而为计算智能体制定更好的行动策略。

通过这个框架，霍兰将自然界的演化重塑为计算智能体优化迭代的过程，并使用基本的遗传操作（如交叉和突变）来优化个体种群，然后通过适应性函数 [3] 进行结果测试，只选择最佳个体来生成下一代种群（Holland，1992）。霍兰提出的遗传算法的来源是人工染色体，这些染色体定义了个体的基因型（genotype）的比特序列（见图 6.1）。计算智能体的字符串片段对应决定个体实际特征的基因，即它的表现型，然后使用评估个体性能的适应性函数进行评估（Mitchell，1995）。

遗传算法推动了一个跨越视觉艺术、电子游戏、音乐和建筑等多个领域的演化艺术的发展，并出现了大量以演化艺术为主题的出版物和书籍（Corne and Bentley，2001；Johnson & Cardalda，2002；Jong，2016；Romero & Machado，2008；Todd & Latham，1992b；Whitelaw，2004）。由于该主题在过去已经受到广泛讨论，所以我在此并非要深入分析演化艺术的发展变化，而是比较演化算法相较于其他机器学习方法的某些特性。

前文提到过，遗传算法是一种灵活的学习算法，可以用于训练不同种类的模型，经常应用于由作者直接定义的模型或可训练的机器，如上一章介绍的汤普森的实验所示，其中一个硬件机器通过遗传程序进行优化（Thompson，1996）。从遗传算法的角度来看，模型相当于一个数据结构（基因型），它在可能性空间中定义了一个可能的解决方案（表现型）。当然，在生成艺术中，这些解决方案并不对应问

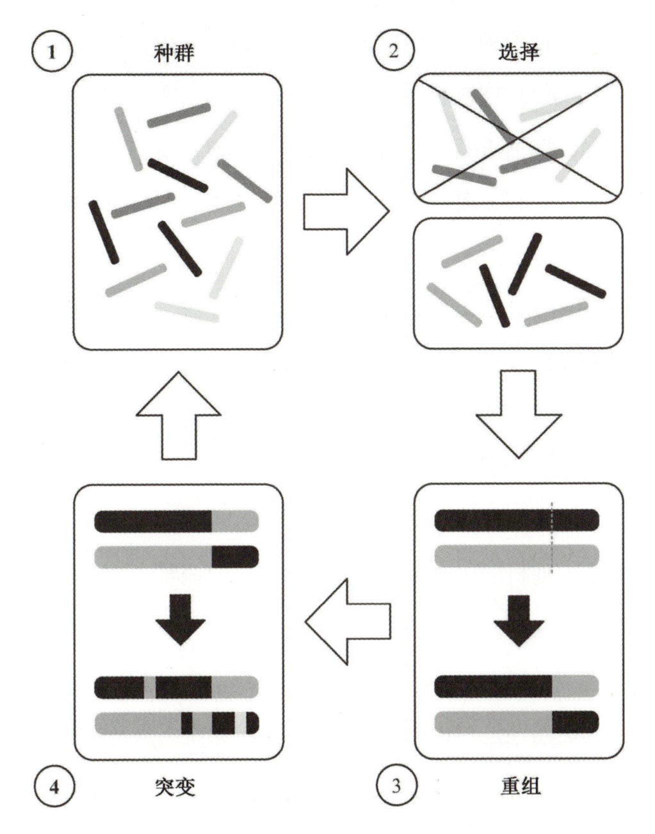

图 6.1 遗传算法的示意图。

题的答案，而是对应特定的形式或对象，如图像、虚拟实体、建筑设计或声音。例如，在德里森斯和维斯塔潘的《繁殖》中，基因型对应的是一套规则，而表现型对应的则是生成的三维雕塑。因此，遗传算法提供的是一种高效搜索可能性空间的计算方法。

参数化系统

遗传算法的常见使用方法是设计一个参数化系统：一个可以调整的计算机程序或模型。在这种设置中，基因型只是一系列被称为“基因”的参数，通常对应于数据，而表现型是根据这些参数调整的预定义计算机程序的结果。

前面提到的道金斯所创造的“生物形态”程序就采用了这样的策略，通过九个基因来控制绘制成类似树枝或肢体形状的线性对称排列图案。每个基因决定了绘制过程中的特定方面，包括角度、距离和长度等。在道金斯的演化程序中，亲本基因型之间不发生交叉，只有突变。这种突变是通过在每一次绘制步骤中微调每个基因的值来实现的。

卡尔·西姆斯用了一个旋钮组合来比喻这个过程，每个旋钮对应一个参数，转动旋钮就可以改变结果。[4] 当设计者增加更多旋钮以获得更多的参数变化时，用户就越来越难以进行整体的表现型结果调整。遗传算法提供了一个备选过程，即在现有的旋钮参数上自动引入微小的变化，生成一个或多个样本，然后对生成的样本进行评估，最终选出最佳样本结果。这种演化过程不需要用户了解每个参数的作用，而是通过微小的随机演化，对参数空间进行高效调整，从而得到更完善的结果（Sims，1991，p.320）。

正如道金斯的实验所示，参数化系统相对容易实现，而且可以产生趣味横生的结果。然而，这种灵活性是有代价的，由于参数化系统将大部分的控制权交给了系统的设计者，也就是说设计者编写的生成程序直接决定了系统的表现型基因，所以输出的审美特质并非来源于遗传算法本身，而是来自程序的设计者，但从机器的角度出发，也减少了出现惊喜、新奇的结果的艺术潜能。与“生物形态”的情况一样，参数化系统往往具备一个高识别度的特征。

非参数化系统

除了参数化系统，还有一种方法可供选择，就是让程序的决策间接受到参数变化的影响。这种方法指的是设计一种可调整的数据结构，使得遗传算法可以直接生成程序或模型（Koza, 1992）。在这种非参数化系统中，基因型不再仅仅是一串数字，更是一个带有特定属性的不断演化的灵活数据程序。

在本章开头介绍的德里森斯和维斯塔潘的项目《繁殖》（1995—2007 年）就是一个使用这种非参数性演化程序的典型案例。艺术家们使用遗传算法来生成三维图形，之后用这些图形来创造实物雕塑。该遗传程序建立在递归程序的基础上，根据细胞分裂的规则，将单一的体素分裂为八个较小的体素。然后，每个新体素再分成八个细胞，依此类推，最终形成一个复杂的雕塑。

每个细胞分裂程序可以直接表示为一个比特链。由于经过分裂的程序数量相当庞大，艺术家们通过设计适应性程序，让算法自动演化出有趣的形状。他们设计的第一个适应性程序要求生成的物体是完全连接的，不能出现飘浮在空中的体素，因为这样的形式在现实世界中是不可能创建出来的。然而，结果却是令人失望的，因为遗传过程会演化成最简单的形式，即单一的体素。因此，他们在适应性程序中增加了一个额外的规则——生成更大体积的物体。在这种情况下，该系统开始倾向于生成简单的立方体或球形体，虽然生成的物体变得更大了，但形式上仍然缺乏多样性。

因此，他们不得不设计第三个程序来生成多样性的雕塑形式，该程序要求生成总表面积更大的三维图形。通过连接、体积和表面积这三个简单的规则生成各种形式的虚拟雕塑，然后使用不同的材料，如胶合板、尼龙和钢，将其转化为实物雕塑。

在 20 世纪 90 年代，许多艺术家使用非参数系统生成图像，以此产生比参数系统更丰富的变化。这种方法是由卡尔·西姆斯在 1991 年提出的（Sims, 1991），并启发了一代艺术家，如大卫·哈特（David Hartt）、史蒂芬·鲁克（Steven Rooke）和畝见达夫（Tatsuo Unemi）。这些生成系统大多建立在数学程序的基础上，并根据像素在图像中的位置，以及周围像素的颜色值和排列计算当前像素的颜色，甚至可以通过观察一个系统生成的图像识别使用的数学程序类型，比如分形或噪声程序，同时也可以通过观察图像了解使用的色彩空间和坐标系统的程序类型（Lewis，2008，p.8）。

在参数化和非参数化方法中，系统设计者面临的挑战在于定义生成过程，确定生成的结果范围。然而，这种确定的生成空间也带来了一个困扰大多数计算艺术家的问题：如何在系统的自主性和艺术家的控制之间找到平衡点？演化型艺术家运用遗传算法来创造出乎意料的全新输出方式。一方面，作者可能会通过明确生成空间以实现对审美结果的控制。这种精心构建的设定会产生可预测且可解释的结果，但却违背了产生惊喜结果的初衷。另一方面，更多样化和随机的生成空间会带来更多意想不到的结果，但其中很多结果可能并不符合设计者的品位或初衷。也就是说，尽管这种更为复杂、充满不确定性的生成空间可能会诞生出惊艳的“珍珠”，但这些“珍珠”往往埋藏在垃圾堆中（Lewis，2008，p.21）。

“互动选择”则成为解决这个难题的办法，当人们通过互动选择在成功的演化设计系统中产生不同输出时，设计者编程的审美原则似乎主导了大部分的生成空间。因此，生成的图像具有一种独特的风格或特征，这种风格或特征来源于人类作者，而不是程序本身。这在一定程度上违背了使用这种系统来产生新奇感的初衷。

遗传编程

加拿大艺术家、音乐家和人工智能研究员斯蒂芬·凯利使用遗传编程（GP）创作了许多实验性的作品，这是一种非参数程序种群的遗传算法。在一个典型的GP 应用中，算法生成一系列程序后会针对问题进行测试，然后根据性能进行程序选择。合适的“候选者”会通过不同的遗传操作来产生新的“后代”。因此，GP 被看作策略搜索方法，其中智能体的行为是根据它们在特定任务中的表现而直接演变的，这与通过预测特定行为的价值程序提高效率的价值搜索方法正好相反（Grefenstette，Moriarty & Schultz，2011）。

凯利2016年创作的装置艺术作品《开放式合奏》采用了竞争性共同演化的概念。作品中，机器人探测器沿着装置上的荧光灯移动，试图找到电磁辐射最低的区域（见图 6.2），同时与一个控制开启荧光灯的智能体竞争。当它们沿着灯光条笨拙地移动时，探测器捕捉到的荧光灯管发出的电磁辐射与附在探头上的高压放大器连接在一起，转换成声音输出。

该系统采用了纠缠程序图（tangled program graphs），这是一种基于遗传编程的强化学习技术，旨在促进不同算法团队的合作和共同演化（Kelly，2017）。我们可以将这些“团队”理解为由组成它们的程序共生互动产生的虚拟生物体。

图 6.2 斯蒂芬·凯利，《开放式合奏》（竞争性共同演化），2016 年。图片来源：凯特琳·萨瑟兰（Caitlin Sutherland）。由斯蒂芬·凯利提供。

在展览期间，由大约 200 个这样的“团队”组成的两个种群进行竞争和共同演化；一个种群依附于探测器的运动，而另一个则与灯光的控制有关。每隔一分钟选择一对程序团队，一队控制探测器，另一队控制灯光。一分钟后评估每个团队的适应性，并选择新的一对团队。之后每隔一小时删除一半的种群团队，只保留适应性最强的种群团队，并对剩余的成员进行交叉和变异遗传以产生下一代种群。随着演化过程的重复，以及程序团队的种群相互竞争，探测和灯光组合的行为效率变得越来越高。

《开放式合奏》中的智能体对其运动和观察的控制并不完善，观察也很有限，这使生成的结果在某种程度上处于不可预知中。艺术家认为创作这件作品最突出的难点之一，是作品的造型、视觉和音频组成部分在作品的审美空间中占据了比其行为更突出的地位，掩盖了机器学习的过程。这种说法与我自己在艺术中使用自适应智能体系统时的观察一致。观众如何观察或感知到机器的学习行为，同时将其融入通过不同媒体创造的整体体验中，这一点尚未找到解决办法。[5] 然而，凯利进一步指出，装置的材料属性至关重要，因为它们也向观众展示了驱动系统学习过程的线索。

生态系统

澳大利亚艺术家乔恩·麦考马克批判了遗传算法在图像生成方面的固有局限，正如前文所述，他指出，尽管遗传算法系统声称具备多样性特征，但实际上，系统生成的图像很难跳出其受限制的框架。

实际上，在所有美学选择的应用中，生成的结果都呈现出某种“同质性”特征，也就是说，它们表现出了参数化系统的鲜明特征。目前来说，扩展参数化系统的多样性并不能增加系统表现的可能性。迄今为止，所有系统都受到艺术家或程序员创造力的制约，因为他们需要施展自己的智慧，构思能够带来有趣结果的数学函数和表现参数。在这一阶段，探索过程已经提升至“机制”层面，但仍需人类干预，所以这个过程（目前）尚无法被形式化，因此也还无法实现自动化。（McCormack，2006，p.7）

避开限制的一种方法是让机器系统采用自上而下的方式，比如将优化算法直接用于生成空间中，以快速确定最终结果。另一种方法则是采用自下而上的方式，着重利用遗传算法的生成性和适应性特征，使观众具有身临其境的体验。有一类生成艺术作品就是通过创造人工生态系统，让人工智能群体在虚拟或现实环境中逐步演化。

麦考马克是使用这种“自下而上”或“演化”方法的领军人物之一。《伊甸园》（2004 年）是他最重要的作品之一，这是一个“演化的声音生态系统”，系统中有一群二维点阵的智能体，样式类似于元胞自动机[6]（见图 6.3）。这些智能体根据二进制染色体的编码规则相互作用，或者对环境作出反应，然后使用学习分类器系统（LCS）进行演化，这是由约翰·霍兰德发明的一种与强化学习、监督学习和遗传算法密切相关的机器学习技术（Holland，1992；McCormack，2009；Urbanowicz & Moore，2009）。

图 6.3 乔恩·麦考马克，《伊甸园》，2004 年。互动装置，计算机，投影屏幕，音频，雾化机，艺术家的软件。图片来源：乔恩·麦考马克。图片由乔恩·麦考马克（© 2004）提供。

该作品采用视听结合的形式，模拟智能体在环境中的移动、交配、进食、交流的状态。与卡尔·西姆斯的《加拉帕戈斯》相比，在该作品中，参与者的适应性数据会直接影响作品的演化过程。在这个艺术作品中，参与者的存在为环境增添了所需的"养分"，而参与者跟虚拟智能体的互动则推动了虚拟智能体变异率的提升（McCormack，2009）。

至于作品的公众接受度，麦考马克注意到，虽然大多数人"不了解学习系统、摄像头感应，甚至不知道他们正在体验的是一个复杂的人工生命系统"，但该系统却具有吸引公众的能力。他指出，在许多展示该装置的场所，人们过几天还会返回观看该作品，以见证环境中的智能体行为随着时间的推移而产生的变化（McCormack，2009，p.411）。

建筑师鲁埃利·格林（Ruairi Glynn）的《表演的生态环境》（*Performative Ecologies*）（2008—2010 年）（见图 6.4）被其作者描述为"对话式（互动）环境设计的持续研究"（Glynn，2008）。受到戈登·帕斯克的《运动的对话》作品的启发，格林的装置创建了一个对话空间，其中跳舞的机器人在与公众的持续互动中逐渐演化。

图 6.4　鲁埃利·格林，《表演的生态环境》，2008 年。由鲁埃利·格林提供。

这些表演是由遗传算法（GA）中不断演化的舞蹈基因库产生的，它使用面部识别来评估表演前后观众的注意力程度和方向，在此基础上对每一个新的舞蹈动作进行评估，并赋予适应度值。随着时间的推移，效果较好的舞蹈动作被保留下来，并重新组合以产生新的表演，而效果较差的动作则会被舍弃。遗传算法的“突变”会根据展演效果产生波动，如果作品得到了观众高度关注，突变水平就会上升，作品也会变得更有实验性（Glynn，2008，p.4-5）。

机器人开始相互交流，分享各自展演效果较好的动作信息。基因交叉会演化出新的表演动作，因为机器人会相互比较各自的表演动作和基因型，有时会对它们的基因代码进行更改，来产生最优基因在它们之间流通。人类和非人类智能体共同构建了一个复杂多样的生态系统，它们“作为对话环境的一部分独立运行，但持续不断地相互适应彼此的行动”（Glynn，2008，p.5）。

《表演的生态环境》可以归类为介于斯蒂芬·凯利的《开放式合奏》和卡尔·西姆斯的《加拉帕戈斯》等互动基因系统之间的艺术作品。灵感来源于艺术家大卫·洛克比（David Rokeby）的“复杂性实验”和探讨人类与机器在共享环境中的互动方式的对话理论。通过机器学习的引导，格林巧妙促使公众与机器系统展开复杂多样的互动（Glynn，2008，p.3）。

总结

遗传算法作为一种生成技术已经得到了艺术家、作曲家和音乐家的广泛应用。创作者们主要利用这一技术来界定潜在生成结果的范围，并通过演化过程发掘出一些趣味性的结果。

演化艺术遭遇了机器学习艺术中普遍存在的困境，即非人类系统的“自主性”和人类创作者的“控制”之间的对立关系。在艺术领域，遗传算法通常用于追求出乎意料的、令人惊讶的结果。然而，当生成空间变得非常庞大时，由遗传程序产生的个体可能变得过于多样化，导致难以在如此混乱的环境中寻觅到真正有用的“珍珠”。相反，限制遗传算法的可能性空间则会减少输出结果的多样性，生成出来的都是同一类型的智能体，最终违背了使用遗传算法的初衷。

除了这个困境，定制编码的参数化和非参数系统还有一个更重要的特性。尽管演化过程可以产生令人惊讶和有趣的结果，但在很多情况下，它们的结果并不直接受外部数据集的影响。相反，它们通常源于一粒“初始种子”，比如一个随机的数字，或者如德里森斯和维斯塔潘的《繁殖》中的单一立方体细胞。

相比之下，人工神经网络构成的非参数化系统，更容易使用现实世界的信息，如图像或文本的数据集。这种类型的模型允许艺术家通过整合数据，创造出与现实世界环境相关的生成作品。因此，它们为机器和世界之间建立关系提供了可能性，使艺术家能够以自下而上的方式进行身临其境的互动和感知。非参数化系统通过向现实世界学习提高机器自主性，是人工神经网络的核心特征，我们将在接下来的两章中深入研究这一特征。

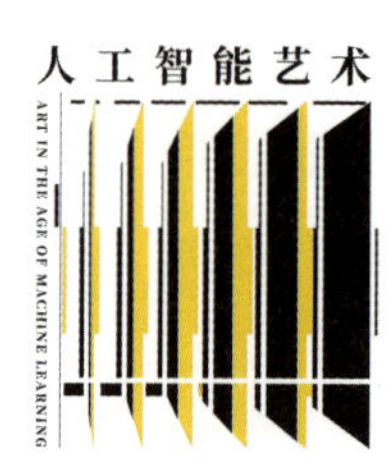
人工智能艺术
ART IN THE AGE OF MACHINE LEARNING

7 浅层学习

20 世纪 90 年代至 21 世纪初，一类与演化艺术运动同步发展的艺术方法崭露头角，这种方法依赖一种特殊的生成机器：人工神经网络。人工神经网络基于一种普遍适用的黑盒模型，设计者能够通过让网络从数据中学习，实现对网络运作的间接控制。与演化算法相比，人工神经网络的显著优势在于，它无须系统设计者手动构建特定的规则来界定解决方案的范围。

20 世纪 90 年代末，尼古拉斯·巴金斯基不断为他的神经网络自学机器人乐队增添新成员，并带领该乐队在欧洲各地展开巡回演出。与此同时，法国艺术家伊夫·阿姆·克莱因也在其人工生命项目《活体雕塑》（*Living Sculptures*）中采用了与巴金斯基机器人乐队类似的无监督神经网络来控制机器人系统。到了 21 世纪初，本·博加特、乔治·勒格拉迪（George Legrady）和乌苏拉·达姆（Ursula Damm）等艺术家在创作中再次运用了类似的系统，使得装置能够自主地在展览现场对实时拍摄的图像进行分析。

艺术家们倾向于选择已完成训练的、可直接使用的神经网络，这些网络通常具备表达各种创意的可能性。相比演化艺术家主要关注人为设计的算法系统的生成潜力，使用神经网络进行创作的艺术家更热衷于构建奇特的自组织机器，以实现与世界意想不到的互动。于是，当威廉·莱瑟姆将自己视为在精心定义的可能性空间中创作的“创意园丁”时，尼古拉斯·巴金斯基则进一步让渡自己的创作权，摇身一变成为机器乐队的助手。他只需定义机器人乐队内部神经网络系统的基本参数，这些人工生命体就能与环境建立联系进行即兴创作，演奏出世界上最奇异的音乐。对于本·博加特和乌苏拉·达姆等艺术家而言，人工神经网络让他们得以通过机器的视角探索有关人类认知与感知的问题，尽管他们对这些机器只有间接的控制权。

神经网络

上一章介绍了机器学习中参数化模型和非参数化模型之间的一个重要区别。参数化系统通常指的是一系列自定义编码的程序或数学公式，可以通过一组参数值调整系统的输出。要实现这类系统，首先必须对系统生成的内容种类做出假设。以附有一组旋钮的模拟合成器为例，不同的旋钮控制合成声波的不同属性，如音高、振幅、调制或包络等。以特定的配置转动旋钮可以生成特定的声音，即不同的旋钮配置会创建不同的声波。换言之，通过调整旋钮（参数），可以探索模拟合成器可能产生的声波范围。

相比之下，实现非参数模型则不需要对系统可能生成的对象种类做出任何假设，而是直接以实现一类程序或函数的方式改变系统的输出。继续以模拟合成器为例，与其转动固定配置的旋钮，不如直接使用电线、电阻和电容等简单的电子元件组装一个模拟合成器的电路。此时，由这些元件配置而成的电路系统会产生某种特定的声音，而在系统的诸多可能性配置中，或许存在能够产生静音或噪声的电路。

在演化计算的应用中，通常使用某种树状结构创建这类非参数化系统，其中一个节点表示一个操作符或值。然而，树状结构在能够表示的程序范围上往往存在一定局限性。这种表示能力的不足，或许是它与人工神经网络这一同类技术之间最显著的区别。

人工神经网络最初于 20 世纪 50 年代被提出，因其具备普适性，这一概念得以被大众认可且界定：规模足够庞大的神经网络可以通过近似的表示方式模拟任何通过遗传编程过程学习的函数；但反之则不然（Cybenko，1989；Hornik，1991）。自 21 世纪 10 年代以来，深度学习逐步发展，神经网络的这一特性表现得越发显著，这也在一定程度上解释了神经计算取得巨大成功的原因。

对于我们的讨论而言，更为重要的是了解神经网络是如何实现对函数进行近似模拟的。神经网络通过使用一种名为“神经元”的自组织单元集合，将输入数据投射到不同的表示层中来实现这一目标。这些神经元彼此独立工作，但仍能一同协作以寻找一个共同的解决方案。每一层人工神经元构成了前一层神经元的分布式表示，试图抓取数据中关联性最强的模式，并以一种紧凑而信息丰富的方式对其进行编码。

艺术家们发现，在这些受生物启发的、技术性的表示方法中，存在一条探索与认知、想象、记忆和梦境等相关问题的有效途径。神经网络在艺术领域的潜力取决于这些系统如何通过实际的物质结构（即实际硬件和软件实现）展示和呈现其系统的关联性（神经元的连接方式）与处理过程（神经元的交互方式）。然而，这一实践仍处于初级阶段，目前很难预测艺术家们在未来将如何发展这一领域。

眼下艺术界正热切地拥抱着使用神经网络进行创作的艺术作品，艺术家们通过他们的作品展现了神经网络技术在日常生活中所带来的希望（积极影响）和风险（潜在问题）。人工神经网络的发展历史曲折多变，经历了兴奋期、失望期、毁灭期和重生期等不同阶段。在这些浪潮中，神经网络以不同的术语被重新包装，比如联结主义和最近的深度学习。为了更好地理解这些日益流行的模型的背景和基础，我们不妨回溯一下历史。

早期的联结主义

1949年，加拿大心理学家唐纳德•赫布提出了一种开创性的人类神经网络模型。他声称，当大脑细胞同时受到某种刺激时，它们之间的连接会加强。这意味着，如果未来相似或相同的刺激再次出现，这些细胞一起放电的可能性也会增加，从而形成自组织的神经元集合。赫布将这一原理称为“某种形式的联结主义”（Hebb, 1949，p.xix），后来被称为“赫布学习”。“赫布学习”将人类的记忆视为一个亚符号化的、分布式的、自我强化的过程，而不仅仅是存储在人类大脑中的一段编码的集合。[1]

基于赫布的研究成果和大脑控制论模型，心理学家弗兰克•罗森布拉特于1957年提出了一种自适应的联结主义装置，称为“感知器”（Rosenblatt, 1957）。感知器是一个简化的人类神经网络模型，具有二元模式分类的功能，能够将输入数据区分为两个类别之一。例如，感知器可以用来识别手写字符，它通过一组输入神经元将二进制数据映射到输出神经元，感知和判断输入的手写字符是字母X还是字母O。这一过程是通过使用一组名为权重的参数值实现的，这些权重对应着输入和输出之间的突触连接。在训练阶段，权重值会被随机初始化，随着不断对一系列已知预期输出的示例输入进行响应，权重值也将不断迭代和调整——这属于监督学习的一种形式。[2]

感知器在机器学习的历史中具有里程碑式的地位。这一简单的系统通过将逻辑、统计和自组织的理念结合到一个计算装置中，在监督学习的循环作用下能够专用于特定目的，并且为后来发展机器学习和神经计算奠定了理论基础。然而，感知器也存在一个显著的缺陷，这一缺陷很快被那些基于启发式和符号化的人工智能方法的拥护者们指出，并对此展开抨击。

在20世纪50—60年代，人们的确对此类受人类生物学启发的联结主义结构寄予厚望，但在马文•明斯基和西蒙•派珀特发表了对感知器的强烈批判之后（Minsky & Papert，1969），这股热潮迅速冷却。他们表示，即使是简单的问题，原始神经网络也难以解决，这引发了人们对联结主义方法的广泛担忧。随着早期神经网络于20世纪60年代末期逐渐没落，人工智能的研究转向了更加符号化和启发式的方法，这些方法后来被称为符号人工智能、经典人工智能或传统人工智能（GOFAI）。在这一时期，一方面，有些研究人员在高层次问题上取得了显著的研究成果，如跳棋或象棋游戏（Newell，1955），以及响应简单的依托于文本的聊天互动，或者模拟在微观世界中解决现实问题（Winograd，1970）；另一方面，研究重心则转向依赖基于符号和规则的系统，而对神经网络此类受生物启发的系统鲜有兴趣。

联结主义复兴

时间快进至20世纪80年代中期，科学家们发现了一种基于感知器架构且计算更为高效、先进的神经网络方法（Rumelhart，Hinton&Williams，1986）。当时，这一系统被称为多层感知器（MLP），而如今更普遍地将其称为深度神经网络（DNN）。深度神经网络由多层感知器叠加组成，但是与感知器不同，深度神经网络不仅存在输入层和输出层神经元，还有一个或多个位于输入层与输出层之间的隐藏层。深度神经网络的运行机制与感知器类似，第一组权重将输入神经元的数据映射到中间的隐藏层，并在该层中形成对输入数据更为抽象、高级的表示形式。随后，使用第二组权重将隐藏层的神经元组合起来，以产生下一层的神经元的输入值。[3] 这个过程从层到层逐步进行，直到抵达最终输出层，从而得出结果。

诸如 MLP 此类模仿人脑神经网络结构的联结主义网络，以分布式、亚符号的方式表示信息，这与传统人工智能中常见的局部化、符号化的表示方式形成鲜明对比。在训练初期，权重的值被随机初始化，此时网络的决策是混乱无序的。然而，随着不断接触来自现实世界中的样本数据（即暴露于环境之中），网络会逐渐自我调整，其预测能力也会不断提高，预测结果变得越发准确。

该图是具有单个隐藏层的多层感知器示意图。第一层是一组感知器，将输入神经元对数据的表示映射到隐藏神经元。每个隐藏神经元都将专门识别特定的模式和表征（如上方神经元所示），当在输入数据中识别出相应模式时，该神经元就会被激活。第二层是另一组感知器，它的作用是将隐藏层所输出的特征组合起来，以输出到特定的类别。该图由让 - 弗朗索瓦・雷诺（Jean-François Renaud）绘制。

为了理解人工神经网络中分布式表示的概念，可以设想原始感知器仅具有一个表示层，该层用于接收原始数据（如一张黑白字母图像）并将其转换为分类表示（如字母 X 或字母 O）（见图 7.1）。而 MLP 则会引入一个或多个中间层神经元，即隐藏层，每个隐藏层对信息的组织都基于前一层输出的内容。

在训练过程中，每个隐藏层神经元都会对应一种自学类别，与某种模式相对应。然后，所有神经元的预测结果会在第二层中汇总，实际上这是另一个感知器。这一神经网络层并非直接使用原始数据作为输入，而是依赖于隐藏层中重新压缩和编码后的数据。基于这种更丰富、更紧凑的原始数据表示，这一层会发出对图像的最终预测（字母 X 或字母 O）。

这种特征表示是网络通过自主的学习方式获得的，对于人类观察者而言，这种方式有时可能是令人惊讶或难以理解的。这些隐藏特征并不是为人类的视觉设计的，而是模型提升性能的关键所在。尽管这种不可预测性在一定程度上超出了人类的控制，但它却潜藏着惊喜和新奇的可能性，而这一点可以为艺术家巧妙地发掘与运用。

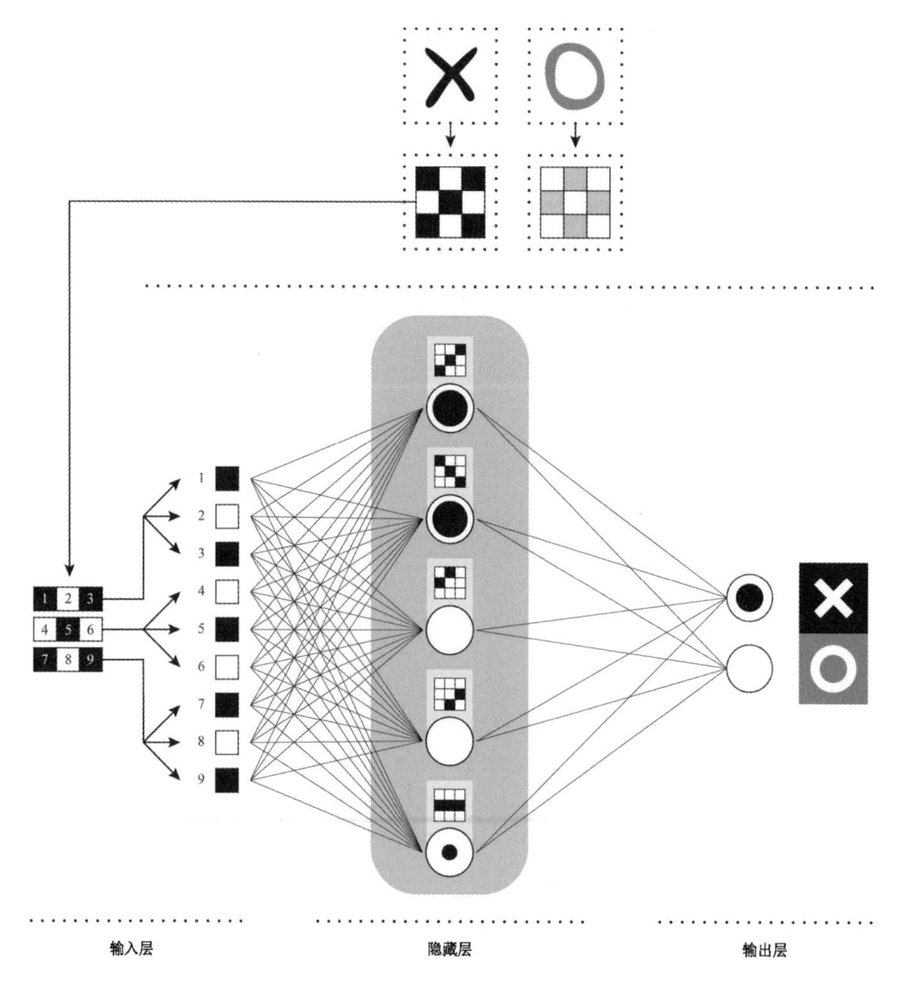

图 7.1　该图是具有单个隐藏层的多层感知器示意图。第一层是一组感知器，将输入神经元对数据的表示映射到隐藏神经元。每个隐藏神经元都将专门识别特定的模式和表征（如上方神经元所示），当在输入数据中识别出相应模式时，该神经元就会被激活。第二层是另一组感知器，它的作用是将隐藏层所输出的特征组合起来，以输出到特定的类别。该图由让 - 弗朗索瓦·雷诺（Jean-François Renaud）绘制。

音乐与联结主义

从 20 世纪 80 年代中期到 90 年代中期，联结主义方法在计算领域经历了一段复兴时期。在这一时期，神经网络在艺术领域的应用方面取得了显著成果，尤其在音乐领域的乐谱分析和生成方面更为突出。[4]

音乐创作的联结主义方法是在马尔可夫链这一数学模型的研究基础上发展而来的。马尔可夫链是一种概率系统，能够根据固定的概率模拟状态之间的转换。这些转换概率可以基于现有的音乐分割语料库进行自定义设计或者从中学习得到。马尔可夫链的一个重要特性是它使用有限的前置事件窗口来表示事件序列之间的转换关系。例如，如果最近演奏的音符是 C，马尔可夫链可能会给出再次演奏 C 的概率为 25%，演奏 E 的概率为 75%。因此，在马尔可夫链中，只有近期有限数量的过去事件会对未来事件产生影响。

1959 年，作曲家伊阿尼斯·泽纳基斯在他的作品 *Analogique A*、*Analogique B* 以及用 18 支弦乐器创作的作品 *Syrmos* 中使用了马尔可夫链。他在其革命性著作《形式化音乐》（*Formalized Music*）中详细阐述了自己的创作方式，描述了从一个音符到下一个音符的转换过程，这些转换过程记录在被他称为“屏幕”的表格中，每个“屏幕”都配置了用于特定音乐空间区域的生成过程（Xenakis，1992）。

许多其他作曲家也采纳了马尔可夫过程来创作他们的作品。其中 1987 年发布的两款商业音乐软件便是引人注目的实例：由戴维·齐卡雷利（David Zicarelli）开发的《詹姆工厂》（*Jam Factory*）和戴维·齐卡雷利、乔尔·查德贝（Joel Chadabe）、约翰·奥芬哈兹（John Offenhartz）以及安东尼·维多夫（Anthony Widdoff）联合打造的 *M*。这两款软件均具备一个显著的特点，即它们能够根据用户提供的乐谱语料库生成转换概率。另一个关键特性是，它们能够使用长达四个音符的时间窗口来把握音符之间的转换关系。换言之，尽管泽纳基斯和许多其他作曲家使用都是一阶链，即只有最后一个音符影响下一个音符的转换，但《詹姆工厂》和 *M* 使用的是四阶链，可以基于前四个音符来选择下一个出现的音符。从理论上讲，人们认为四阶链可能会产生更丰富、随机性更低（更有组织性）的音乐作品，但实际上，增加时间窗口往往会导致软件直接从乐谱语料库中复制整个音符序列，从而削弱作品的原创性（Ames，1989；Baffioni 等，1981）。

马尔可夫模型在训练现有文本或音乐语料库时，一个常见的问题是需要使用较大的参考窗口，这是因为马尔可夫链通常无法捕捉到事件之间的长期结构依赖关系。例如，基于蓝调音乐数据库训练的马尔可夫链或许能够生成一两个小节的乐谱，但要创作一个结构完整，具有适当开头、中间和结尾的连贯乐谱却十分困难。这是因为马尔可夫链只能基于训练材料中已存事件的局部或特定表示进行创作，它们无法感知诸如两个音符之间的半音数这样的高级信息。换言之，尽管马尔可夫链与机器学习系统有一些共同之处，但它们却缺乏神经网络所具有的自组织和分布式表示能力。

20 世纪 80 年代末，彼得・托德（Peter M. Todd）通过多项研究探索了利用神经网络进行算法作曲的可行性，这些研究采用联结主义技术作为马尔可夫链的替代方案。在算法生成中运用联结主义技术时，神经网络用于预测在给定前 N 个音符的情况下，后续音符出现的概率。当系统选定一个音符之后，该过程将重复进行，直至生成完整的乐谱（Todd，1989）。

托德与研究员路易斯（J. P. Lewis）和迈克尔・莫泽（Michael C. Mozer）共同发布了使用循环神经网络（RNN）进行算法作曲的研究成果。循环神经网络是一种特殊的神经网络，它通过将其部分输出反馈到输入来不断运作。这种机制创建了一个反馈循环，使得循环神经网络能够保留历史序列数据的痕迹，即短期记忆。因此，循环神经网络在处理如乐谱、声音和文本等序列数据或时间数据时表现出色，备受青睐。

20 世纪 80 年代，联结主义技术应用于音乐方面的研究迅速迎来核心挑战。这一挑战同样影响了 20 世纪 90 年代神经网络的其他研究。当时，由于计算能力较弱、可用数据库的规模较小，加之联结主义网络在理论上存在重要局限，因此，这些新兴的联结主义方法在实际应用中的效果，相比马尔可夫链等竞争方法，确实略逊一筹。

联结主义与人工生命相遇

在人们对联结主义音乐的生成进行实验后不久，20 世纪 90 年代初，本书开头已介绍过的人物——艺术家尼古拉斯・巴金斯基开创了一种独特的神经网络，可以应用于现场音乐的生成。巴金斯基对当时该领域的研究状况了如指掌，然而，与同时代的很多艺术家一样，他对于通过训练联结主义系统生成音乐的成果并没有产生太多好感。正如上文所述，这些系统的生成效果并不比简单的马尔可夫链强太多。

造成这一情况的主要原因至今仍然成立：开发算法策略的科学家通常会考虑系统在实际应用中的实用性。这涉及对现有数据的模仿（如使用机器学习以巴赫的风格进行作曲）或对这类信息的分类（如确定一首曲是由巴赫还是由其他水平较低的同时代作曲家所作）。这些算法系统通常追求的是共性而非个性，因此，往往生成的是平淡无奇的模仿品，而非真正的新颖之作。因此，当艺术家使用科学研究开发的算法时，他们必须批判性地对系统的设计方式进行评估，并思考机器的参与过程是否仅在技术上取得了成功，但最终却陷入了缺乏原创性的困境。

巴金斯基选择了一种迥异于这些科学研究的方式。首先，他并未借助计算机生成音符序列，而是选择与具有实体的机器人乐器合作，这些乐器通过自身的感知运动系统，实时体验并直接响应周围的原始声音环境。其次，不同于利用监督学习的方式在人类作者现存的创作内容上训练神经网络，巴金斯基使用了一种名为自组织映射（SOM）的无监督学习系统来生成现场音乐。[5]

自组织映射是一种无监督神经网络，它与感知器颇为相似（Kohonen, 1981）。这种网络通过竞争学习的方式进行训练，神经元在比输入数据维度更低的空间中（通常是一维或二维）相互竞争，进而生成输入数据的低维映射。由于自组织映射与神经学紧密相连，具备自主工作的能力，且实现起来相对简单，因此受到了众多艺术家的青睐。艺术家们将 SOM 的自组织特性融入创作决策的过程中，使得这一技术超越了其原有的应用范畴，不再仅仅用于从固定数据集中提取规律，而成为一种创新的艺术创作手段。

的确，巴金斯基并没有按照 SOM 的原始设计意图来使用它们，他不仅仅是利用它们来寻找某个固定数据集更紧凑的表示形式。相反，他将 SOM 融入实时且持续适应的表演过程中，使机器人能够自主寻找对世界的独特理解，从而创造出属于自己的即兴演奏音乐的方式，而这一切都是在没有外部监督的情况下完成的。

在巴金斯基的“三海妖乐队”中，吉他机器人和贝斯机器人使用 SOM 来指导演奏动作，以便它们能够实时响应声音环境，进行现场音乐演奏。SOM 中的神经元对应特定的琴弦，它们会根据传入的声音频谱相互竞争，获胜神经元会指挥机器人弹奏对应的琴弦。由于声音环境在很大程度上受到机器人自身演奏的影响，这支机器人乐队也因此卷入了一个贯穿其自身和环境运行的反馈循环中。值得一提的是，这支机器人乐队在多年的演出中持续保留了与 SOM 的连接关系，进而实现了令人着迷的不断演化。

1992 年 12 月，当机器人乐队首次开始演奏时，控制其行为的六个神经网络被随机初始化。如今，针对不同的操作模式（如不同的速度和调弦的方式），已演化出几套不同的网络以供使用。这些网络都是由 1992 年初始神经网络发展与演化而来的。这意味着，在过去的十年中，该机器人系统已经积累了丰富的演奏经验。尽管这种经验的积累并非持续不断的，但却遵循一定的规律。（Baginsky，2005）

20 世纪 90 年代，有些艺术家声称在作品中广泛使用了神经网络，实际上他们使用的就是 SOM，雕塑家伊夫·阿姆·克莱因便是其中一位。克莱因致力于创建自主的机器人生命形式，在《活体雕塑》项目中，克莱因运用机器学习技术，旨在"为雕塑化的生命形式赋予情感智能与意识"（Klein，1998，p.393）。该系列中有一件名为《八爪鱼》的作品，它是一个反应灵敏的机器人雕塑，能够通过微妙且难以捉摸的行为来回应人类的存在。创作于 1996 年的《八爪鱼》依靠形状记忆合金线来控制八条呈环状排列的机器人腿。机器人的运动取决于其腿部位置，以及八个光电池传感器测量的来自各方向光线的相互作用。腿部位置的数据和光电池的数据被输入 SOM 中，SOM 能够自主地从输入数据中提取规律，并选择激活其中某条腿来作为响应。由此可见，SOM 系统能够在实时响应环境的同时，持续地从环境中学习。[6]

值得注意的是，巴金斯基和克莱因都将 SOM 的自组织特性纳入了决策过程之中。这与传统上将 SOM 用于压缩高维数据为低维度数据的用法大相径庭。一般来说，SOM 常应用于具有众多维度的大型数据集（例如，一个 10×10 的图像数据就有 100 个维度）。SOM 能够识别原始输入数据中的关键规律，然后将新的数据点映射到一个更为紧凑的二维（2D）或三维（3D）空间中。这种映射方式使得输入模式与自组织神经元相关联，进而让相似的模式与相近的神经元相互匹配。

两位艺术家都有效地运用了 SOM 这种有机地将输入映射为输出的能力，从而生成了既有秩序感又难以预测、奇特且非人类的新颖行为。他们通过这种方式，巧妙地将技术应用于追求美学与诗意的目标。在探索无监督学习的过程中，艺术家们采取了一种别出心裁的方式，即利用无监督学习让基于智能体的系统（如机器人）

在无须人类干预的情况下自主作出决策，而这一决策过程并不追求明确的目的。这种新颖且富有创造性的互动方式，将机器学习作为艺术创作的材料，代表了艺术家们在艺术创作上的独特探索。

联结主义的愿景

除机器人作品外，SOM 还在 21 世纪初被艺术家们用作激活和解释现实世界中实时影像的一种方式。例如，德国艺术家乌苏拉·达姆在其《出入站点》（*InOutSite*）（1997—2005 年）交互装置系列作品中，就使用 SOM 来探索公众场所中路人的行为模式。在这一系列作品中，达姆通过运用不同类型的计算机视觉算法来处理这些场所的实时视频，旨在创造出能够响应用户行为的交互式架构。

《空间的记忆》（*Memory of Space*）（2002 年）是达姆在该系列中首次使用自组织映射的作品（见图 7.2）。在这件公众艺术装置中，达姆在西班牙马德里最繁华的太阳门广场上安装了摄像头，用于捕捉行人的活动。摄像头捕捉到行人的运动方向和每平方米人群的密度等信息，会实时传输到 SOM 系统中，该系统随后会根据这些信息对广场的坐标进行实时扭曲。最终生成的映射结果以 3D 可视化的形式实时呈现，生动描绘出行人的行为，并且这些行为是由神经网络自主解读的。通过无监督机器学习程序对公共空间进行重新解读，艺术家为路人呈现了一个扭曲的空间视图，这是透过机器的视角，对人类活动进行的疏离化视觉诠释。

乌苏拉·达姆的近期作品《色谱乐团》（*Chromatographic Orchestra*）（2013 年）以更具互动性的方式使用了自组织映射技术。在这部作品中，艺术家借助了她的合作者马丁·施耐德（Martin Schneider）设计的定制软件框架，名为《神经视觉》（*Neurovision*），其设计灵感直接来源于人类视觉系统的工作原理。当软件对捕捉到的展览环境视频进行实时分析时，观众可以通过脑电图（EEG）设备调整可视化软件的参数。通过这种方式，观众能够运用自己的脑电波在自组织映射所创建的抽象且不断变化的视觉空间中自由探索。达姆将自己的作品与 19 世纪末、20 世纪初的绘画流派（如印象派、立体派）进行了类比。她认为，在这些艺术流派中，绘画

图 7.2　乌苏拉·达姆，《空间的记忆》，2002 年。编码：马蒂亚斯·韦伯（Matthias Weber）。该图由乌苏拉·达姆提供。

更多地成为对场景感知的分析，而非仅仅是场景的表象描绘，这是通过分解观察对象实现，尽管人类的表达方式受限于感官系统的本质（Damm，2013）。

新兴表示

乔治·勒格拉迪是首批将 SOM 技术应用于艺术装置创作的媒体艺术家之一。他的作品《满载回忆的口袋》（*Pockets Full of Memories*）于 2001 年夏天在巴黎蓬皮杜艺术中心展出（见图 7.3）。在展览期间，观众被邀请参与进来，通过扫描自己的随身物品并提供一系列关键词的方式，为这件作品做出自己的贡献。整个夏天，共有超过 3300 件物品的数据被收录到这件作品中。[7] 在勒格拉迪的这项作品中，

SOM 对这些不同性质的内容进行组织，根据从它们的图像和描述中提取的特征，自动将所有物品的照片定位在一个二维矩阵（地图）中。

图 7.3 乔治・勒格拉迪，《满载回忆的口袋》，2001 年。数字数据的屏幕截图。图片由乔治・勒格拉迪工作室（© 2020）提供。

这种参与式收集的组织方式，其实是一次艺术家、观众和神经网络之间的协作。对于参与者而言，这些物品或许具有特殊意义，在《满载回忆的口袋》这件作品中，这些意义得到了重新诠释。这种新的、涌现出的意义存在于人与非人之间，是由计算智能体生成的混合意义。虽然计算智能体对人类经验一无所知，但其结构却受到人类大脑中记忆工作原理的启发，并基于真实人类提供的信息元素进行工作。[8]

勒格拉迪将这些物品的二维排列比作地图。相似的物品往往聚集在同一区域。然而，如果物品关联的关键词不同，即使外观相似的物品也可能不会被归为一类；同理，如果视觉属性不同，即使描述相似的两个物品也可能不会相互靠近。“还有一些情况”，勒格拉迪写道：“即使是相邻的物体也可能相距甚远，就像在自然地形中偶尔会出现分隔的山谷和山脉一样”（Legrady，2002）。

这种排列是在参与者的贡献与神经网络的自组织特性的共同作用下产生的。勒格拉迪曾这样形容：“如同相似的物品会相互寻找，而无需任何中央指令的指引”（Legrady，2002）。此时，个人意义在机器学习系统的整合下融入集体意义，最终的结果往往出人意料且颇具魅力。

语境机器

媒体艺术家本·博加特的作品《语境机器》（*Context Machines*）是一系列基于特定情境的生成艺术作品，其算法源自科学和记忆创造力的模型。作品利用实时捕捉的视频，经由算法分析，根据对现实世界的即时解读，自动生成全新的表现形式。这些机器被放置于特定的环境中，以一种具象化的方式与周围环境互动，其感知系统的内部动态与现实世界紧密相连，彼此影响。

尽管《语境机器》系列作品采用了能够反映现实的模型，但本·博加特更关注“具体的实践过程”，而非“抽象的表现概念”。通过这一概念上的转变，艺术家摒弃了将“实践”与“表现”割裂开来的计算主义观点。这些自适应过程通过自组织创造出的表现模型并非虚拟的构想，而是具有实质性的存在。

> 从唯物主义的视角来看，表现行为与其他任何过程一样具有物质性。而出现计算主义这种二元对立的根源在于物质现实与艺术概念之间可能潜在的不连贯性。然而，对于实践的关注恰好体现了一种将概念与物质严谨融合的渴望。（Bogart & Pasquier，2013，p.116）

我赞同这一观点，这也正是汤普森的物理适应型 FGPA 与神经网络等技术模型同属一个概念范畴的原因。技术系统并非虚拟或抽象的，因为它们最终都与物质现实紧密相连，能够激活矿物质上的电荷，并作用于消耗真实能量、产生真实热和能量的实体机器上。

博加特的《语境机器》系列与其他基于摄像机和特定场所的装置存在关联，比如大卫·洛克比的《分类精灵》（*Sorting Daemon*）（2003 年）和《聚集》（*Gathering*）（2004 年）。然而，与洛克比的《监视拼贴》（*Surveillance Collage*）系列作品不同，博加特的装置直接应用了与认知过程紧密相连的机器学习模型（见图 7.4）。博加特的《记忆联想机器》（*Memory Association Machine*）（2008 年）是《语境机器》系列作品的一部分，它是运用 SOM 生成性地组织摄像机捕获的图像（见图 7.5）。博加特对 SOM 十分感兴趣，他认为 SOM 能够对微观特征进行组织，这是一种记忆组件间高度受控的一种联结形式（Bogart & Pasquier，2013，p.117）。

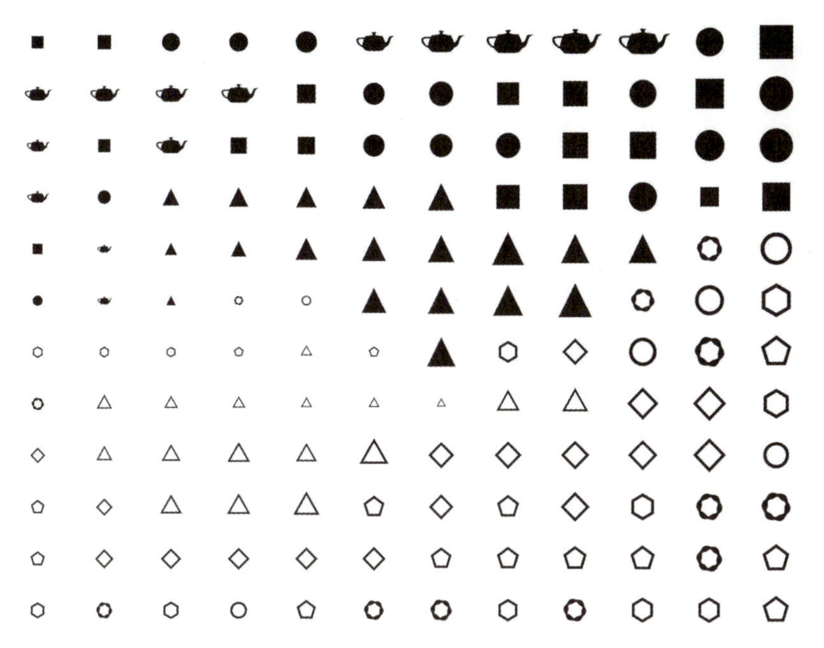

图 7.4　通过自组织映射对黑白形状图像进行训练得到的图像结果。SOM 仅凭借图像的原始像素值，学习如何沿着两条轴线对图像进行组织。该图由本・博加特提供。

图 7.5　由本・博加特的《记忆联想机器》（2008 年）生成的特征映射。该图来自《记忆联想机器》生成的特征映射。该图由本・博加特提供。

总结

从 20 世纪 90 年代开始，艺术家对人工神经网络的特性产生了兴趣。这些模型具有类似于人工生命和演化计算的自组织特性，而与此同时，它们遵循联结主义学习的赫布原理，具备直接从现实世界的数据中学习的能力。人工神经网络受到生物神经网络的启发，这些生物神经网络存在于神经系统和大脑中，因此非常适用于对个体和集体感知与表示方式进行艺术探索。尼古拉斯·巴金斯基、伊夫·阿姆·克莱因在 20 世纪 90 年代创作的开创性作品，以及乌苏拉·达姆、乔治·勒格拉迪和本·博加特在 21 世纪初使用无监督神经网络创作的作品，为未来使用更强大的神经网络进行艺术创作奠定了基础。在这个时期，尽管大多数工程领域的社群都认为联结主义是一条死胡同，但艺术家们却积极地探索着联结主义编程的策略。

然而，到了 21 世纪 00 年代中期左右，机器学习领域发生了一场技术革命，使得更复杂、更多层次的神经网络架构得以高效地进行训练，从而将神经网络重新引回到时代前沿。这一突破催生了机器学习领域的一个全新研究方向，即深度学习。

这些重大变化促使机器学习迅速产业化，产生了全球性的影响，随之很快便出现了一系列全新的艺术作品。这些作品重新利用并扩展了众多非人类表征和算法组合的概念，这些概念源自基于浅层神经网络架构的早期作品，如在本章中提及的使用 SOM 进行创作的作品。深度神经网络模型及其相关的艺术实践在 21 世纪 10 年代大量涌现，我们将在下一章中重点讨论。

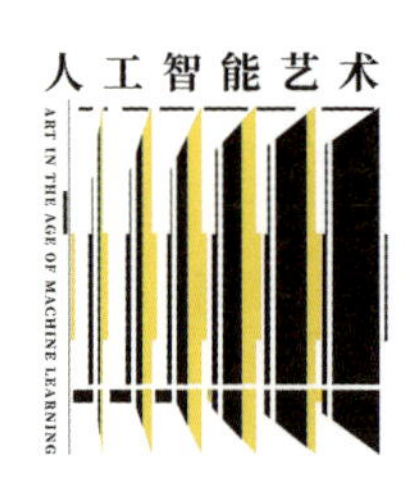

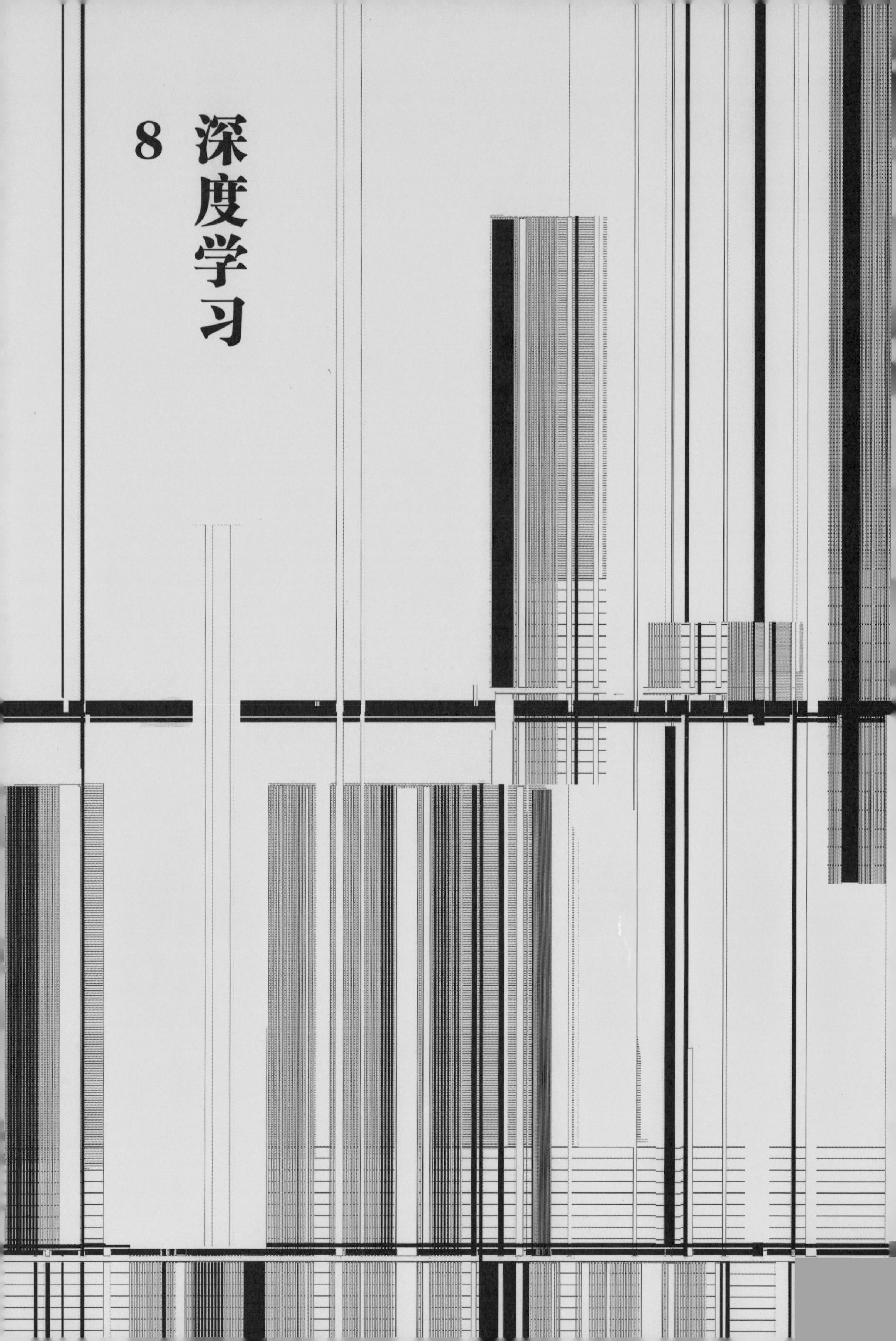

8 深度学习

21 世纪 10 年代前，艺术界对使用机器学习进行创作的尝试仍然较为有限，即便存在，也通常与更为常见的艺术潮流和运动相结合，如人工生命和机器人艺术。特别是，应用神经网络的艺术作品尤为罕见。然而，在 21 世纪 20 年代，机器学习领域在神经网络方面的研究取得新进展，深度学习的出现推动了机器学习系统迅速实现产业化，并广泛应用于社会的各个领域，包括艺术界。21 世纪 10 年代中期，主要活跃在社交媒体上的早期神经网络使用者开始探索这些新兴技术的创意性属性。IT 行业以此作为一种市场营销策略，进一步推动了这一探索热潮，目的是希望在尽可能少受市场监管的情况下，提高其人工智能产品和服务在社会上的接受度，IT 行业也因此看到了神经网络技术应用于艺术领域的潜力，并认为这是一种在公众的集体想象中塑造人工智能积极形象的有效方式。到 21 世纪 10 年代末期，当代艺术界采纳并延续了这些新兴实践，与人工智能相关的艺术展览也迅速增多。

这些新兴实践与新型神经网络架构的出现密切相关，这些架构在原来的基础上得到了明显的优化。深度神经网络本质上是由具有更多权重和神经元层数的神经网络构成，其特点是具有更高的自主性，允许用户直接使用原始数据作为输入，从而降低了通常使用机器学习时烦琐的数据预处理的需求。此外，这些系统还具有出色的可扩展性，它们能从规模空前的数据库中提取有意义的信息。以上特性使得它们更易于供新手使用。随着深度学习的问世，一些开源库的出现允许具有基本编程技能的用户构建简单的神经网络架构，神经网络已不再是一种仅限于经过专业训练的博士工程师才能触碰的高深技能。

这些新型模型的出现催生了新奇的机器学习艺术实践。其中一些实践已广泛普及并受到媒体的高度关注，以至于迅速变得不再新奇，例如激发主义（inceptionism）和生成对抗网络（GAN）。然而，在这种动荡之中，艺术家们仍然尝试着通过探索和利用这些技术开发原创性项目。

从联结主义到深度学习

到 21 世纪 00 年代中期，在大多数情况下，研究人员仅能高效地训练浅层神经网络架构，即不超过三层的神经网络。然而，仍有少数研究人员坚信，如果能创建具有更多层次的、复杂的神经网络模型，机器学习的研究将得到进一步突破。这一观点得到了神经科学研究的有力支持，因为人类大脑本就以深层架构的形式，通过多个不同的抽象层次处理感官信息（Bengio，2009；Serre 等，2007）。例如，视觉皮层包含多层神经元，每层神经元分别对应处理不同复杂程度的表征，从具体、简单的特征，如边线、方向，再到更加抽象、复杂的形状，如人脸（Kruger 等，2013）。

在 21 世纪初，科学家们更容易获取强大的原始计算能力，从而引发了机器学习专家于尔根·施密德胡伯（Jürgen Schmidhuber）所说的“第二次神经网络复兴”（Schmidhuber，Cireşan，Meier，Masci & Graves，2011），这是相对于 20 世纪 80 年代因发表反向传播算法（Rumelhart，Hinton & Williams，1986）所引发的第一次复兴而言的。[1] 计算能力的快速发展使得研究人员能够开展规模更大的模型实验，因此推动了算法技术的发展，解决了浅层架构的缺陷。

2006 年，多伦多大学杰弗里·辛顿团队的研究人员提出了一种训练深度神经网络的解决方案（Hinton，Osindero & Teh，2006）。这一激动人心的进展弥补了继辛顿、鲁梅尔哈特（Rumelhart）和威廉姆斯（Williams）于 1986 年发表反向传播算法（Rumelhart，Hinton & Williams，1986）之后长达 20 年的研究空白。[1] 杰弗里·辛顿团队提出的方法是利用无监督学习对模型的较低层次进行预训练，再将整个系统置于传统的监督学习流程中。这种训练方式在计算机视觉的应用显著优于其他竞争方法。

这一突破伴随着其他许多研究进展同时发生，催生了机器学习中一个全新的分支，即深度学习。深度学习的主要应用在于解决汽车驾驶等复杂问题。它允许计算机“从经验中学习，并根据抽象的概念层次结构理解世界，每个概念都是基于与更简单概念间的关系进行定义的”（Goodfellow，Bengio & Courville，2016，p.1）。深度学习试图通过互连神经元形成嵌套层，以简单的概念为基础，构建更为复杂且抽象的概念，以此实现学习过程的完全自动化（见图 8.1）。

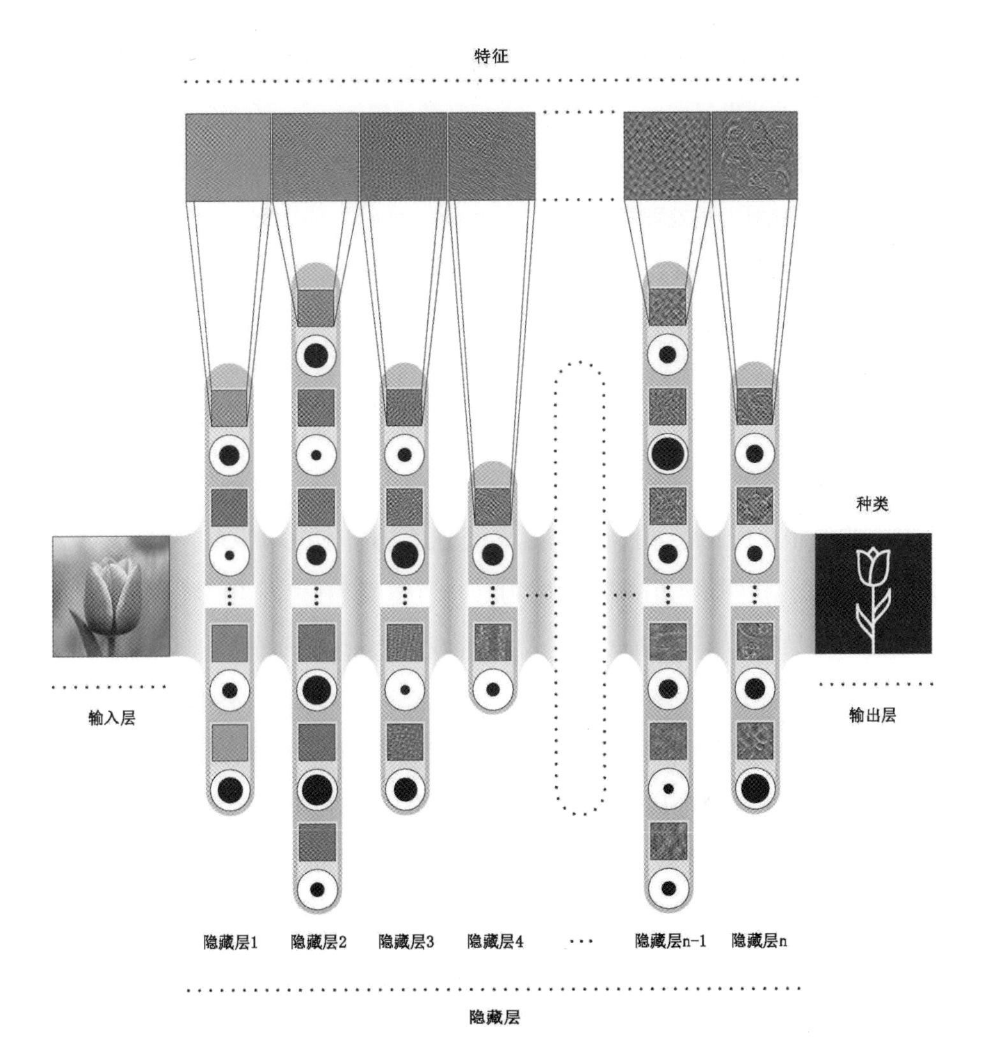

图 8.1 包含众多隐藏层的深度神经网络。每个隐藏层神经元都专门识别一个特定的表征（这些表征显示在神经元的上方）。由于每个神经元识别的表征都建立在前一个神经元识别表征的基础之上，因此可感知的模式在更高层神经元上变得越来越复杂和多样。因此，每一层神经元都以越来越丰富的表征层次对输入数据进行编码。尽管此图仅展示了深度神经网络在图像分类中的应用示例，但基于“互连神经元的叠加层次”这一核心原理，不同的深度学习架构都有可能实现。该图由让 - 弗朗索瓦·雷诺（Jean-François Renaud）绘制。

一直以来，许多人都将深度学习视为人工智能领域一直等待的颠覆性技术。通过深度学习，人工智能正式走出学术界，成为下一次工业革命的核心战略要素。深度学习已成为谷歌、Meta 和微软等主要 IT 公司的技术先锋，各大 IT 公司认为这是在21世纪保持竞争力的关键。[2] 尽管越来越多的证据表明，深度学习技术对于市场中企业的未来发展与生存至关重要，但私营部门仍面临一个巨大挑战，即如何培育公众对深度学习技术的接受度。在公众眼中，不论是真实的还是想象中的人工智能的未来，都对人工智能产品的推广构成潜在威胁。对于这些公司而言，艺术逐渐成为一个推广人工智能产品的低成本、高回报的投资领域。[3]

企业之梦

21世纪10年代，谷歌工程师亚历山大·莫德文采夫于2015年发布了一款名为"深梦"的软件，这是机器学习在艺术领域应用的一个重要里程碑。"深梦"通过深度神经网络，利用数百万张图像进行训练，从而生成奇异而迷幻的图像。[4] 从用户提供的初始图像开始，该软件会分析样本图像中每个部分的视觉细节，并不断提高其对图片内容的敏感度。这种对特定图像的高度敏感导致算法产生了错觉，也就是所谓的"空想性错视"，即人类倾向于在随机观察中看到图像的形态与含义，比如人们可能在罗夏墨迹测验图中看到大象的轮廓，或者在披萨上看到类似耶稣的脸的图案。

"深梦"作为开源工具发布后引发了广泛关注，不久之后，经过"深梦"增强的照片图像便开始在社交媒体上广泛流传。随后的一年里，旧金山灰色区域艺术基金会（Gray Area Foundation for the Arts in San Francisco）联合谷歌研究院围绕"深梦"生成的艺术作品举办了一场展览和拍卖会。

随着艺术化神经网络产生的梦幻奇观取代电影《终结者》中那些关于人工智能的恐怖画面，这些干预措施在一定程度上成功地将媒体对人工智能的关注点从灾难性报道，如"机器人杀手"等，转向了更为积极的方面。这种转变可以被视为一次成功的尝试：通过展现人工智能与人类相似的浪漫特质，将人工智能系统从"杀戮机器"重塑为"造梦机器"。

"深梦"是机器学习发展过程中的一次真正的革新和创意的改造，在艺术界和公共媒体界均引起了广泛关注。但是，"深梦"究竟能否被视为一种艺术形式，或者只是一种病毒式的营销手段？或许正因为"深梦"太过成功，目前仍处于一个灰色地带：尽管它常被宣传为一种创造性的表达工具，甚至是一种新的艺术形式，但是它毕竟诞生于跨国公司，它与这些公司的研究、利益和战略议程息息相关，无法孤立看待。事实上，使用“深梦”生成的艺术作品具有极高的辨识度，任何使用这些算法创作的艺术作品都会立即得到留存，并显示发起者，因此不可避免地会助推谷歌社交媒体的宣传。

尽管现在艺术的形式多种多样，观众群体也十分广泛，但仍然将“深梦”视为一种文化对象，能够推动当代艺术圈在博物馆和画廊中培养的前卫批判、再创造和艺术观点的发展。与同样或更高价值的创意工具或艺术作品相比，“深梦”之所以能够获得如此高的关注度，与谷歌利用搜索引擎和内部广告架构直接或间接的推广密不可分。因此，“深梦”很难擦除其带有深刻烙印的起源印记，也很难被公司体系结构之外的个人修改和解构。

但是，这并不意味着商业与艺术水火不容，新媒体艺术领域不乏私营企业与艺术家之间极具价值的交流，本章将讨论其中部分案例。例如，尼古拉斯·舍费尔与飞利浦合作制作的 *CYSP 1*（1956 年）；约翰·凯奇（John Cage）、伊冯娜·雷纳（Yvonne Rainer）和罗伯特·劳森伯格（Robert Rauschenberg）等当代艺术家与贝尔实验室工程师联合打造的一系列现场表演《9 夜：戏剧与工程》（*9 Evenings*：*Theatre and Engineering*）（1966 年）；此外，还有一些非艺术家身份的科学家与工程师也做出了宝贵的贡献，他们参与了诸如“控制论艺术的意外发现”（Cybernetics Serendipity）（1968 年）、“软件”（Software）（1970 年）等艺术展览，这些展览如今被认为奠定了新媒体艺术领域的基础。

然而，在 21 世纪，艺术家、科学家与跨国公司之间存在着严重的权力失衡，这使得机器学习在艺术创作方面存在诸多问题。20 世纪，新媒体艺术家们探索并利用了一些最初并非为艺术目的而开发的技术。例如，20 世纪 90 年代的网络艺术运动（net.art movement）利用最初由美国国防部开发的互联网技术，创造了一种可以在传统艺术网络之外传播的独特艺术形式，而这项技术在 21 世纪初以前基本是非商业状态。相比之下，21 世纪的艺术家如果想要与机器学习产生互动，则必须置身于少数几家 IT 企业构建的霸权格局之中，同时亦需承担和应对由此带来的潜在复杂性。

与私营人工智能公司合作可能会导致艺术家沦为报酬低廉的文化货币，甚至沦为技术的劳工。诸如谷歌文化研究所和 Meta 艺术家驻留计划等艺术与科技项目，无法与其背后所支持公司的战略利益相割裂。这些驻留项目除了能提升企业的公众形象，还为企业提供了一种潜在的便利途径，以较低的成本获取艺术家的创意和专业知识，进而实现资本增值。[5]

综上所述，“深梦“、Magenta 以及 Meta 艺术家驻留计划等由跨国公司推动的、以人工智能为驱动的艺术与创意项目日益凸显出一种紧张关系：一方面，21 世纪私人机构掌控着人工智能研究与生产手段；另一方面，当代艺术需要保持自由和独立，以维持其与社会之间的批判性互动。而这些项目的出现，使得这种紧张关系变得触手可及。

神经美学

21 世纪 00 年代中期，深度学习催生了一个松散的艺术家群体，他们积极地探索着这些新技术带来的可能性。这些艺术家主要活跃在推特和 Medium 等网络平台上，包括迈莫·艾克腾、罗比·巴拉特（Robbie Barrat）、索非亚·克雷斯波、马里奥·克里格曼、吉恩·科根（Gene Kogan）、海伦娜·沙林（Helena Sarin）和迈克·泰卡（Mike Tyka）等。他们通过社交媒体直接在线分享代码、模型、文档等学习资源，并经常在推特上发布半成品实验、演示与动画。这个技术娴熟的编码艺术家社群代表了一种新兴的艺术流派和实践，其根源来自对深度神经网络的大胆实验（主要是受到诸如“深梦”等深度生成系统的启发或运用该类系统生成图像），因此，有人将这一实践称为“神经美学”或“神经艺术”。

艺术家和教育家吉恩·科根是机器学习领域早期应用者和爱好者中的关键人物，他创作了大量免费的教程和学习资料提供给对机器学习感兴趣的艺术家。科根不仅是少数几位将莫德文采夫的激发主义技术应用超出图像滤镜范畴的艺术家之一，更是深入地挖掘了这种技术的艺术潜力。在“深梦”发布后不久，科根便利用该技术的多种变体和增强版，开发了一系列演示软件和学习工具。另外，他还开发了一套技术，用于探索激发主义技术能够生成哪些不同类型的内容，并展示了如何利用这些图像的制作过程创建动画、转场和循环。

吉恩·科根与他的许多同行一样，秉持着开放、共享和集体探索的精神，主要在传统当代艺术网络之外的在线平台发布他的作品，如推特或者 GitHub。他以多种形式直接且公开地分享自己的想法与作品，包括实验、演示和教程，甚至是未完成的作品。科根及其同行并不关心自身的作品是否属于艺术或科学领域，他们将自己所处的这一社群与 20 世纪 90 年代的网络艺术运动相提并论。网络艺术运动起源于在线社区中的自发性组织，他们热衷于探索互联网所带来的新可能性，并游走在传统艺术机构的边缘创作和传播他们的作品。

生成对抗网络与艺术

2014 年，一种名为生成对抗网络（GAN）的新型深度学习系统的诞生，为艺术家们使用深度学习系统生成图像开辟了一系列前所未有的可能，其灵活性甚至超越了此前的“深梦”。[6] GAN 的发展催生了一系列新的艺术作品与实验，引领了“机器学习艺术的首次流行趋势”（Hertzman，2020）。GAN 艺术在当代艺术领域的舞台上迅速崛起，在 2018 年迎来了一个转折点：当时，刚高中毕业的年轻新媒体艺术家罗比·巴拉特在代码共享平台 GitHub 上发布了一个由他编写的 GAN 程序，该程序使用 14—20 世纪的肖像画数据库进行训练。巴黎的 Obvious 团队使用巴拉特的代码（很可能还复制了他的预训练模型），在画布上生成了一幅新画作，该作品随后在纽约佳士得拍卖行以惊人的 432500 美元成交。[7] 这一作品可以被视为一种算法化的现成品，它在同样追求新颖性的艺术市场与技术乐观主义网络（如巴拉特所在的社交媒体圈）之间形成了一种幽默的对比（Rolez，2019）。

与大多数为艺术家所用的机器学习算法相似，GAN 最初并非出于美学目的而开发。GAN 构成了一类新型的深度学习系统，其工作方式相当巧妙：通过让两个深度神经网络相互竞争，从而提高整个系统的性能。尽管 GAN 在图像领域得到应用，但该技术与其他机器学习系统一样，对数据并无特定偏好。因此，GAN 可以应用于各种类型的数据，并拓展至金融、医学、药理学和语音识别等众多领域。

构成一个 GAN 的两个神经网络有着截然相反的目标。第一个网络（被称作“生成器”或“艺术家”）致力于生成与训练集中的图像相似的伪造图像，以欺骗第二个网络（即“判别器”或“评论家”）。判别器的任务则是区分真实图像与伪造图像。该算法的精妙之处在于这两个模型是并行进化的：伴随着判别器在辨别真伪方面越来越熟练，生成器也越来越擅长伪造图像。

正如人类仅对特定范围内的视觉幻象保持敏感一样——这源于人类感知系统的特定特征，深度神经网络在处理视觉图像时也同样具有其独特的优势与局限。生成器网络所创建的图像并非针对人类的感知系统，而是服务于人工神经网络中的判别器。而且由于生成器网络需要通过自身的人工结构创建图像，因此，这些由 GAN 生成的图像既非人手绘制，也不是为人眼设计。这一特性为 GAN 开辟了一个全新的非人类审美领域的新天地，艺术家们利用这一特性创造了奇异而引人入胜的现实机器幻象。

在 GAN 问世后不久，雷菲克·阿纳多尔（Refik Anadol）、罗比·巴拉特，索非亚·克雷斯波、马里奥·克林格曼、特雷弗·帕格伦（Trevor Paglen）、杰森·萨拉文（Jason Salavon）、海伦娜·沙林、迈克·泰卡和汤姆·怀特（Tom White）等众多艺术家，开始深入探索 GAN 生成新奇且扭曲图像的潜力。这些图像不确定的迷幻视觉特征让人联想到超现实主义绘画，马里奥·克林格曼更是将这一特征形象地称为“弗朗西斯·培根效应”（Francis Bacon effect）（Schneider & Rea，2018）。GAN 的美学特质源自其训练所用的数据，它们来自网络的数据库、采用的评价函数，以及底层神经网络的固有属性。GAN 生成的图像仿佛是由训练数据集中提取出的图案拼接而成的，这些图案以或多或少的规则组合在一起，根据博加特和帕斯基尔（Pasquier）的创造力理论，这一现象被称为“微观特征”（microfeatures）（Bogart & Pasquier，2013）（详见第 7 章）。此外，GAN 在生成图像时，经常会产生模糊、不确定的区域，这些区域是由于统计平均化处理而呈现出的均匀色彩或纹理。最终输出的图像往往细节不均衡，有的区域绘制得更精细，而其他区域则相对粗糙，这通常与训练数据集中数据的不平衡性有关。计算机科学家亚伦·赫兹曼（Aaron Hertzmann）认为，要解释 GAN 生成图像所固有的视觉不确定性，需要深入研究算法的泛化目标。GAN并非简单地从训练数据集中剪切粘贴元素，而是尝试在空间上生成物体并进行布局，进而对它们进行着色和纹理化处理。

这些排列与纹理化不是离散的而是连续的——图像中的物体无须拥有明确的边界，也无须保持完整形态。这可能会产生一些看似不现实的对象、位置和纹理的组合，它们彼此交织、相互渗透。换言之，对象的创建和纹理化步骤并非针对独立的、明确的个体进行，物体的局部和纹理可以在不同对象之间交织融合，如同在填色书中填色一样，轮廓并未完全封闭，形状也并非尽善尽美，又如同将不同拼图碎片随意拼凑形成图案。这种处理方式最终导致了GAN生成图像在视觉上的不确定性。（Hertzmann，2020，p.425）

迈克·泰卡是一位艺术家兼程序员，在谷歌任职期间，他与亚历山大·莫德文采夫和克里斯托弗·奥拉（Christopher Olah）共同参与了激发主义（“深梦”的起源技术）的开发工作（Mordvinstev，Olah & Tyka，2015）。随后，他运用GAN技术创作了一系列名为《虚构人物的肖像》（2017年）的作品。这些作品的灵感源自社交媒体上利用虚假身份宣传的新型宣传形式，这些肖像是由训练自互联网上搜集的人脸数据集的GAN所生成的高分辨率神秘肖像（Tyka，2019）。在创作这一系列作品时，泰卡遭遇了诸多挑战，其中不少是GAN固有的已知限制，模式崩溃（mode collapse）便是其中之一，即当生成器网络陷入困境时，其输出结果会变得极为有限。此外，泰卡希望生成更高分辨率图像，这构成了另一大难题。图像所蕴含的信息量巨大（即便是一张100像素×100像素的小型RGB图像，也需要3万个数值来表示），这使得从图像中进行机器学习成为一项极具挑战性的任务。因为神经网络必须在有限的样本数量中理解并处理这些海量信息，而在泰卡的项目中，需要学习的图像数量高达两万张。在2017年创作这部作品时，GAN生成的图像通常仅限于128像素×128像素～256像素×256像素的范围。为了突破这一限制，泰卡巧妙地堆叠了多个GAN，其中一些GAN专门针对高分辨率的面部特征子集进行训练，如眼镜、头发和皮肤，随后他将这些结果精妙地融合，最终生成了高达4000像素×4000像素的图像。

这一过程产生了一组充满神秘感的肖像作品，这些肖像游离在现实主义和超现实主义之间。艺术家泰卡精心挑选了那些他最喜爱的生成图像，用于制作限量版系列的数字作品和印刷作品。此项目最大的特点在于这些生成图像的精度并不统一，因为作品更多的是在对新的视觉表达方式进行探索与创新，而不是对概念的深入挖掘与阐述。自那时起，GAN 这项技术取得了显著的进步，如今已经能够按需生成高分辨率的逼真虚拟人物图像。泰卡这一系列作品，除其成果本身外，更有趣的一点在于其概念上的简洁性与不完美性，这使得他的肖像作品能够激发观众无限的想象力。

潜在空间

泰卡的作品引入了深度学习领域的一个核心概念：潜在空间。潜在空间是一个数学空间，它构成了深度神经网络学习数据的分布式表示。具体来说，在神经网络中，每一层神经元都扮演着潜在空间的角色，以泰卡的 GAN 为例，其输入层便是一个由虚拟肖像构成的潜在空间。

回顾上一章关于多层感知器的讨论，我们可以了解到神经网络如何将输入数据映射到称为隐藏层的中间层神经元。这些隐藏层通过从上一层的数据中提取相关特征来编码信息。举例来说，设想一个神经网络，它包含一个由十个神经元组成的隐藏层，这个神经网络经过训练后能够区分手写的字母 X 和字母 O 的图像。一旦训练完成，这十个神经元各自会变得擅长识别图像中的特定有用特征。例如，当图像中心为空时，其中一个神经元可能会被激活，因为这是识别字母 O 的有效线索；而另一个神经元则可能对交叉线条更为敏感，因为这是字母 X 的常见特征。

因此，隐藏层神经元使用有限数量的特征对输入图像的信息进行编码。这些特征与网络自动学习到的抽象模式相对应，例如圆环和边线。当输入层通过像素来表示图像时，隐藏层则通过更加具有信息量的特征来编码相同的信息，如中心无像素或底部构成曲线等。举例来说，如果我们手写一个字母 X，并将其作为输入数据发送到网络中，隐藏层可能会输出以下值：1.0、0.8、0.1、0.2、1.0、0.2、1.0、0.9、0.0、0.9。这些值代表了输入数据（即手写的字母 X）的一种编码方式，每个值都表示特定特征是存在（1.0）、不存在（0.0）还是介于两者之间。

这种分布式表示是神经网络在经过训练后自动提取的特征所形成的，称为“潜在空间”。在多层感知器中，这些特征在输出层中相互组合，以产生对输入样本类别的判定（字母 X 或字母 O）。

现在，设想一个神经网络，该网络不仅能够利用潜在空间对图像进行分类，更能生成全新的图像。换言之，如果我们为隐藏层设定特定的值（1.0、0.8、0.1、0.2、1.0、0.2、1.0、0.9、0.0、0.9），神经网络便能在其输出端生成一幅手写的字母 X 图像。更奇妙的是，这个神经网络不仅能依据神经元的值生成字母 X 和字母 O 的图像，还能通过选择另一组十个不同值，生成介于字母 X 和字母 O 之间的新图像（即某种 X-O 的混合体），甚至还能生成外推图像（生成一些既不像字母 X 也不像字母 O 的图像）。

GAN 中的生成器网络便是以这种方式运作的。经过训练后，人们可以通过直接调整第一层中的值来生成新的输出。受限于神经网络的训练方式，这些输出很可能以拼贴的形式展现出训练数据集中的一些特征。例如，向先前描述的系统中注入十个随机值，可能会得到一个字母 X 图像、一个字母 O 图像，或者一些既不像字母 X 也不像字母 O 的图像，但可能包含这些字符中的某些元素，如一个由圆环和直线组成的奇异拼贴图像。

GAN 另一个有趣之处在于其潜在空间自组织的几何特性，这使得人们能够以直观的方式探索它。潜在空间中的每个点，都可以获得不同的生成图像。如果有两个点相互靠近，那么它们所对应的图像将是相似但不完全相同的，这是因为图像的生成方式无法被人类完全预测或预设，它是神经网络根据自身的规则集学习而来的。

从某种意义上来说，潜在空间是早期遗传算法和 SOM 引入的生成空间概念的最新发展。我们已经探讨过，在演化计算语境下，一种常见的做法是定义一个参数空间，在这个参数空间中，一组特定的值（基因型）会决定生成的输出（表现型）（见图 8.2）。例如，在道金斯提出的“生物形态”中，每一组这样的值都对应着一张特定的图像。遗传算法则提供了一种在这个空间中搜索和寻找理想结果的方法。我们还讨论过，对这个搜索空间的任务进行定义是多么复杂，因为这项任务完全落在作者肩上，作者需要设计一个生成程序，在这个空间内创建对象。由于系统设计者拥有高度的控制权，这反而减少了出现意外的可能性，从而违背了这类系统的初衷。事实上，正如生物形态所展示的那样，大多数参数化系统具有强烈的个性标签，只允许系统识别某一类对象。

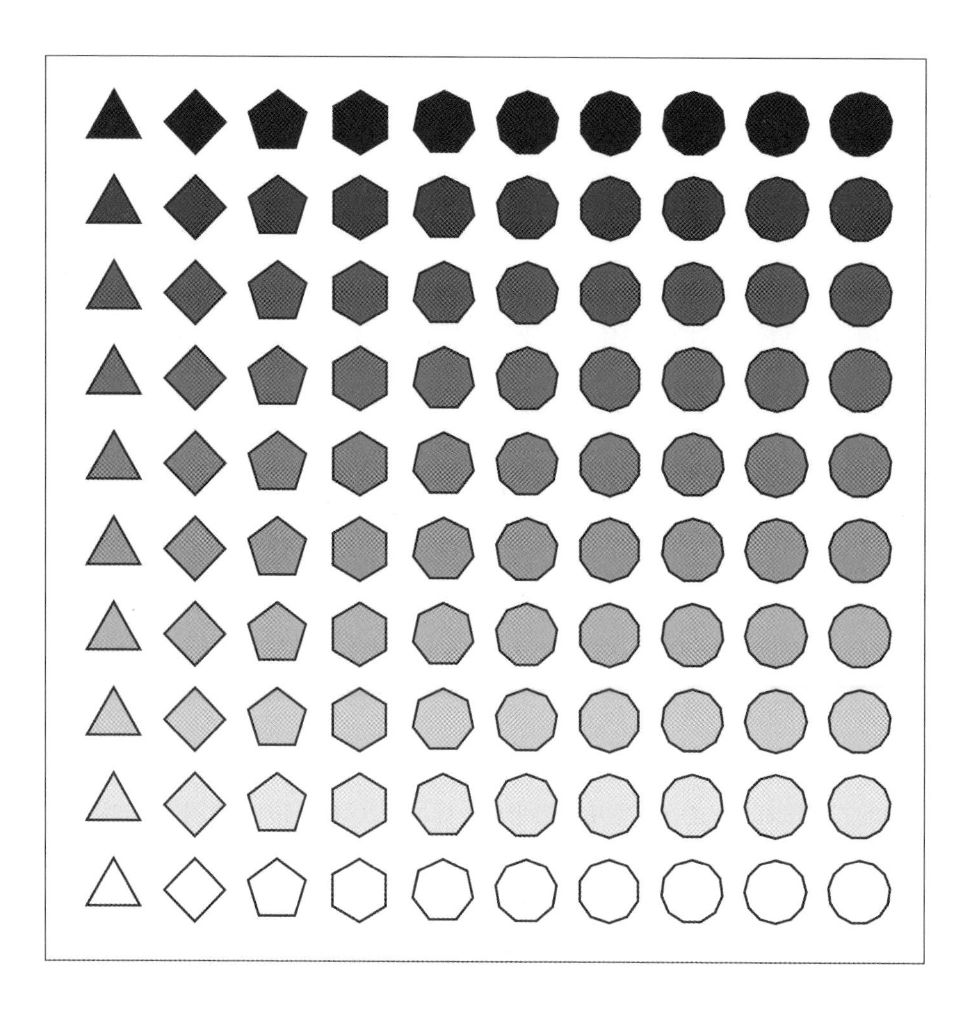

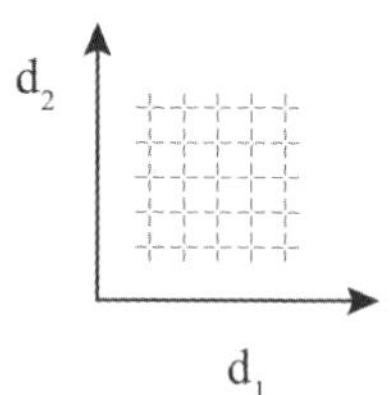

图 8.2 简单几何形状的示例参数空间。每个轴代表直接影响最终形状的某一方面的特定参数；横轴代表形状的边数，纵轴代表填充的暗度。该图由让 - 弗朗索瓦・雷诺（Jean-François Renaud）根据奥德瑞（Audry）的原作绘制。

自组织映射实现了对这类过程的升级，因为它们能够在无须人工监督的情况下自动学习如何组织元素。但是，SOM 并不属于生成式系统，尽管它们能够发现输入数据的分布式表示，却无法从映射空间中的某个点直接生成新的输出。换言之，SOM 擅长以地图的形式对元素进行排布，却无法从地图上的某一点出发，生成新的元素。与演化计算相比，SOM 的一大优势在于它们能够灵活地处理现实世界的数据。乌苏拉・达姆和本・博加特之前的作品就巧妙地运用了这些属性，成功地创建出现实世界的实时表示。

对于应用 GAN 的艺术家而言，他们现在无须通过编码设计，只要寻找到合适的架构和数据类型，就能创建一个生成空间（见图 8.3），这一点尤为新奇和有趣。可以这样理解：道金斯不必再像过去那样，通过自定义编码来决定生物形态，并设定一组控制特征的九个参数（基因），如分支数量和它们之间的关系等。现在，他可以利用生成式学习网络，如 GAN，来构建一个包含九个神经元的潜在空间。此时，道金斯不是直接编写程序将九个值转化为生物形态，而是先创建一个生物形态的数据集（例如，按照他想象的样子绘制大量生物形态的图像），然后将这些图像输入神经网络系统，随后，该系统会在这九个神经元与新的、不可预见的生物形态之间找到一个最佳映射。

但是，随后可能出现的两个情况让道金斯感到意外。首先，由于神经网络分布式表示的特性，算法所选择的参数可能并不直接对应可识别的元素。例如，可能不存在某个神经元直接控制分支的数量或角度。由于多个神经元的组合共同决定了输出，这使得微调输出的过程变得相当复杂和微妙。

其次，神经网络中神经元的协作性质通常会导致光滑函数的产生，这可能使得生成的生物形态变得更加模糊，在某些情况下，对于九个值的特定组合，会在潜在空间的某个区域中生成并非生物形态的图像，甚至可能出现杂乱无章的噪波图像。[9]深度学习的一大优势在于，它具备根据自主构建的现实世界视觉生成并输出对应图像的能力。相较之下，演化计算则能够在没有任何原始素材的情况下，产生更多令人惊奇的组合。

关于此前提及的艺术家迈克・泰卡的作品，我们可以深入洞察 GAN 如何根据从现实世界中获取的数据，自主构建出一个潜在空间。换言之，为了创作《虚拟的

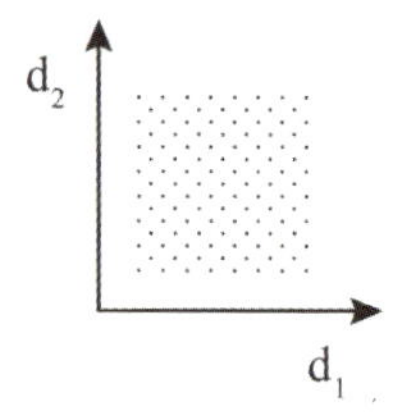

图 8.3　神经网络从手写数字数据库学习到的潜在空间。每个数字都是由神经网络根据其在二维空间中的位置对应的一对参数生成的。[9] 该图由让 - 弗朗索瓦・雷诺（Jean-François Renaud）根据奥德瑞（Audry）的原作绘制。

人物肖像》系列，泰卡精心构建了一个 GAN，让他得以探索肖像的潜在空间。在这个空间中，每个点都对应着一张独特的肖像，不同的点将会生成不同的面孔。当网络训练成熟后，艺术家的任务便是寻找一种富有趣味性的方式，在这个空间中自由穿梭、探索，并运用它来实现自己的创作目标。

泰卡的作品是对潜在空间这一概念的直接应用。在这一系列作品中，艺术家按照技术的设计初衷直接使用技术本身，并将其精确性提升至一个全新的高度。其独特之处在于，艺术家通过选择过程，揭示了系统在尝试生成新面孔时所表现出的不完美之处，从而创作出奇异而引人入胜的肖像。

再次阐明潜在空间

潜在空间的应用并不仅限于图像领域。尽管艺术领域在使用 GAN 时大多聚焦于图像处理，但仍有许多有趣、前卫的作品借助 GAN 或其他技术，将数据处理应用于其他形式。其中，电子诗人艾莉森·帕里什（Allison Parrish）创作的计算机生成诗集《表述》（*Articulations*）（Parrish，2018），便是其中的代表性作品。为了完成这部作品，帕里什开创了一项新技术，该技术基于单词的语言特征来构建诗歌空间（Parrish，2017）。在这个独特的空间中，每个单词都由一组特定的向量值呈现。

这个想法其实由来已久：早在 21 世纪初，神经网络语言模型已初现端倪。这些模型引入了“词嵌入”（Word embedding）的概念，使用分布式的表示方式来呈现词汇，这种表示方式在很大程度上与语言领域的潜在空间概念相吻合（Bengio，Schwenk，Senécal，Morin & Gauvain，2006）。词汇空间具备几个有趣的特性，我们可以通过一个比喻来理解：设想所有的英语词汇都散布在一个广阔的空间中，语义相近的词汇在地理位置上排列得更为靠近，如同义词或反义词。更神奇的是，在该空间中，朝某一个方向移动将对应一种特定的语义关系，这让我们能够使用简单的算术运算在这个空间中进行操作。一个经典的例子可以说明这一点：假设从“男士”这个词出发，你沿着某个方向可以到达“国王”这个词，同时记录下方向与步数；接着，将自己传送到“女士”这个词的位置上，并沿着刚才的方向和步数行走，你将会到达“王后”这个词的位置。这个例子可以简单表达为：

“国王”与“男士”的关系如同“王后”与“女士”的关系，在词汇的潜在空间中，这种关系可以通过简单的算术运算来表示：国王－男士＋女士＝王后。

有趣的是，这些关系是通过学习而获得的，因此这也暴露了它们所依赖的语义环境的偏见。正如现有的预训练词嵌入技术，如 Word2Vec，同样包含了人类语言使用中出现的偏见。这类偏见的典型例子，包括隐藏在系统中的性别歧视，比如，“父亲”和“医生”的对应关系会映射到“母亲”与“护士”之间，“男士”与“计算机程序员”的对应关系会映射出“女士”与“家庭主妇”的关联。这些例子揭示了现有技术中不容忽视的性别刻板印象。

迈莫·艾克腾基于 Word2Vec 技术创建了两个推特机器人，以轻松且探索性的方式挖掘这类偏见。其中一个机器人揭示了底层模型的一些隐形偏见：比如“监管机关”与“哲学家”的关联结果导向了“警察”和“政府”，而“人类”与“上帝”相减以及“科学”和“上帝”相加，其结果竟然都导向了“动物”（Akten, 2016a）。

帕里什将同样的理念运用到了语音空间，而非语义空间。她所描述的这项技术实现了语音类比（如同 whisky 与 whimsy 之间的关系类似于 frisky 与 flimsy 之间的关系，即发音上的相似性）；同时，该技术还实现了声音着色：通过向单词添加一个恒定的向量来改变其发音。例如，向所有单词添加“kiki”向量，以形成尖锐的发音版本，或者添加“babu”向量，以创建圆润的发音版本。此外，这样的技术同样具有在语音空间中自由探索的能力，能通过随机的方式发现新的、有趣的语音结构与模式。

最后介绍一种应用潜在空间进行艺术创作的方法，即帕里什在创作《表述》一书时所采用的方法。为了完成这本书，她首先构建了一个数据库，其中包含了从公共数字图书馆古腾堡计划中收集的数千行诗歌。接着，她运用前述方法将每行诗歌（并非单个单词）投射到语音向量的空间中。随后，她编写了一个简易的程序：该程序从随机选取一行诗歌开始，在语音向量空间中寻找该行诗歌对应的向量，然后，选取与该向量最接近的另一行诗歌，并重复这一过程，即从一行诗歌过渡到与之相似的另一行诗歌。帕里什写道：“这种激进的创作手法产生了一类诗歌文本，该文本在声音模式的层面上实现了自然流畅的转换，以独特的方式唤醒声音的情感共鸣。

这一过程弱化了语义、语法和风格上的差异，强调了读音的连贯性，同时保留了每行诗歌本身在局部层面上的语法连贯性”（Parrish，2017，p.103）。下面是书中的一段摘录，展示了这一过程的成果：

像梦一样坐如梦：像女王一样坐，像女王一样闪耀。

当像一道闪电，像一颗炮弹，如影般逃逸；如影般静止。

像影子一样静止，是的，像一道光芒，我会像个傻瓜一样，他说，你如百合花般闪耀，我却哑然失语，仍陷阿拉斯加般的迷思。

像一朵百合花般的谎言，像一朵百合花，白色的。像一个连枷，像一条鲸，像一个轮子。像一台时钟。像一个豌豆，像一只跳蚤，像一座磨坊，像一颗药丸，像一颗药丸。像一块幕布，悬挂像一块幕布。

像一个碗一样的手，像燕子一样跃动！

像一群蝗虫一样落在曾经对我来说像披风的树枝上。形状像一个楔子。

但我像国王一样被拯救；像一个杯子一样被提起，或者只留下一个吻，但在杯子里，她再次灌满杯子，她又回来了。

直到她再次回来。

直到他再次回来。直到我再次回来。像机械玩具一样。像一个苍白的对手。像一个灯塔，像一颗星星，像是一篇我料想的故事，我如男孩一般，接过你赠与的杯子，在烟雾缭绕中轻啜，每杯皆有使命，应如王者般，应对万般艰难。

帕里什的方法将文本转化为一种动态的、可塑性极强的材料，可借鉴图像、声音等媒介的处理方式对文本进行重新排列、组合和生成。随着相似音调的诗行组合在一起，诗歌的语义和结构被淡化，转而聚焦于文字发声的物理特性。在这个意义上，《表述》这部作品位于诗歌与当代艺术的交会地带，文本在此被视为未经加工的原材料，艺术家如同演奏乐器一般与文字进行互动。

神经故障

正如 20 世纪 90 年代演化艺术图像所展现的那样，GAN 生成的图像也具备一种独特的风格标签，这种风格以扭曲与模糊为特点，仿佛是巴洛克绘画、超现实主义拼贴画与故障艺术的奇妙融合。然而，唯有技艺高超的艺术家才能超越技术的局限，挖掘图像生成神经网络的潜力，创作出丰富而极具个性的图像。

克服深度学习系统同质化的另一个途径是干预模型的内部结构。在这个过程中，艺术家们不再局限于探索生成性神经网络的潜在空间，而是直接对已经训练好的模型结构进行干预。具体包括，断开神经元的连接、增加新的连接或在神经权重中注入噪波等。这些干预措施会在系统输出中引发不同类型的故障，尽管这些故障的表现方式并不明确，但它们却展现出一定程度的连贯性。

艺术家马里奥・克林格曼最近开始了一项实验，他通过禁用某些权重的方式直接干预GAN的内部结构，并将这种技术命名为“神经故障”（neural glitch）（见图8.4）。在实验中，克林格曼首先训练一个GAN，然后随机删除或交换其部分权重，从而实现对GAN结构的改造。克林格曼解释道：“由于神经网络架构的复杂性，通过这种方式引入的故障不仅会出现在图像的纹理层面，也会出现在语义层面。这导致模型以一些有趣的方式误读输入数据，其中一些甚至可以解读为自主创造力的一瞥。”克林格曼特别关注的是，相同的输入数据在权重受到不同影响时，如何能够产生多样化的输出结果。然而，当他将相同的数据提交给“相同故障模型链”时，却得到了“风格一致且显示出相同语义误解”的图像（Klingemann，2018）。

《人工反智能机器：新主义？！感知》（*The Sense of Neoism?! Artificial Counter-Intelligence Machine*）项目同样采用了类似的策略来实时生成文本。这部作品是我在2018年与跨学科艺术家伊什特万・康托（Istvan Kantor）（又名蒙迪・坎茨恩（Monty Cantsin））共同创作的。它是一台形似音频设备箱的装置，配备几十个插孔插头，象征着一个神经网络的内部运行机制，该神经网络在一个包含数千页新主义著作的数据集上进行训练。新主义是一场前卫的反制度运动，始于20世纪70年代末（Kantor，2018）。在这台形如独石柱般的机器顶部，一块LED面板持续不断地展示着由深度神经网络实时生成的新主义诗句。

任何人都可以直接在机器上通过插拔、重新插入和交叉连接插孔电缆来干预人工神经的突触，从而实时解构、重建甚至破坏系统的生成能力。人工神经网络是一

图 8.4　马里奥·克林格曼，《神经故障》，2018 年。该图由马里奥·克林格曼提供。

种纯粹的数学结构，它生成的每个字符都需要经过数百万次计算。然而，机器上布置的物理连接直接对应神经网络上的连接，这使得参与者能够直接操控神经网络的结构。在机器上断开任何一根电缆都会使神经网络内的数千个突触失去连接。通过断开、重新连接和反接线路，参与者可以重新配置神经网络系统，并实时观察这些操作对生成文本的影响，从而有效地创建出类似克林格曼作品的文本故障。

该作品重新审视了新主义背后的某些核心概念，如模仿、颠覆、参与和破坏。简单粗暴的交互物理特性让用户得以直接体验神经网络奇异而人性化的特质。例如，有一位参与者提到，在他亲手改变连接之前，他完全不清楚神经网络系统的工作方式，但是当他看到，随着连接的断开，LED 面板上生成文本的速度变得缓慢，立马让他联想到了患有脑损伤和阿尔兹海默症的病人认知能力衰退的状况。

循环写入

《人工反智能机器：新主义？！感知》的生成能力建立在一种先前介绍过的深度学习神经网络之上，即循环神经网络（RNNs）。与擅长图像处理的卷积神经网络不同，RNNs 更擅长从文本、声音、音乐和动作等序列数据中学习。

在上一章节中，我们介绍了自 20 世纪 80 年代末以来，使用循环神经网络进行自主音乐创作的尝试，以克服马尔可夫链的诸多局限。马尔可夫链在生成具有全局结构和连贯性的原创作品时存在困难，而 RNNs 在捕捉这种长期依赖关系方面展现出了显著优势。尽管在 20 世纪 80 年代末，相关技术尚未成熟，但随着 21 世纪 00 年代中期 RNN 架构的出现，我们在处理序列数据的应用中取得了令人瞩目的进展，如语音识别、自动翻译以及生成性音乐和文本等领域。这些进展不仅拓展了 RNNs 的应用范围，也进一步证明了其在处理复杂序列数据方面的强大能力。

大卫·贾夫·约翰斯顿（David Jhave Johnston）是一位数字诗人，他长期致力于采用各种深度学习方法进行电子诗歌的创作。为了完成他的诗歌项目《回归仪式》（*ReRites*）（见图 8.5），从 2017 年 5 月至 2018 年 5 月，他每月完成一本诗集，共撰写了十二本诗集。他之所以能够取得这一成就，得益于他对自己构思的深度 RNN 所生成的原始素材进行编辑，该网络曾在一组英语诗歌数据集上进行训练。

在过去的一年里，约翰斯顿几乎每天早晨都会坐在电脑前，花费数小时编辑由算法生成的诗句。艺术家以视频的形式记录了这一改写过程，展现了人类与机器之间独特的混合创作方式。这部作品不仅见证了神经网络如何助力人类创造力的提升，同时也揭示了这些学习机器在当前状态下所固有的局限性。艺术家曾将 RNN 的奇异输出比作一位时而胡言乱语、时而吐出令人费解智慧之语的阿尔兹海默症叔叔，这种比喻恰如其分地描述了人机合作的复杂与奇妙。

RNN 生成的原始诗句（左）与贾夫在 2017 年 7 月编辑后的版本（右）进行对比：

图 8.5 大卫·贾夫·约翰斯顿，《回归仪式》的装置图：位于顶部的投影仪将人类与 AI 共同协作的创意投射到限量版的套装原型（@ Anteism Books）之上。2019 年，春天。装置设计：贾夫与哈雷·斯马莱安·汤普森合作制作。图片编辑：贾夫。图片由艺术家本人提供。

Metal	Skin Epilogue
scream——silence，too a epilogue from skin filament's Warmly downfall for a metaphor As owners，openings in which to leap，narcissus. steamboats sir!”） Each time doubts，the that away is hill-sides, They take another'gainst peace in this unhappy hour. When they turn apart and speak to grapes in the influence of fact, The handles of the cessation were despising, Since this be sure，and love，and oh，when brightest It should do? Summer comes forth，（Johnston，2018，p.111）.	A metaphor to leap narcissus, peace in this unhappy hour. they turn apart and speak of the influence of fact, the handles of cessation despising love，and oh，when brightest It should do? Summer comes forth （Johnston，2018，p.111）.

约翰斯顿对 RNN 和马尔可夫链的输出有着独特的见解，这源于他大量观察了这两种系统的生成文本。他指出，尽管它们似乎在生成诗句时都遵循“相似的词语序列轨迹”，但两者在路径选择上却大相径庭。马尔可夫链的路径相对刻板，而 RNN 则更为流畅，能够“捕捉到更多跨词组间的内在趣味和韵律变化”。这种差异使得 RNN 生成的诗句呈现出一种“突变扭曲的特质”，与马尔可夫链所展现的“逻辑合理”大相径庭。[10]

总结

多年来，机器学习技术不断迭代发展，随之涌现了一系列全新的实践成果和方法。其中，自动化程度的提高无疑是这一演变过程中的重要一环。过去，哈罗德·科恩花费数十年时间研发他的 AARON 软件；如今，一名高中生便可借助网上的开源代码和数据集，创作出极具说服力的计算机生成画作。算法的革新不仅为生成艺术开辟了前所未有的新天地，还带来了更多令人惊叹的可能性。

其中，参数空间和潜在空间便是一个典型的例子。它们从概念上解释了可能性的抽象领域，空间中的每一个点对应着一种可能的结果，比如一幅图像或一个词语。20 世纪 80—90 年代，创建这样的生成空间需要通过编程进行烦琐的自定义设计，之后还要借助如遗传算法等机器学习程序进行探索。然而，随着 21 世纪 00 年代中期深度学习的兴起，尤其是近年来生成模型在深度学习领域的广泛应用，我们现在可以直接利用生成 GAN 等先进的机器学习系统来定义这些生成空间，进而构建出更为丰富的潜在空间。

在这个神经网络大放异彩的新时代，艺术家们得以创建现实世界的算法快照。威廉·莱瑟姆曾将自己比作运用演化系统培育虚拟艺术品的园丁，而如今的艺术家们，如迈默·艾克腾、索非亚·克雷斯波、马里奥·克林格曼、迈克·泰卡等，他们则通过筛选和整理世界各地的数字图像，并将其作为养分输入 GAN，从而将这些图像培育成充满生命力的素材。

最终，机器学习允许艺术家能够以模拟的方式连接到一个已经数字化的世界。

深度学习不仅扩展了我们的感知边界，还赋予了我们超越地域限制的认知能力和感知能力。随着艺术家们对这些复杂系统进行深入探索，他们发现，这些受神经系统启发、内部由错综复杂且相互连接的单元构成的模型，其中所呈现出的假想景观，实际上映射了我们自身感知过程中的种种缺陷。这类感知系统的模拟遵循平均法则，会压缩异常数据，使它们消弭于标准范式之中，因此具有很强的偏倚性。这些模型的模糊性也反映了我们自身的矛盾、缺乏透明度以及认知盲点，并且在不断提醒我们，现实总是需要通过某种感知界面来传达的。

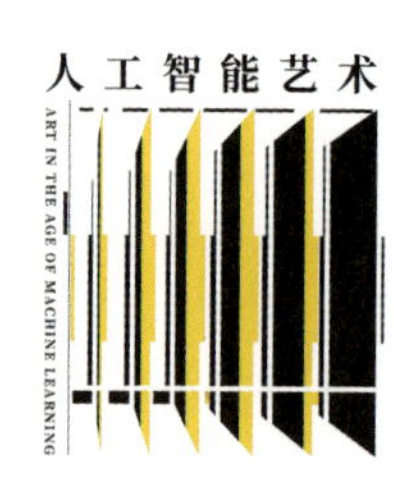
人工智能艺术
ART IN THE AGE OF MACHINE LEARNING

Ⅲ　数据

9 数据作为代码

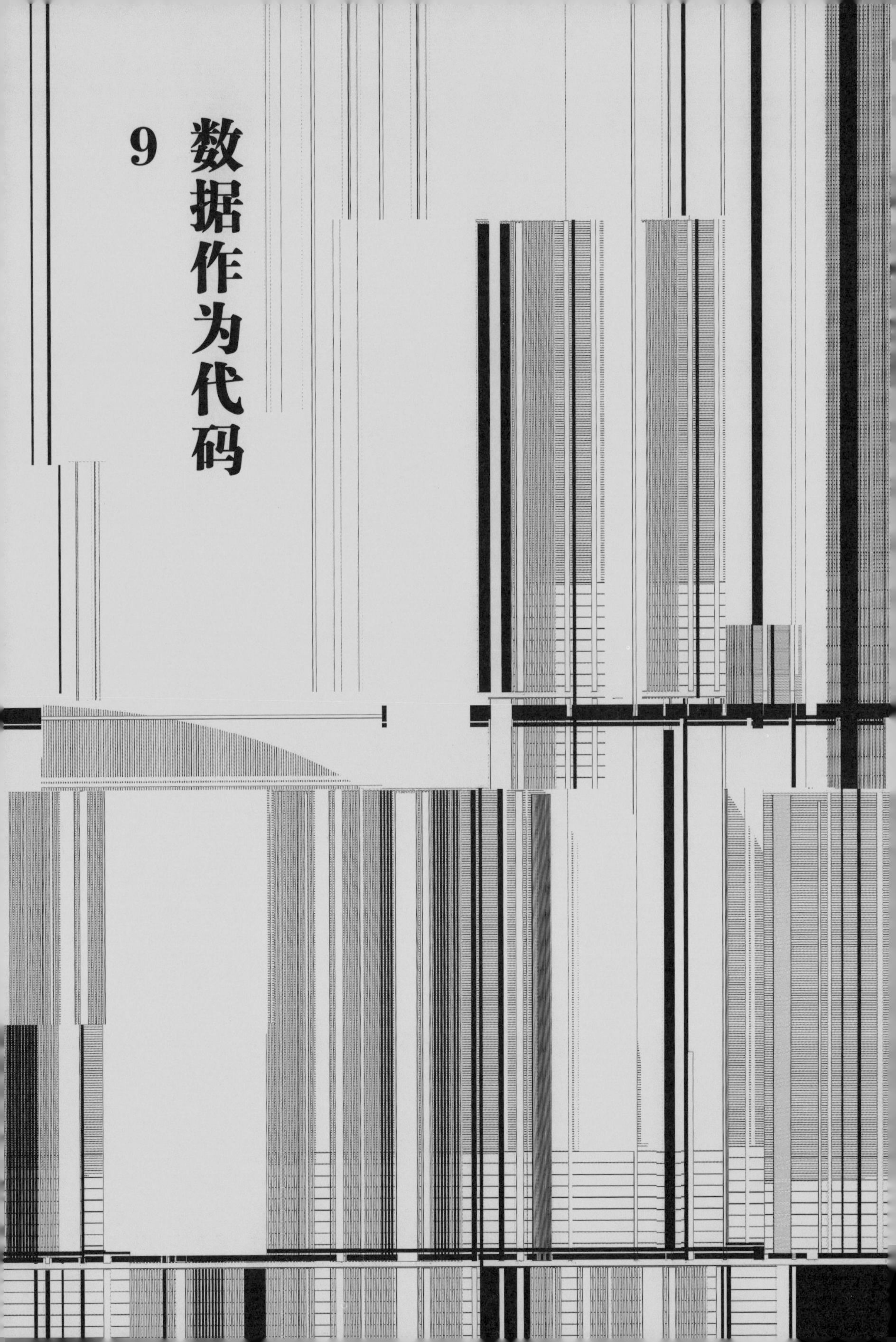

21 世纪初期，深度学习技术迅速融入科技市场，这种发展趋势与海量数据库的积累密不可分。在此背景下，大型 IT 企业意识到，他们的未来将取决于深度学习算法的发展以及从数据中提取信息的能力。这些企业多年来积累了大量数据，并且这些泽字节（zettabytes）数据如今仍然保持指数级速度增长。与浅层学习算法相比，当代的深度学习算法更具可扩展性，因此能够在无须大幅度增加计算资源的情况下高效利用大量数据。在大数据时代，深度学习的出现赋予数据持有者巨大的竞争优势，重新构建了市场力量关系，而不拥有数据的企业和人群将被迫处于劣势。

如果说智能优化算法构成了机器学习系统的支柱，那么诸如深度多层神经网络等复杂模型则是推动其发展的重要力量，而数据则成为这些系统实现目标所必需的养分。机器学习技术的数据依赖特性对艺术创作有什么影响？深度学习将如何影响计算媒体的生产方式？这种复杂的数据驱动技术将可能带来哪些新形式的内容创作和媒体制作技术？

在本章中，我们将深入探讨机器学习如何开辟一种全新的艺术创作方式：通过数据驱动，而非传统的编程途径，重塑基于计算机的艺术实践。我们将仔细审视艺术家们如何运用多种策略来生成所需的数据，这不仅包括亲手打造独一无二的数据集，也涉及对现有数据进行巧妙策划和选择。章节的最后，我们将从更广阔的视角出发，评估这些数据驱动的创意实践在当前机器学习的时代浪潮中所遇到的种种挑战与限制。

通过示例进行编程

20 世纪的计算机革命催生了新的交流和艺术表现形式。早期的计算机艺术作品使用的是如 BASIC、C 语言等通用编程语言或是汇编语言。但随着时间的推移，也出现了新的专门为艺术家的需求量身定制的编程框架。例如，视觉数据流软件 Max、Pure Data 允许创作者通过将虚拟数据连接到不同的滤波器来实时设计和运行数据映射。Arduino、Processing 等创意编码框架为创作者提供高级编码界面，让创作者更好地专注于创意工作。

然而，即使是这些先进的实时数据合成和交互创意工具，最终也要依赖用户对一组操作和规则的自定义设计。使用这些工具的艺术家也因此参与了一系列计算机学科实践，包括使用编程语言或基于规则计算系统的视觉抽象来创建专用算法，但他们通常对计算机科学原理的理解比较浅层，甚至可能完全不了解。

创作者使用编程型应用也有一些缺点。在编程领域成为一名专家通常需要数年时间。编程的本质是由程序员完全控制软件的所有方面，但这对于创意实践来说往往是适得其反的。该领域的从业者对此深有体会，艺术家通常花费大部分时间来开发作品所需的技术基础设施，只有一小部分时间用于艺术和美学方面的工作，而且这些工作通常在展览前的最后几天才完成。[1]

或许更重要的是，编码、重构和调试的实践在很多方面与作品的实际体验之间产生分离感的问题，艺术从业者经常发现自己在使用计算机算法设计作品时，创意过程会被频繁打断。并且，如果只是简单地将几个传感器和执行器集成在一起，艺术创作者也能够处理，但是面对庞大的输入和输出之间的连接，即便是经验丰富的程序员也会感到棘手。

这些限制对艺术实践产生了一定的影响。创作者更倾向于使用较为容易编码的一对一映射的输入和输出关系，并避免多对多连接，因为这对于创作者来说设计难度更大。于是导致许多可能的交互关系没有被利用起来。实际上，输入和输出之间更复杂的相互作用可能对于艺术家和观众而言更有趣且更自然。例如，最近的音乐技术领域的研究发现，尽管在创建数字乐器时，简单的一对一映射通常是设计师的首选，但演奏者通常更喜欢传感器和执行器之间有着更复杂的互动的设计，认为它们更直观、迷人、强大以及有趣（Hunt，Wanderley & Paradis，2003）。

机器学习方法可以替代传统的创意编码方法，它可以帮助艺术家设计复杂的输入和输出之间的交互关系，因而有可能彻底改变创意实践。如果我们将自己限制在映射设计方面（映射设计是新媒体艺术中最重要的范式之一），比如，我们可以将创造性过程粗略地框定为艺术家试图通过将观众执行的某些手势映射到特定的视觉、音效等，从而建立有序的输入和输出关系。然后，艺术家必须通过反复试验，尝试编写一个能够实现他们想象中映射关系的函数。正如我们论述过的那样，这个过程可能很漫长、烦琐且难以直观展现。

通过使用机器学习方法，艺术家可以提供一组输入 - 输出的数据，这些数据代表了他们希望系统实现的映射类型，比如，通过生成一些手势的示例，并将其与目标的视听效果关联起来。然后，艺术家可以让监督学习算法来完成映射函数的设计，该算法将会自己找到一个合适的联系手势触发和视听内容之间的映射关系。换言之，艺术家可以把设计算法和函数映射的困难任务交给机器学习系统，而自己则专注于通过构建数据集来描述希望实现的内容。

这种设想对新媒体艺术领域产生了诸多影响：①它降低了进入新媒体艺术领域的门槛，因为构建数据集需要的专业训练比编码少得多；②它提供了更多的灵活性，因为交换、重组和混合数据集比编写代码容易得多；③它提供了更稳定和表现力更强的创意软件工具的可能性；④它降低了进行创意实践所需的成本和时间；⑤它甚至允许创作者设计数据之间更错综复杂、令人费解的关系，而这在人类单独编程的情况下应该非常困难，甚至不可能实现。

互动机器学习

计算机科学家、音乐家丽贝卡·菲尔布林克（Rebecca Fiebrink）在音乐技术的背景下描述了这样一种方法，她设计了一款名为 Wekinator 的开源软件，艺术家和学生可以使用这款软件，通过监督式机器学习的方式进行映射设计。这项工具提供了一个可视化界面，用户能够轻松记录、擦除和修改传感器的数据集。这些数据集可以用于训练简单的分类器，自动学习用户指定的输入和输出之间的映射关系。新的映射数据可以随时被评估，从而让艺术家迅速对数据的映射关系进行调整（Fiebrink，2017）。整个过程在很大程度上由数据直接驱动，软件界面允许用户反复添加和删除示例，并重新训练系统。Wekinator 在不需要设计数学函数和源代码的情况下，促进了艺术家与系统之间产生直接的体验式互动。菲尔布林克将 Wekinator 描述为“元仪器”，因为这款软件可以实时且直观地设计新的数字音乐仪器。

机器学习算法可以促进新型设计成果的产生，使人们创造出新型数字工具。然而，我认为，算法在促进新型设计实验过程方面也有价值，使人与机器之间的数字工具创造过程变得更具探索性、趣味性、具身化和表现力。设计过程的这些特性也反过来影响了最终创造出的仪器形态及其创作者。（Fiebrink，2017，p.138）

Wekinator 等交互式机器学习工具挑战了传统的机器学习方法，传统的机器学习应用通常是借助现实世界的大量数据进行复杂模型和算法的精细调整。菲尔布林克的研究表明，在一个直观的界面中集成基本的学习系统和自动生成的小型数据集时，可以在实时环境中推进实验和探索，带来全新的结果和创意过程。

乐蒂莎·索娜米（Laetitia Sonami）是一位以使用自制乐器进行表演而闻名的声音艺术家和作曲家。她与菲尔布林克合作设计了一个名为《弹簧间谍》（*Spring Spyre*）（见图 9.1）的作品，这是一件以复杂而不可预测的方式合成声景的独特乐器。[2] 这个乐器由三根连接音频拾取器的弹簧固定在金属轮上。当索娜米触摸弹

图 9.1　乐蒂莎·索娜米，《弹簧间谍》，2014 年。图片来源：布朗大学。图片由乐蒂莎·索娜米提供。

簧时，乐器生成的原始信号通过数字处理滤波器转换为 18 个特征，然后作为输入值发送到 Wekinator 中的 38 个人工神经网络，每个神经网络会产生一个输出值。这些神经网络产生的信号控制数字合成器的不同参数实时生成声音。

该乐器的创作建立在索娜米对不同的神经网络模型的仔细且耐心的训练基础上。通过自己的手势调整数据的映射范围和变化范围，作曲家能够间接地影响系统的不可预测性。正如她的解释：

如果我给系统提供的训练示例包含了我触摸弹簧时所产生的多种变化的声音，那么训练好的模型将以不可预测的方式遍历所有声音数据，直至弹簧安定到一个静止位置。如果我给它提供变化范围更小的训练示例，那么在我移动弹簧时，只会产生轻微的声响。因此，我可以通过改变系统的训练方式，轻松地在可预测和不可预测结果之间进行调整。（Fiebrink & Sonami，2020，p.239）

通过这种方式交互操纵训练过程，索娜米训练出不同预测能力的模型，巧妙地平衡了作者控制和系统自主性之间的关系。这些实验使她能够生成一系列体现特定的输入输出映射的预训练的神经网络模型。每个使用《弹簧间谍》创作的作品，都是用艺术家预训练的数百个特定模型组合而成的调色板。

索娜米描述，她使用 Wekinator 的整个历程是开放灵活的，这更倾向于探索性的方法，而不是目标导向的方法（Fiebrink，2017，148）。这个说法也呼应了尼古拉斯·巴金斯基所描述的“三海妖乐队”创造性探究的经历。这也证实了先前的说法，即与机器学习系统合作的艺术家与传统的人工智能研究人员不同，艺术家更注重过程，着重于创作背景，追求意想不到的结果，而非一般性结果。

虽然 Wekinator 背后的监督学习算法是以目标为导向的，但它并不试图直接生成新的形式，而是通过算法自动检测系统提供的数据模式来辅助创作者，从而在输入和输出之间配置错综复杂的映射关系，使得艺术家可以专注于他们的创作。Wekinator 通过提高表现力和可玩性为创意过程提供支持，使得艺术家不仅可以重复记录可玩的内容，还可以捕捉内容内部的关系，而这一切都不需要编写任何一行代码。[3]

认知与聆听

苏珊妮·凯特（Suzanne Kite）是一位奥格拉拉·拉科塔族（Oglala Lakota）表演艺术家、视觉艺术家和作曲家。她使用 Wekinator 对当代拉科塔神话和认识论进行表演性探究。作为一名表演艺术家，她对机器学习的兴趣源自一种试图在舞台上达到分离性感知状态的愿望。

图 9.2　苏珊妮·凯特，《倾听者》（*Listener*），2018 年。图片来源：弗洛里安·沃根德（Florian Voggeneder）。图片由苏珊妮·凯特提供。

她的作品《倾听者》（*Listener*）（2018 年）展示了凯特戴着一个有电子接口的假发辫，并身着一件配备不同传感器的服装，这两件装置实时向 Wekinator 传输数据（见图 9.2）。在全程 18 分钟的表演中，凯特与 Wekinator 控制的生成式视频和声景进行实时互动，并对周围发生的事件做出即时反应。她的决策和机器学习系统之间的反馈循环非常紧密，以至于她和机器之间的边界变得模糊。因此，当她与机器耦合时，她甚至无法确定自己的决策何时结束，机器的决策何时开始。

《倾听者》（*Listener*）让人联想到贾斯汀·埃马德（Justine Emard）的作品 *Co*（*AI*）*xistence*（见第 4 章），其中表演者森山未来（Mirai Moriyama）与人形机器人阿尔特（Alter）进行互动。在这两个案例中，人类表演者都试图理解一个非人类实体。在埃马德的作品中，人工智能体阿尔特在整个作品中持续学习，学习过程本身的行为成为作品的焦点。相比之下，凯特的无实体人工系统由艺术家进行预训练，在表演过程中没有经过修改。然而，以上两种表演都存在人类表演者试图弄清楚反应离奇的人工智能系统的过程。

在使用 Wekinator 之前，凯特使用了比较传统的映射软件，通过该软件从单传感器源直接触发媒体效果。作为表演者，这种一对一的映射明显很快就会阻止她试图达到不确定状态。机器学习成为探索她自己的决策与计算系统之间“中间态”的必要手段。Wekinator 增加了凯特作为表演者的复杂性，让展演变得更加困难、奇异和神奇。

凯特通过她与机器学习系统建立的关系，对这些“中间态”进行表演性探索，这与拉科塔文化中的“wakȟáŋ”概念是一致的。wakȟáŋ 指的是一种“无法理解、神秘、非人类的工具力量或能量，通常被译为‘药物’”（Posthumus, 2018, p.384），在拉科塔文化中构成了人类和非人类之间关系的基础。凯特希望通过她的作品建立与非人类智能体（如尊重土著伦理的人工智能实体）的关系。从拉科塔的角度来看，这意味着“认识到非人类有灵魂，这些灵魂不是来自我们或我们的想象，而是来自其他地方，来自一个我们无法理解的地方，一个伟大的神秘事物，一种无法理解的东西”（Lewis, Arista, Pechawis & Kite, 2018）。

苏珊妮·凯特的方法积极接纳机器学习系统的能力，通过它们探索介于人类和非人类之间的不确定的、有限的状态，以此获得新的认知形式。凯特使用机器学习系统的技巧与乐蒂莎·索娜米对交互式机器学习的实验性和探索性特质的追求相呼应。这些艺术家与他们的同行对使用机器学习算法产生神秘结果的能力感兴趣，因为机器学习算法产生的神秘结果可以通过艺术家的经验而非理性进行理解。

共生绘画

2014年以来，纽约艺术家钟愫君（Sougwen Chung）一直在开发一系列涉及机器绘画的项目，这些机器由她自行开发的软件系统所驱动。该系统的第二个版本被称为“第二代绘图操作单元（D.O.U.G.2）”，该系统包含了一个根据艺术家本人数十年的绘画经验训练而成的深度神经网络。

第二代绘图操作单元参与了一系列表演作品，如艺术家和机器合作进行实时绘画或者涂鸦（见图9.3）。在表演过程中，艺术家与机器之间会相互影响，使得笔触逐步填满整张画布。

图9.3　钟愫君，《绘图操作 #4》（*Drawing Operations #4*），2018年。绘画，机器人，表演。图片来源：钟愫君。图片由钟愫君提供。

钟愫君强调了机器人做出某些决策的奇异之处。尽管机器是通过艺术家本人的绘画作品进行训练的，但系统的不确定性仍然会迫使她改变自己在表演过程中的运笔手势，从而改变其绘画风格。通过与绘图操作单元合作，钟愫君在创作中越来越习惯自我反思，她在与机器共同绘画时不断重新审视自己作为一名艺术家所创作的作品。

通过这些项目，艺术家探索了与机器自动化、行为和创造力相关的问题。虽然艺术家的创作实践最初始于绘画领域，但绘图操作单元的出现将其逐渐转向成了包含一个或多个机器人的装置表演展。2019 年，钟愫君创作了一件名为《精致的语料库》（*Exquisite Corpus*）的作品，她在这件作品中探索了“共创”（sympoiesis）的概念，即“共同创造的艺术”。此次表演在 30 分钟内完全是即兴创作的，由视听组合构成四个不同的章节，展示了钟愫君和多个机器表演者一起在铺在地板的大画布上实时绘画。这些表演涉及人类与非人类之间的共创，从而形成一种动态耦合，这也使得艺术家可以通过创作进行思考。

钟愫君的表演让人联想到达达主义者和超现实主义者的一些自动主义技巧，这些技巧启发了杰克逊·波洛克（Jackson Pollock）等表现主义艺术家。然而，与这些方法不同的是，钟愫君对自动化的使用，并不是为了解放她表达自我的愿望，而是为了培养人与机器之间的关系，从而探索新的形式和想法。虽然绘图操作单元有自己的意志，但它也浸透了钟愫君的审美，因为机器是在艺术家本人的绘画数据集上进行预训练的。因此，这台机器并不是一个完全独立的、纯粹随机的结构，而是一个超出了她直接控制范围的奇特算法合成体，既带有她个人风格的熟悉感，又有某种不可预见的独特性。

自带数据

画家尚泰尔·马丁（Shantell Martin）和计算认知神经科学家萨拉·施威特曼（Sarah Schwettmann）合作制作的艺术装置《当心机器》（*Mind The Machine*）（2017 年），展示了一个在视觉艺术领域中通过使用自己创建的数据库训练机器学习模型的案例。该项目于 2017 年夏天在波士顿的开放画廊（Open Gallery）展出，展示了一台机器人在画廊现场根据马丁以往的作品进行再创作。为了完成这份作品，马丁和施威特曼使用艺术家的个人数据库训练了一个深度神经网络，该数据库包含了马丁专门为这件作品所制作的 300 幅画。

这个训练数据库是在 100 天内制作出来的。施威特曼每天都向马丁发送三张模板图，然后马丁需要完成这些模板图。该算法不仅试图匹配马丁的创作风格，还通过分析她完成作品的步骤来模拟其绘画过程。因此，该机器人实际上是在尝试模仿马丁完成绘图的方式。

组成训练集的 300 张原始图像作为装置的一部分展览，揭示了马丁艰苦的创作过程，她不得不专门调整她的作品来满足算法的要求。绘制数百张图像对于人类来说工作量极大，但从机器学习的角度来看，300 个样本却是一个非常小的数据集。因此，马丁不得不通过限制自己创作一组外观看起来非常相似的作品集，从而减小神经网络的维度，通过使用重复的图案，如眼睛、嘴巴、卷曲的圈和其他物体来完成统一风格的绘画。

病毒集合

伦敦艺术家安娜·里德勒（Anna Ridler）使用自己构建的数据集，通过机器学习技术创建了多个作品。她对机器学习的兴趣源于她对收藏品的关注。

2018 年，为了创作作品《花叶病毒》（*Mosaic Virus*），她在荷兰郁金香盛开的季节创建了一个拥有一万张郁金香照片的数据集（见图 9.4）。她根据每朵郁金香的特征，例如颜色的不同以及是否有条纹等，为这些图片贴上标签。然后，里德勒使用这些图像训练生成对抗网络（GAN），我们在第 8 章中介绍过，这是一种革命性的深度学习技术，它可以生成看起来和训练集中的数据非常相似的、令人信服的新图像（Goodfellow 等，2014）。

然后，该算法被用作一个视频装置的基础，实时生成了一系列令人惊叹的高分辨率郁金香图像。这些生成的图像都没有在原始数据集中出现过。相反，每张图像都是神经网络从训练集中学习到的复杂随机碎片的拼贴。生成的郁金香的种类对应了比特币价格的变化，这与加密货币市场的炒作和 17 世纪荷兰的郁金香狂热有相似之处，当时郁金香被引入欧洲，并导致了投机泡沫。在作品《花叶病毒》中，比特币的价值会影响机器学习系统产生的郁金香品种，这与荷兰黄金时代郁金香球茎的价值类似：低价的比特币会带来浅色和白色花瓣的郁金香图像，而高价的比特币会触发更多颜色和条纹更复杂的郁金香图像。

图 9.4　安娜·里德勒，《花叶病毒》，2018 年。部分由 EMAP/EMARE 计划（创意欧洲的一部分）资助，Impakt 委托。图片由安娜·里德勒提供。

安娜·里德勒描述，她创作的过程是渐进式的，她从一个小的数据集开始训练，观察会得到什么样的结果。之后，她对数据集进行调整，通过添加更多选项来提高精度，或通过删除某些项目来降低精度。她通过在收藏中做出选择来塑造图像的生成过程，试图通过反复试验找到合适的图像混合。例如，她在这个过程中意识到自己更倾向于选择彩色郁金香，这导致系统更擅长生成彩色郁金香，因此她不得不添加更多白色和浅色郁金香来平衡。

对于里德勒来说，机器学习不仅仅是一个工具，更是一个创作过程。《花叶病毒》可以使用其他技术来完成，例如，基于时间的摄影。然而，将机器学习作为构建作品的材料，为整个过程带来了全新的维度，这反过来又使最终产出更具相关性。她建立自己数据集的过程是可迭代和实验性的，在她看来，与传统的算法艺术相比，机器学习算法艺术实践更类似于环境或土地艺术实践，可以或多或少地直观预测创作过程将会发生什么，艺术家无法完全控制创作结果，她面对的就像是一种有生命的自然系统。对放弃控制的做法与艺术家对数据收集的极端控制形成奇怪的矛盾。构建这个数据集的艰辛工作让人想起妇女和边缘化人群的无形劳动，为了认识到它的价值，艺术家将数据集本身视为一件独立的艺术品，并以“《无数（郁金香）》”（*Myriad*（*Tulips*））（2018 年）的标题展示，如图 9.5 所示。[4]

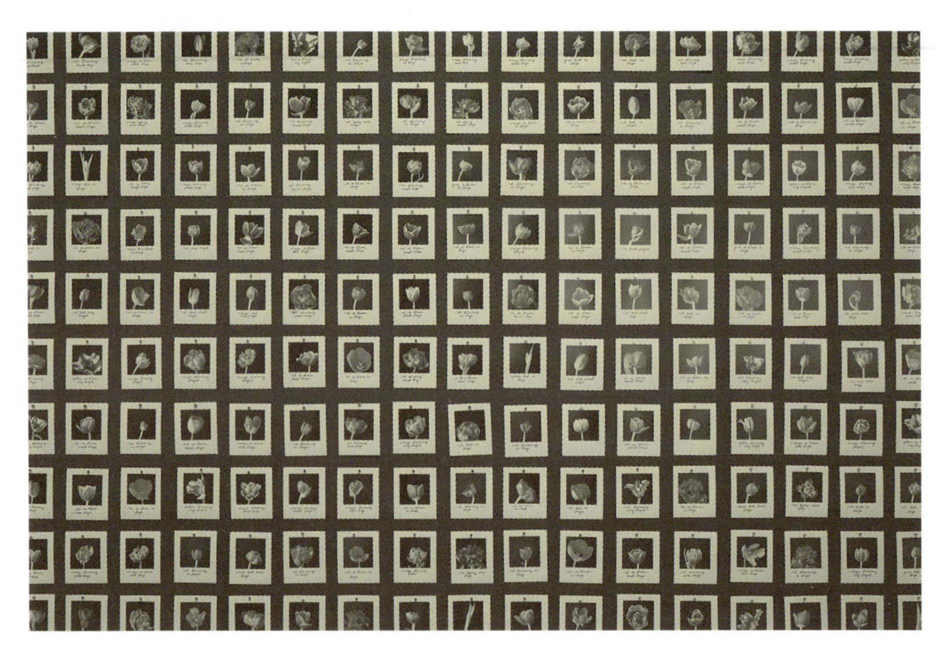

图 9.5　安娜·里德勒，《无数（郁金香）》，2018 年。部分由 EMAP/EMARE 计划（创意欧洲的一部分）资助，Impakt 委托。图片由安娜·里德勒提供。

众包日常

依赖机器学习技术作为硬编码的替代方案同时也带来了一系列挑战。其中的一个挑战是把编写原始计算机程序的艰巨任务，替换成了制作原始数据集的任务，但实际上制作数据集的过程也同样艰难，并且有时还十分昂贵。虽然像 Wekinator 这样的工具可以简化这一过程，但生成自己的数据库仍然需要付出巨大的努力。

迄今为止，存在许多生成数据集的方法，有部分方法的劳动量更合理一些。新媒体作品通常使用如摄像头、麦克风、光传感器、超声波测距仪、压力传感器、红外探测器等各种传感设备，当系统启动时，收集传感器产生的数据相对简单，这使得应用机器学习算法，甚至实时运行机器学习循环成为可能。

在机器学习研究中，一种经常用于生成数据集的方法是众包。一个典型例子是 ImageNet，它是一个大规模的公开数据库，通过雇佣一个大型匿名工人团队对其所包含的 1400 万张图片进行标记而创建。现在有各种在线外包平台，可以有偿雇佣匿名工人为你劳动。还可以创建一个网站或移动端应用程序，通过参与者收集数据。之前介绍的乔治・勒格拉迪的作品《满载回忆的口袋》就采用了这种方法，通过邀请参与者扫描他们自己的随身物品来创建一个数据集。

最近，纽约艺术家布莱恩・豪斯（Brian House）在他 2017 年的项目“一切都会在今天发生”（Everything that Happens Will Happen Today）中采用了类似的策略。他使用一款手机应用来追踪纽约市一千名志愿者在一年内的日常活动。随后，这个包含 GPS 位置序列的庞大数据库被用来训练一个递归神经网络。在项目的第二阶段，豪斯使用训练好的模型来生成纽约日常行程的新样本。这些算法生成的方向会实时显示在他设计的另一款移动应用程序上，他会按照这些方向行走，并且用手机摄像头记录这些奇怪的行程。虽然这些生成的路径不存在于原始数据集中，但它们代表了日常行程中可能的模式。豪斯将这些旅程的特性归因于机器学习算法的社会性质，算法试图给出人们集体行为的代表性快照：

> AI 的智能并非自发产生的，而是社会化的。它之所以令人惊奇，不是因为它表现得像人，而是因为它实际上就是人们的集合体。（House，2017）

豪斯的作品可以解释为，基于法国情境主义者居伊・德波（Guy Debord）的

“漂流”（dérive）原则的社会构建和技术驱动版本，参与者“让自己被地形和引力所吸引”（Debord，1956）。虽然早期的“漂移”实验在很大程度上依赖于偶然性，迫使参与者摆脱他们的习惯，但德波警告道，太多随机性会导致无用的漫步。因此，豪斯利用机器学习来生成集体构建的“漂流”体验方法，而不是依靠掷硬币，这也更好地实现了德波理想的“漂流”（dérive）理念。

发现数据

许多使用机器学习的艺术家选择使用现成的数据集，或者其他人创建的内容来组装自己的数据集。以奥斯卡・夏普（Oscar Sharp）的科幻短片《阳光之春》（*Sunspring*）（2016 年）为例，这是一部根据本杰明（Benjamin）编写的剧本来拍摄的时长 9 分钟的电影。本杰明是一个基于科幻电影剧本数据库上训练出来的递归神经网络。电影中有一首歌的歌词是由在民歌数据库中训练出来的算法生成，其生成的结果是一堆无意义的对话拼接，尽管如此，人们还是能感受到一种科幻的氛围。在电影中，主角似乎总是表现得很困惑，演员和剪辑带来了某种奇异的叙事形式，而这在剧本中几乎是不存在的，整个剧本感觉更像是一系列不相关的短语和问题拼接而成。

自 2014 年生成对抗网络（GAN）出现以来，许多艺术家一直使用这种新技术来生成和探索潜在的生成空间。特别是在视觉领域，许多艺术家使用在互联网上找到的现有的图像数据库。特蕾莎・雷曼 - 杜伯斯（Theresa Reimann-Dubbers）为了创作她的作品《A（.I.）弥赛亚之窗》（*A（.I.）Messianic Window*）（2018 年），使用耶稣基督相关的艺术图像训练了一个生成对抗网络，并使用生成的图像制作了一扇彩色玻璃窗，展示了机器学习系统对“弥赛亚”（Messianic）一词的解释。这件作品批评了当下的文化景观，它将“人文主义、文化和非普遍定义的概念应用于人工智能”。由于机器学习的智能程度取决于接收的信息，所以问题变成了：“谁在为它们提供、选择信息？什么样的偏见和观点会传递给机器？”（Reimann-Dubbers，2018）

不是唯一

跨学科艺术家斯蒂芬妮·丁金斯（Stephanie Dinkins）正在创作的装置作品《不是唯一》（*Not the Only One*）（2018 年）采用了一种混合的方法来生成数据（见图 9.6）。这件作品是基于艺术家建立的文本语料库创作的，这个语料库包括了她与三代直系亲属之间数小时的对话。

图 9.6 斯蒂芬妮·丁金斯，《不是唯一》，2018 年，黑色玻璃雕塑，深度学习人工智能，电脑，微控制器，传感器。图片由斯蒂芬妮·丁金斯提供。

这件装置作品的外观是一个贝壳形状的玻璃雕塑，上面印着三个家庭成员的形象。观众可以直接向装置提问，装置会以单一的声音进行回应。这个人工智能故事讲述者以新颖的方式将不同的声音融合在一起，这些声音听起来令人感到惊讶且不可思议。

在她的作品中，丁金斯对于我们如何传递知识这个话题很感兴趣，尤其是像格里奥人（西非地区身兼历史学者、说书人、吟诵歌手、诗人、音乐家等多种身份的人）这般通过讲故事和叙事来传递知识的传统方式。《不是唯一》最初提出了一个问题：一个由有色人种构建的人工智能实体会是什么样子？丁金斯是非裔美国人，她花了几个月的时间自学，研究她的项目所需的各种数据和机器学习算法。数据集的构建需要大量的时间和精力。首先，她和家庭成员坐下来交谈，向每个人提出类似的问题。在转录和整理超过 15 个小时的材料后，她发现自己仍然没有足够的数据来训练一个满意的模型。为了扩大语料库的规模，她采取的策略是添加其他来源的文本，如主角居住过的地方，他们看过的书、论文、播客、电视节目，以及其他关于黑人和黑人思想的文本，如杜波依斯的作品《黑人的灵魂》（*The Souls of Black Folk*）（Du Bois，1989）。

然后，该模型经过两个步骤的训练：第一步是使用整个合并的数据集，这样模型就可以在艺术家定义的更广泛的领域内对语言的工作方式有一个很好的整体理解；第二步，只使用包含访谈内容的较小规模数据集微调模型，并使其偏向于相关对话数据。

最初，这位艺术家试图构造一个系统，使其成为家族历史的回忆录，并对观众的问题给出直接的回答。然而，她发现自己参与了一个更为实验性的过程，在这个过程中，学习系统的回答有时美妙绝伦，有时又如同谜团般晦涩难懂，甚至毫无意义。观众的反应和机器的言辞一般多样化。有时系统的奇怪表现会让人们感到沮丧和愤怒，因为该系统违背了他们的期望。而在其他时刻，人们会给予系统宽容理解，并对正在发生的事情做出自己的解释，通常还会带点幽默的语气。

像其他许多与机器学习合作的艺术家一样，丁金斯将系统的不确定性视为一种优势。在她早期与社交机器人 BINA48 进行对话的项目中，她意识到当机器人的回答不是逻辑上的直接答案时，她对机器人的回应变得更加感兴趣；换言之，当人工智能在努力表述些什么时，这会产生一些在某种程度上有道理但又带有一种颇有诗意的奇特短语。

丁金斯认为艺术可以成为对新技术提出质疑的催化剂，并且可以成为改变和改进机器学习的工具。此外，有色人种和其他少数族裔也需要参与这一对话，因为他们带来了不同的思维方式和不同视角的问题。

总结

机器学习是一种数据驱动的方法，可以隐式地创建包含在可调节模型中的计算机程序。不同于使用代码直接对计算机进行编程，使用机器学习的艺术家可以通过处理数据塑造不同的模型，因此也会产生不同的数据使用方法。

一些艺术家自行创建数据，这是一个极具挑战性的任务，因为训练深度学习模型需要非常庞大的数据集。艺术家乐蒂莎・索娜米和苏珊妮・凯特采用的一种方法是，使用如 Wekinator 之类的工具，通过艺术家实时生成的数据来交互式训练模型。另一种方法是艺术家使用自己收集的现有数据。例如，钟愫君用她自己数十年来的绘画作品作为表演装置作品的基础，对循环神经网络（RNNs）进行训练。最后，像安娜・里德勒和尚泰尔・马丁这样的艺术家会经历生成自己的数据集的烦琐过程，精心制作数据集来影响他们正在训练的机器学习模型。

还有些艺术家依赖于其他来源创建的数据。一种方法是将数据生成外包，或者邀请观众参与，例如在勒格拉迪的装置艺术作品《满载回忆的口袋》和布莱恩・豪斯的《一切都会在今天发生》。这两个项目都召集了多方的数据集，以促进一种集体形式的智能。最后，另一种方法只是依赖于在互联网上找到的现有数据，如电影剧本或带有注解的图像。

当然，这些不同的方法并不是孤立存在的，艺术家可以将它们结合起来，从而实现他们的目标。因此，斯蒂芬妮・丁金斯在创作她的作品《不是唯一》时，就综合使用了所有这些方法，还使用了她自己的故事，对家庭近亲的访谈，以及现有的文本内容。

这些作品代表了使用找到的数字对象集合的全新算法混搭形式。正如我们在下一章中将要讨论的：通过将数据转化为内容生成过程，机器学习可以为前所未有的艺术混搭方式提供根本性的新方法。

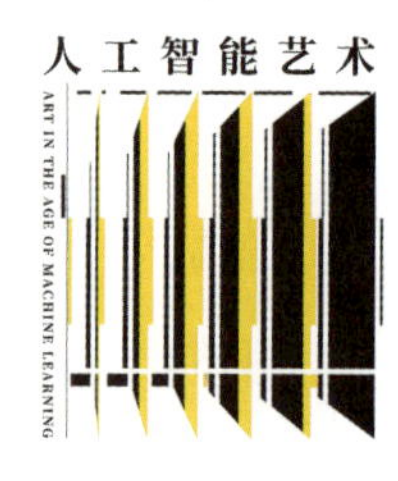

10 深度混搭

一位音乐艺术家正以她合作伙伴的声音进行演唱，两者的面孔以一种朦胧的算法拼贴方式相互交织在一起。在一个自画像形式的视频中，艺术家的面部特写呈现出星系和星云的形象，就像是通过神经网络视角看到的一样。现实中的政治家们演唱着由人工智能生成的怪诞歌曲，而一位已故歌手在谈论当代政治。

这些前沿作品构成了生成艺术的早期范例。具体而言，这些作品属于一种新型的混合实践，依托于深度学习技术和大规模数据集的可用性。这些混合实践发生在不同的层面。首先，正如前一章讨论的，机器学习艺术的创作在很大程度上依赖于数据集的创建。艺术家可以通过几种方法，例如自己创作素材、众包，或者借用已有的素材，来完成数据集的创建。通过将不同来源的数据精心构建成一个训练集，然后使用该训练集训练他们所需要的模型，这构成了机器学习混搭的第一种形式。其次，一旦机器学习模型完成训练，就可以按照原样重复使用，从而生成不同的输出结果。深度学习的这一特性为艺术家们提供了新的可能性，使得他们能够访问原本可能训练成本高昂的模型，例如通过谷歌发布的“大型生成对抗网络”（BigGAN）（Brock，2019）、GPT-n 语言模型（Radford 等，2019；Brown 等，2020）以及 OpenAI 开发的音乐样本生成器 Jukebox（Dhariwal，2020）。

再次，深度学习神经网络的结构在某种程度上是可修改的。预训练模型不仅可以在不同的任务环境中被重复使用，而且在特定条件下还可以对深度学习神经网络的结构进行升级，例如通过使用一个不同的数据集重新训练全部或部分神经网络，或者在现有的神经网络结构上添加新的神经元层级。

最后，新颖的机器学习技术，如风格迁移（Gatys 等，2015）、pix2pix（即图像到图像的转换）（Isola 等，2018；Wang 等，2018），以及 Flow Machines（Pachet，Roy & Carré，2021）等，使得一系列全新的算法混搭成为可能，在这些混搭实践当中，通过对数据集进行训练，可以实现从一个定义域到另一个定义域的自动转换。

因此，机器学习技术打开了一扇通往混搭文化新时代的大门，在这个时代，不仅是内容，而且连内容生成的过程都可以被轻松地再现、复制、修改和混合。这种变革得益于机器学习（特别是深度学习）可以将大量内容（数据）转化为具有动态性的结构（模型）的能力，这些结构可以作为生成过程被激活。最近在图像和语音合成方面的最新进展，以及新技术的出现，如风格迁移（Gatys 等，2015）、程序合成（Kant，2018）和迁移学习（Thrun & Pratt，1998），成为机器学习混合文化的早期示例。这些技术能够对复杂且通常难以理解的模式生成机制（如作家的写作风格或音乐的流派）的产生与转换过程进行自动化处理。

混搭文化

20 世纪 60 年代末期，牙买加的音频工程师奥斯本·拉多克（Osbourne Ruddock）在担任唱片切割员的工作期间，在为 DJ 和 MC 移除录音中的人声轨道时，他发现，混搭台不仅可以用来去除歌声，还可以对音乐轨道进行其他修改，从而创造出不同的音效。拉多克后来被称为金·塔比（King Tubby），他开始利用混搭台对现有唱片进行改编，创造出属于自己的独特版本，随后 DJ 可以对这些版本进行演绎。20 世纪 70 年代，塔比通过使用回音、乐句和混响等技术手法，进一步发展了混搭技术，对歌曲进行补充和转换。这些技术与创新使塔比成为牙买加 Dub 音乐中的领军人物。

混搭台和音响系统为像塔比这样的 Dub 音乐艺术家提供了创造全新音乐流派的机会。这一流派不是从现实世界录制声音，而是建立在现有唱片的声音基础上。随着计算机的出现，混搭成为主流音乐创作的主要方法，并逐渐扩展到其他媒体领域。例如，20 世纪 90 年代，随着数字编辑工具（如 Photoshop）的引入，混搭传播到摄影领域。美国学者劳伦斯·莱辛（Lawrence Lessig）将这种文化命名为“混搭文化”。

采样和混搭这两项技术奠定了整个 20 世纪的艺术实践和文化发展的方向。传媒理论家爱德华多·纳瓦斯（Eduardo Navas）在他的著作《混搭理论》（*Remix Theory*）中解释了采样和混搭的变革与技术发展之间的关系（Navas，2012），他将混搭的出现与机械复制技术联系在一起。从 19 世纪开始，新技术的出现使得人们能够对现实世界进行记录，首先是通过摄影，然后是通过音频录制。

纳瓦斯解释道，在 20 世纪 20 年代，照片拼贴和照片蒙太奇构成了对现有材料进行再利用和重新组合的早期范例。达达主义者利用这些技术策略来破坏和颠覆传统的绘画、摄影和诗歌。汉娜·霍赫（Hannah Höch）的作品《用厨房刀穿过魏玛共和国啤酒肚切割达达主义》（*Cut with the Kitchen Knife Dada Through the Beer-Belly of the Weimar Republic*）（1919—1920年）通过挪用大众媒体的图像和文字，揭示了德国魏玛共和国建立一个民主和平等政权的失败。[1] 在1920年，达达主义诗人特里斯坦·查拉（Tristan Tzara）发表了《制作一首达达主义诗歌》（*To Make a Dadaist Poem*）一文，其中介绍了使用剪刀剪切报纸文章，并随机重新组织内容的过程。后来在20世纪60年代和70年代，类似的重新组合技术和其他算法程序开始在前卫文学运动中得到应用，其中包括了"乌力波"（OULIPO）和"垮掉的一代"（Beat Generation）等文学流派。这些艺术家们通过重新构思和再创作现有的材料和文本，表达了他们对传统艺术形式和文学约束的冲动与追求。这些方法为艺术家们提供了更大的创作自由和创新的空间，从而推动了艺术和文学的发展。

纳瓦斯认为，从20世纪80年代开始，新媒体逐渐偏向于对现有的材料进行采样，而不是对真实世界的记录。在20世纪90年代，音乐混搭逐渐发展成为一种独立的音乐流派，并在美国被进一步推动，因为音乐产业发现这些原则可以实现高效的音乐制作、商业化和消费程序。[2] 自20世纪80年代以来，随着计算机的普及和新软件的开发，混搭的过程并未局限于音乐，而是扩展到了其他领域。例如，图像处理工具 Photoshop 及其他图像处理工具从根本上改变了摄影艺术，随着文字处理软件和互联网的普及，复制粘贴功能已经成为写作的基本原则之一。

因此，随着混搭实践在20世纪90年代末期广泛应用于音乐领域之外的媒体，这种实践迅速常态化。劳伦斯·莱辛认为混搭文化的兴起是一种积极的发展，他认为混搭（通过转换现有材料创建衍生作品的实践）是一种有益且自然的增强人类创造力的方法，并且在人类历史中一直是一种常见的创作方式。虽然在20世纪末确立的版权法对混搭等创作实践进行了限制，但在21世纪，技术的进步促使了复制粘贴、修改和混合媒体的过程，混搭文化仍然呈蓬勃发展态势，这不仅适用于图像、声音和视频等媒体形式，也适用于源代码。

开源文化

在 20 世纪 80 年代初，随着个人电脑的广泛普及，商业软件逐渐成为主流。理查德·斯托曼（Richard Stallman）当时是麻省理工学院人工智能实验室的一名程序员，他开始为 Unix 环境开发软件工具，并公开发布源代码。1983 年，理查德·斯托曼启动了 GNU 计划[3]，旨在创建一个类似 Unix 的操作系统环境，只使用免费的开源软件。1989 年，他编写了 GNU 通用公共许可证（GPL），该许可证保护用户和开发者使用、复制和修改软件的权利，允许他们任意混合代码。[4]

在新媒体艺术领域，与免费软件和开源社区的互动可以追溯到 20 世纪 90 年代初。例如，作曲家、音乐家米勒·普克特（Miller Puckette）发布了一种名为“Pure Data”的视觉编程语言，用于实现实时互动和音频处理。21 世纪初，为教育和专业用途而创建的开源软件，如 Arduino/Wiring、Processing 和 Scratch 等，也在新媒体艺术领域中得到广泛使用。

这些软件直接促进了莱辛（Lessig）在新媒体艺术领域所描述的混搭文化的发展。它们被富有创意的跨学科社区环绕，这些社区在公共论坛和源代码仓库上共享代码。正如大多数新媒体从业者所了解到的那样，制作技术密集型的艺术作品，如视听表演和互动装置，通常涉及将多个预先存在的音频、视频、硬件和软件组件拼凑在一起。因此，艺术家们会修复、改进以及创建新的开源代码，包括开源代码库、代码片段，然后将其重新分发给社区。[5]

机器学习与开源文化之间存在密切联系。当前用于深度学习的核心软件工具，如 Tensorflow 和 PyTorch，都是免费且开源的。此外，深度学习研究社区一直以分享和开放文化为特点。新的研究成果往往会迅速在互联网上传播，通常附带着源代码，并且会在开放获取的平台和期刊上发布，如 arXiv 网站和《机器学习研究杂志》（*Journal of Machine Learning Research*）。

将不同的图片组合成拼贴画和从不同的来源复制粘贴代码来创建新的软件是两个不同的行为。当我们不仅可以混合媒体内容（如图像或声音），还可以混合生成这些内容的过程时，将会发生什么样的情况？例如，将一位歌手的声音特征应用于自己的声音，或者以著名画家的风格重新绘制一幅肖像画。当我们可以分享、修改、重新训练、增强以及改变机器学习模型时，可能会出现哪些新的艺术形式和实践呢？

机器学习的混搭

尽管对图像、声音和编程代码等内容进行采样已经变得轻而易举，但有两种类型的内容仍然不能轻松地对其进行复制粘贴。首先，迄今为止，修改基于时间的媒体的某些组件仍然是困难且昂贵的。例如，替换或修改电影中演员的面部，或者创建一个与原始音频无法区分的合成声音。其次，或许更为重要的是，难以复制粘贴生成的过程（或至少生成过程的模型）来创造新的媒体内容，如新歌、照片或绘画。

迄今为止，确实仍然很难通过技术手段自动复制和混合作者的风格，或某种特定流派的风格，但如果我们能够自动获取的不是某个特定媒体作品的快照，而是生成它的过程呢？如果能够将这个快照以数字格式保存呢？此外，如果我们能够像达达艺术家汉娜·霍赫用图片制作拼贴画和拼贴照片，或者像金·塔比重新使用现有音乐样本创作自己的曲调那样，切割、粘贴，修改和重新排列这些算法快照呢？

过去已经有人尝试使用计算机来模仿各种风格和艺术流派。例如，在计算机图形学领域，非真实感渲染（NPR）专注于开发以富有表现力的风格来渲染二维和三维对象的方法。然而，通常来说开发的算法会缺乏灵活性和可扩展性。因为每种艺术风格（如水彩画、印象派等）都需要创建不同的算法（例如，为水彩画、印象主义等创建图像滤镜）。这些算法通常需要数年时间的研究和开发来进行设计。

如果我们能够像创建拼贴照片那样轻松地设计生成性程序呢？如果我们能够像轻松地混合不同的程序那样创造新的程序，又会有什么结果？

深度学习技术推动了一种全新的算法混合形式的产生，这种混合涉及的是模型和数据，而不是源代码。机器学习算法能够将媒体生成的过程转化为一个可以保存在磁盘上的模型，该模型可以进行交换、修改等处理。另外，一些机器学习算法的对象具有很高的灵活性，用户可以通过互相修改、混合来产生新模型。

探索预训练模型

深度学习及其艺术应用的耀眼发展与可供用户使用的庞大预训练神经网络模型的出现密不可分。考虑到目前训练这些系统所需的专业知识和计算成本，这些发展是非常有前景的。例如，GPT-3 语言模型的训练成本估计为 460 万美元，这意味着大多数艺术家都无缘从零开始进行这样的训练。

尤其是，GPT-3 模型比它的前身 GPT-2 模型的参数规模大 116 倍，[6] 它能够根据用户提供的文本指令来推断出新的语言模式或任务，这意味着用户可以以自然语言的方式与 GPT-3 模型进行流畅的交互。因此，它构成了一种替代传统编程的方式，用户可以通过与系统的互动，来训练其按照用户的意愿执行任务。作家格温·布兰文（Gwern Branwen）曾与 GPT-3 模型进行了广泛的合作，他解释道，这种提示编程的形式感觉就像教你的宠物一些新技能。他表示："你可以向它提问，有时它会完美地执行一项技能。然而，当它转向别的错误回答，而不是执行任务时，尤其令人失望，你懂的，它不是不会，而是不愿意。"（Branwen，2020）

使用诸如 BigGAN 和 GPT-3 之类的预训练模型可以支持一种新型混合形式，该形式基于对这些模型提供的类似无限的生成空间进行探索。然而，训练这些模型需要大量资源，目前只有大型企业有能力承担这样的训练成本。因此，这些模型存在着偏见，并且超出了用户的直接控制范围。这是与自由软件运动的一个主要区别，自由软件运动支持由用户开发、为用户服务的软件的出现。驱动 BigGAN 和 GPT-3 背后的机器学习研究的技术科学开放文化仍然受到大型跨国公司的控制，这也使得用户无法直接掌控这些工具。

替换人脸

深度学习的混合形式不仅仅依赖于大型信息技术公司的支持，社区驱动的技术有时也以不可预测的方式被用于创意目的。2017 年 12 月，有报道称 Reddit 平台 r/deepfakes 社区的用户正在使用一款软件工具，将色情电影中演员的面部与其他人（如名人或是明星）的面部进行替换，从而创造出逼真的性混合视频。随后，该项技术在 Reddit、Twitter、Pornhub 等多个网站上被禁用（Cole，2017）。

虽然 r/deepfakes 社区的初衷是生成新的成人影片，但这一现象背后的技术是一款名为 FakeApp 的用户友好型的软件，它可以用于处理任何类型的视频内容。有一个重要的流行趋势是将演员尼古拉斯·凯奇（Nicolas Cage）的面部图像插入到一些好莱坞电影，如《阿甘正传》（*Forrest Gump*）、《失落的方舟》（*Raiders of the Lost Ark*）和《超人》（*Superman*）。另一种流行的趋势是对政治人物的混合，比如将阿根廷前总统毛里西奥·马克里（Mauricio Macri）的形象叠加在电影《陨落》（*Downfall*）的阿道夫·希特勒（Adolf Hitler）的角色上，并且还有一些涉及伪造美国总统唐纳德·特朗普（Donald Trump）的实验。[7]

最近的一些新进展实现了对音频和视频内容进行更精细的修改。研究人员苏瓦贾纳科恩（Suwajanakorn）、赛茨（Seitz）和凯梅尔马赫·施利泽曼（Kemelmacher-Shlizerman）（2017 年）提出了一种方法，可以使用令人惊叹的逼真方式，来生成虚拟人物的对话视频。这些来自华盛顿大学的计算机科学家们将美国前总统巴拉克·奥巴马（Barack Obama）的大量录像作为训练数据集，然后，通过一种新形式的“数字傀儡技术”，他们能够轻易生成逼真到令人信服的图像及视频。

艺术家马里奥·克林格曼在他 2017 年的视频作品《变脸》（*Alternative Face v1*）中使用了类似的技术。在这个作品中，他使用了不同来源的原始素材，以动画拼贴的方式呈现了已故法国 yé yé 歌手弗朗索瓦·哈迪（Françoise Hardy）的虚幻形象。作品中的音轨取自于 2017 年 1 月 22 日 CNN 播出的一次备受关注的采访，在该采访中总统顾问凯莉安·康威（Kellyanne Conway）使用了“替代事实”这个词汇，来描述白宫新闻秘书肖恩·斯派塞（Sean Spicer）关于唐纳德·特朗普总统就职典礼上的不准确陈述。在原始片段中，哈迪似乎在注视着摄像机，并紧随康威原始素材中的面部、眼睛和嘴唇的动作，产生了一个不断在现实与虚构之间变形的超现实生物。马里奥·克林格曼创作这部作品的目的是标示一个“替代事实”时代的开始，在这个时代，人们再也无法相信自己的眼睛了（McMullan，2018）。

近期，英国艺术家利比·希尼（Libby Heaney）使用类似的技术创作了 *Euro*（*re*）*vision*（2019）（见图 10.1）。在这个双屏视频作品中，在英国脱欧谈判中扮演了重要角色的德国前总理安格拉·默克尔（Angela Merkel）和英国前首相特蕾莎·梅（Theresa May），这两位知名的女性欧盟领导人，在一个类似“欧洲之声”歌唱比赛的环境中进行表演。在表演过程中，这两位领导人的形象出现了视觉上的故障，并且她们以一种类似于外星语的语言在说话。最终，这些滑稽的演讲汇集成一种奇怪的英德混合的诗意语言。默克尔和梅同时进行表演，对希尼来说，这也许象征着在逆境面前实现统一的可能性。

图 10.1　利比·希尼 *Euro*（*re*）*vision* 作品剧照，2019 年。该图由利比·希尼提供。

希尼运用了不同的机器学习技术，并直接受到雨果·鲍尔（Hugo Ball）有声诗歌的启发，创作了该算法拼贴类型的作品。鲍尔将这些有声诗歌描述为“没有文字的诗句”（Ball & Pinoncelli，2011）。歌词由三个不同的循环神经网络形成，分别在不同的包含政治文本的语料库中进行训练：一个语料库来自德国联邦议会的辩论，一个语料库来自英国下议院，还有一个语料库是这两者的混合。

为了创作这份作品，希尼亲自在摄像机前表演，模仿这两位女性欧盟领导人的行为，朗读并演唱了那些荒谬无稽的生成文本，然后使用深度伪造技术将她自己的面孔替换为政治家们的面孔。在这些由当代科技形成的傀儡式表演中，这两个动漫化的形象穿着闪亮的礼服，挥舞着手势，并用奇怪的方言进行交谈。面部替换技术的不完美之处，有时会在图像故障中显露出来，并留给观众们自行观察。

希尼的讽刺作品是对后真相时代的政治论调，及其与人工智能之间相互联系的批评，在这个时代，任何人都可以从字面上把话放进政客的嘴里。她的作品体现了一种技术故障的美学，希尼称之为“好噪声”（good noise）。当然，这依赖于艺术家“以意想不到的方式”使用机器学习系统。“摇晃它们，逼近临界点，看看会发生什么，以此看到全新的自己。”（Heaney，2019）

希尼和克林格曼的作品都揭示了深度学习技术有可能造成的伦理、法律和社会影响。20 世纪 90 年代，Photoshop 等图像编辑软件深刻改变了广告、文化、公众与新闻之间的关系。通过将媒体操纵扩展到视频和音频领域，深度学习技术将助推之前由媒体编辑技术引起的社会变革。

重新混合生成

机器学习软件能够对音频和视频内容进行“Photoshop 编辑”的背后其实隐含了一种强大的能力——即自动创建和混合媒体制作的生成过程的能力。这是当代机器学习系统基本属性导致的自然结果。正如我们所描述的，机器学习算法能够自动将生成过程转换为可以存储、复制和修改的数据结构（模型）。然后，这些过程可用于生成新的、意料之外的媒体内容，例如图像、声音、游戏以及机器人艺术的智能体行为。

例如，数字技术允许创建以及合成声音，可以通过收集一些样本逼真地模仿某人的声音。这些数字声音的来源，实际上是嵌入神经网络权重中的复杂数学函数，通过它们接收文本并将其转换为用某人的声音说出单词。换言之，它不是声音本身的记录或样本，而是可以生成声音的过程。一旦训练完成，这个过程就会转化为一段可以复制、粘贴和修改的数据。

深度学习系统可以自动创造内容，这在人类历史上是前所未有的，其规模和灵活性也是空前的。另一个例子是风格转移，这是一种允许将特定风格应用于图像的技术。关于该技术的第一篇论文于 2015 年发表在 arXiv 网站上（Gatys 等，2015），论文解释了如何使用卷积神经网络，在该技术的表述中，作品的内容和风格的表示是可分离的，因此可以独立操作作品风格以生成新形式的内容。

与之类似的研究项目 *Flow Machines* 的目标是将音乐风格，转化为可以由作曲家和音乐家轻松重新混搭的计算对象。2016 年 9 月，该乐队发行了两首歌曲，其乐谱是由风格模仿算法生成的：一首是根据披头士乐队的乐谱进行训练的，另一首是根据多位美国作曲家的乐谱进行训练的。不久之后，谷歌研究小组 Magenta 发布了一款名为 NSynth 的软件，它可以通过混合乐器发出的声音形成新的模型（例如电吉他和小号的混合），以此生成新的数字乐器。

电子音乐家荷莉·赫恩登（Holly Herndon）、嘉琳（Jlin）、马特·德里哈斯特（Mat Dryhurst）和朱尔斯·拉普拉斯（Jules LaPlace）合作的最新作品，为这种新形式的算法混搭提供了有力的例证。这首名为《教母》（*Godmother*）的歌曲（Herndon，2018a），是由名为 Spawn 的“机器智能体”生成的，艺术家们将 Spawn 视为歌曲真正的作者（见图 10.2）。该系统采用一种定制的增强声码

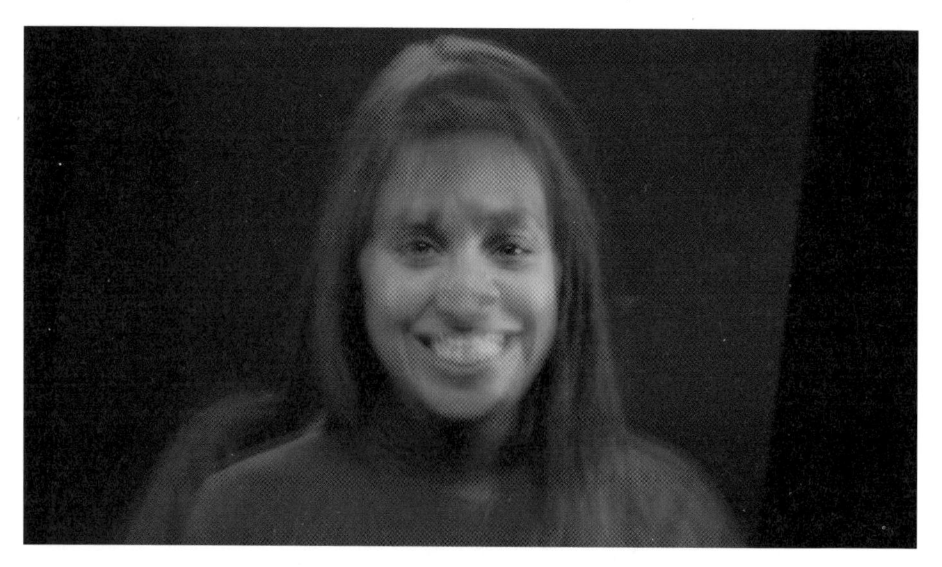

图 10.2　荷莉·赫恩登和嘉琳，《教母》（*Godmother*），2018 年。音乐视频截图。由乞丐（Beggars）集团传媒有限公司提供。

器，通过风格转换的方式，使得荷莉·赫恩登能够以嘉琳的声音进行演唱。该作品使用多个声音片段，产生一种让人感到不可思议的节拍混搭。根据创作者的说法，这个特点完全是算法“想象出来的”，可能是“从荷莉的声音中学到的节拍与顿挫”（Kirn，2018）。

在一份关于该作品的官方声明中，赫恩登将Spawn称为她的“婴儿”，描述了这件作品是如何由“新生的机器智能”通过聆听“教母”嘉琳的声音，并用“母亲”赫恩登的声音重新诠释她的艺术而创作的。“通过与Spawn的合作，”赫恩登说，“我能够通过我的声音创作不同形式的音乐，这远远超出了我身体的物理限制。”她补充道：

> 经历这个过程也产生了一些关于音乐未来的有趣问题。采样技术的出现引发了许多关于创作素材来源的担忧，但机器可读文化时代的到来，加速并抽象化了这种对话。仅仅通过“观察”音乐，Spawn就已经非常擅长学习重新创造独特的作曲风格或声音特征，而且随着学习的深入，其输出的音乐只会变得更好，这足以让与她合作的任何人都能够模仿另一个人的作品，或者是通过另一个人的声音进行交流。（Herndon，2018b）

深度学习技术的可扩展性表明，这些早期的实践案例为许多新的创意敞开了大门。视频风格转移技术将允许对从现有电影和其他视觉内容中采样的视觉风格进行混合。浪漫小说可以自动以玛格丽特·阿特伍德（Margaret Atwood）的风格重写，而《使女的故事》（*The Handmaid's Tale*）则可以变成一部成长小说。新的变体将从单一电影类型或多种电影类型的混合（例如戏剧喜剧和僵尸片）中自动生成。机器学习将允许通过混合现有角色来为小说、电影和游戏创建新的角色性格，包括语音、动作、外观以及其他特征。

机器学习还可以在不同的媒体形式之间进行转换。例如，艺术家将能够根据从智能手机捕获的视频场景自动生成音轨，或者通过音轨生成与之相匹配的图像，还可以将自然界中发现的模式（例如火焰的运动）转换为文本、音效或机器人的行为。

混搭文化的这场革命将会带来大量与著作权和版权相关的挑战和问题。赫恩登警告说，这些新形式的混搭可能会产生伦理影响，导致“未经许可的模仿”。这种模仿是由“数据驱动的新音乐生态系统推动的，该系统如同外科手术般定制，为人们提供更多他们喜欢的东西”，而削弱了对创意的艺术身份的关注。在引用实验作曲家乔治·刘易斯的观点时，她主张“更美好、共生的人机合作路径”，为我们提供了一个“重新思考自我，并构想新的创作方式和组织方式的机会”（Herndon, 2018b）。

人工智能歌剧

Euro（*re*）*vision* 和《教母》由于融合了多种不同的技术，因此独树一帜，而作品《错山传奇》（*Legend of Wrong Mountain*）（2018 年）将这一原则发挥到了极致，它试图创造一部完全由机器学习算法生成的中国昆曲（Huang 等, 2019）。该项目由艺术家、计算机工程师和设计师组成的跨学科团队创建，作者将其描述为“机器对整体艺术（gesamtkunstwerk）的尝试”，[8] 该项目由一个十分复杂的混搭技术体系所支撑，这套混搭技术体系集成了在四种在不同数据集上进行训练的学习算法。

《错山传奇》的每个组成部分都是由计算机生成的。为了创建乐谱，他们使用了一个循环神经网络（RNN）对 100 张传统昆曲乐谱图像组成的数据集进行训练。对于剧本，作者则使用了一个自定义的马尔可夫链分层系统，该系统在 60 个传统昆曲剧本的数据集上进行了训练。他们声称，这种方法使他们能够保留一个包含章节、对话和歌词的逻辑结构，机器学习技术所创建的剧本被用于生成视频表演。

尽管结果有点不稳定，但该项目仍然是对机器学习艺术实验的有益尝试。通过不同技术和数据集的相互作用，该实验将创意过程的自动化推向极致，这一切都得益于在开源许可下的机器学习工具和数据集的可用性。《错山传奇》为未来基于机器学习的瓦格纳式（Wagnerian magnitude）巨作奠定了基础，其中数据和算法交织在壮观的机械拼贴中。

总结

艺术总是孕育于特定的背景之下。从简单的灵感迸发到复制和伪造，创作者们总是互相利用彼此的作品来为自己的创作提供支持。媒体内容在 20 世纪的自动再现性导致了混搭文化的出现，这种文化明确地接受了衍生作品的制作。

在深度学习出现之前，混搭作品总是以拼贴的原则进行。无论是印刷图像、诗歌句子、声音轨道，还是代码片段，都可以被混搭重新组合以生成新的内容，其基本原理始终保持不变：复制、粘贴和重复。

新的机器学习技术，比如深度伪造（deepfakes），进一步强化了这一原则，扩展了为艺术家们提供的可能性。然而，机器学习也为完全由模型介入的全新混搭形式敞开了大门，这些模型多是自适应结构，并且可以自主将动态过程转化为数据保存。例如，通过对训练集的混搭，机器学习模型间接影响着这一过程。此外，艺术家们目前对机器学习的着迷推动了一系列的作品创作，例如通过机器学习算法自动化生成文本、声音和图像等多种媒体形式，创造出新的作品。

也许更重要的是，机器学习引入了不仅可以混搭内容，还可以通过使用风格转移等技术生成媒体。霍莉·赫尔登和嘉琳的音乐作品就是这种新型算法混搭的典范，演唱者现在可以使用另一位歌手的声音特征进行演唱。我们目前只是处于这项技术革命的初期阶段，随着我们不断前进，机器学习系统的能力可能会深刻改变艺术创作的条件和混搭文化的格局。

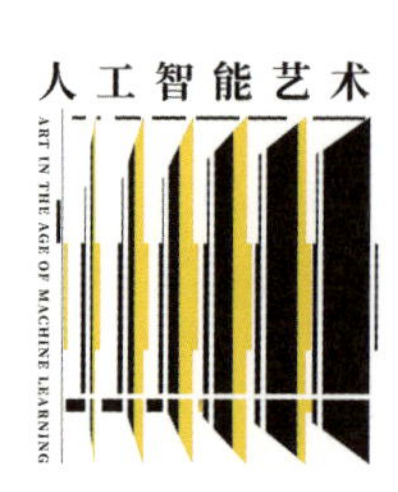
人工智能艺术
ART IN THE AGE OF MACHINE LEARNING

11 观察和想象

当代机器学习算法建立在人工表示系统的基础知识之上。它们利用从自然界借鉴的某些基本原理，如染色体、生物神经网络或物理定律，搭建机器学习算法。特别是深度学习和遗传算法模仿了生命体的结构和适应环境的机制，从而高效地对环境信息做出响应。机器学习算法的原理之一是模仿生命体对事情可能性的预测能力，例如预测球的轨迹或对手的下一步行动，设计新的行为或生存模式，比如进行智力游戏或设想未来的可能性。当这种能力存在于人类大脑时，通常被称为“想象力”。

机器学习模型的一个显著特征是：模型在训练过程中建立的感知特性通常被用作生成符合目的的结果，因此可以将生成过程视为感知功能的逆过程。尽管机器学习领域的研究人员一直都知道机器学习系统的这种生成能力，但该能力至今仍常被忽视。

随着机器学习系统基于培训数据集进行训练时，它会变得适应该数据集，并且生成与训练数据越来越趋同的结果。艺术家本·博加特、布莱恩·克利夫顿（Brian Clifton）、钟愫君、希瑟·杜威·哈格堡、菅野创（So Kanno）、山姆·拉文（Sam Lavigne）、特雷弗·帕格伦、亚历山大·彼得豪斯尔（Alexander Peterhaensel）、弗朗西斯·曾（Francis Tseng）和汤姆·怀特都多次在他们的作品中使用机器学习技术探索与机器表示法、归纳偏置和政治权力的问题。

本书的第 7 章介绍了加拿大艺术家本·博加特的自组织映射（SOM）作品，博加特自 21 世纪 00 年代中期以来一直致力于将机器学习技术和人工神经网络技术应用于艺术实践中并开创了属于自己的创作方法，即“作为研究的艺术”(Busch, 2011)，该方法提倡基于艺术实践，研究人类和机器认知和感知相关的问题。在探索梦境、感知、想象、自组织和情境性等相关问题时，博加特创作了《观察与想象》（*Watching and Dreaming*）系列作品，其中包含多部视频。这些视频分别使用不同的机器学习系统进行创作，这些系统基于著名科幻电影《银翼杀手》（*Blade Runner*）、《2001 太空漫游》（*2001: A Space Odyssey*）（见图 11.1）和《电子世界争霸战》（*TRON*）的图像进行训练。[1] 每一部作品所使用的机器学习系统基于原始电影内容生成新的影像，从而破坏旧版本。生成的影像体现了神经网络总结的电影使用颜色和声音的规律。

关于这件作品，透过机器思维的迷思，我们或许可以窥见人类的集体想象力（《银翼杀手》）（2017 年），艺术家写道：

图 11.1　本・博加特，《2001 太空漫游》，2018 年。高清视频静止画面由本・博加特提供。

自组织过程生成的图像呈现出柔和起伏的色域，而声音在由于自组织过程而产生的持续的嗡嗡声和复杂的机器故障声之间切换。机器的自主性和《银翼杀手》的构成元素相互作用，共同构成了该作品。声音和图像色域的变化过程体现了自组织机器学习算法的增量学习。（Bogart，2018）

博加特的机器自主性的概念源于他们在联结主义人工智能方面的艺术实践。联结主义作为一个全新的理论框架，聚焦于思考生物自主性和机器自主性之间的关系。在此理论背景下，艺术家将自主性定义为“感知和想象之间相互作用，形成的感知强化模式”。这种自主性的观点一方面建立在一个独立于观察者的外部世界的存在的基础上，另一方面依赖于法国哲学家梅洛・庞蒂（Merleau-Ponty）的知觉现象学，即现实是由主体和客体共同构建的结果（Bogart，Audry，Parish & O’ Murchú，2018）。

博加特认为，在机器学习系统中设计具有主观性的机器是研究“机器的自主性”问题的机会。基于联结主义的理论框架，机器通过学习包含现实世界的原始信息的训练数据集获得感知能力，而机器的想象力则是通过无监督学习算法实现。这些算法根据它们的“感知”创建相应的类别。

博加特解释说，可以通过不同的方式在数据点云中绘制分类边界。因此，任何根据感知创建此类边界的想象过程在定义上都是主观的，不存在针对特定数据集和算法的唯一解决方案。边界是数据和算法（包括随机初始条件）之间相互作用的独特函数。在这种背景下，根据博加特的说法，自主性是认知存在将两种不同的感觉模式归入同一想象类别的过程。博加特的《观察与想象》系列的每部作品呈现的就是这样一个过程，一个主观机器处理电影中的图像（感知空间），并根据系统学习的分类表征投射生成新图像的过程，这个过程体现了系统自己的感知能力和偏好性（感知 / 想象空间）。

本・博加特运用机器学习技术进行艺术创作的方法是直接使用学习算法作为研究更广泛问题的基础，而不是将机器学习算法作为达到目的的手段。在这种情况下，博加特的艺术实践侧重于研究认知、感觉、想象力和自主性的本质。博加特使用的神经网络是心智模型，这种模型特别擅长通过根据自己的规则从连续模式中提取规律来学习分类表征。在大型真实世界数据库上训练的机器学习算法通常被宣传为最佳现实模型，可以对我们周围世界的隐藏特征进行客观测量。通过《观察与想象》系列，博加特展示了这种学习系统的机器表示最终是如何具有自主性的，机器学习系统基于驱动他们进行预测（想象力）的方式的训练算法（想象），提出了自己的统计表示，但这高度依赖于训练集（感觉）的性质。

归纳偏置

艺术家希瑟・杜威・哈格堡在她的机器学习艺术作品《监听站》（*Listening Post*）（2009 年）中探讨了“归纳偏置”的概念。该作品安装在公共领域，外形为一个安装了人耳雕塑的木盒子。作品的内部系统不断监听周围的环境声音，收集陌生行人的语音数据，并发送到正在运行机器学习系统的服务器，机器学习系统不断对传入数据进行训练和再训练（Dewey-Hagborg，2011）。

根据实时收集的音频数据，系统使用通常用于公共监控系统的机器学习算法，重新组合监听到的语音表达片段，从而生成新的声音。因此，计算机通过对语音片段进行自适应混合，生成了一种集体构建的语音形式。

艺术家对这件作品表达的归纳偏置问题非常感兴趣，这也是机器学习领域的一个具有挑战性的问题。机器学习系统是一种归纳系统，使用经验数据进行概括。因此，它们本质上对接收的数据存在偏好。正如本·博加特在机器自主性概念中提出的那样，机器学习模型在某种意义上是主观的，它们对获得的信息存在偏好。这种偏好意味着系统设计者做出的假设总是会强化机器学习系统对世界的某种认知视角。

杜威·哈格堡描述了她在创作《监听站》时，归纳偏置的概念是如何浮现在她的脑海中的。一开始她的设想是从行人的语音片段中形成某种“集体语言”。然而，当她实际开展项目时，她认识到技术存在重大局限。她录制的声音总是受到来自城市环境的各种背景噪声污染，而很难处理成纯净的去噪声音。她花了大量时间调整系统，试图让系统可以在这些不可能的条件下运行，她突然意识到这个做法彻头彻尾的荒谬性：“为什么我尝试克服这项技术的缺陷，”她想，“我为什么不让它自然地暴露自己的局限性，展现技术的错误多么滑稽可笑呢？”（Dewey-Hagborg, 2011）

这一认识促使她改变了创作态度，她不再与技术缺陷对抗，而是决定接受机器学习系统的局限性，揭示其不足之处。因此，与其试图通过数据分析生成一种新的集体语言，《监听站》利用其所处环境，将无意中采集到的音频变为一种集体声音肖像。

技术文化干扰

数据科学家凯西·奥尼尔（Cathy O’Neil）在《数学杀伤性武器的威胁》（*Weapons of Math Destruction*）一书中揭示了依赖大数据的算法系统（如机器学习）的归纳偏置问题，及其对社会少数群体的破坏性影响（O’Neil，2016）。她批评了警察局目前普遍使用的预测犯罪活动的“预防犯罪软件”，并解释了一级重罪的罕见性以及为何很难使用此类系统来预测它们。一个未经证实的假设是轻微的罪行会引发重大犯罪，大量轻微犯罪的数据计入犯罪预测模型，结果这种预测犯罪的软件往往针对有色人种的贫困社区，导致这些社区有更多的轻微犯罪和不轨行为嫌疑人被逮捕，这反过来加强了犯罪预测系统对这些地区的关注，形成了一种增强智能的自我实现预言。

布莱恩·克里夫顿（Brian Clifton）、山姆·拉文和弗朗西斯·曾共同创作的《白领犯罪预警系统》（*White Collar Crime Risk Zones*）（2017 年）是一款与奥尼尔批评的犯罪预测软件相似的预测监控性 App。他们运用文化反堵的策略，通过将技术直接应用于预测各种不当金融行为，反向利用这项技术。为了创作这份作品，艺术家使用包含自 1964 年以来美国的白领犯罪和轻微罪行（从诽谤到欺诈）的数据集训练机器学习模型，通过与其他在线信息相结合，把机器学习结果以可搜索和可交互的地图的形式公开发布。该地图显示了纽约市风险最高的区域，用户可以交互式地查询每个区域，查看该地区与犯罪相关的信息，如最有可能发生的犯罪行为及其平均严重程度，以及由计算机生成的违法者的典型面部长相图。

类似的揭露机器学习技术的局限性的实践还有很多，例如艺术家亚历山大·彼得豪斯尔的《投票表决亭》（*Voting Booth*）（2017 年）。该作品基于心理测量学领域和计算机视觉领域的相关理论，将人物肖像数据与相应的政治立场对应，整理成数据集，并在此基础上训练人工神经网络，最终达到仅根据受试者的面部图像预测受试者最有可能选择何种政治立场的效果。

该装置作品由一个配备了摄像头的投票亭组成。当参与者进入投票亭时，系统会分析他们的面部，并自动预测他们将会投票给谁，从而消除了他们实际在选票上做标记的需要。艺术家虚构了一家名为“微笑表决”（Smile to Vote）的公司，并假设该装置是由此公司发行。该虚构公司的宣传网站宣称将投票的行为简化为面部识别的技术可以优化 21 世纪治理的方式。

彼得豪斯尔的作品讽刺了从面部特征预测犯罪的观相术研究（Wu & Zhang, 2016）和从面部特征预测性取向的性取向研究（Wang & Kosinski，2017），以及试图提取政治信仰的心理测量学研究（Kosinski，Stillwell & Graepel, 2013），尽管这些结果的准确性有时十分惊人。

《白领犯罪预警系统》和《投票表决亭》都采用了文化反堵（culture jamming）策略作为机器学习艺术作品的一部分，通过运用机器学习技术讽刺政治问题，这些作品揭示了“数学杀伤性武器”（weapons of math destruction）是如何威胁民主和正义的。

超越人类的书写

艺术家菅野创和山口尚宏（Takahiro Yamaguchi）的装置作品《无语意语言》（*Asemic Languages*）（2016 年）通过基于文字数据训练的机器学习系统探讨了有关语言习得的问题（见图 11.2）。为了创作该作品，菅野创和山口尚宏邀请了来自不同国家的十位艺术家同行参与，这些艺术家同行们以各自的母语手写下自己的观点以及作品叙述。因此，训练数据不仅仅是二维图像，还包括手写者的手势信息。

图 11.2　菅野创和山口尚宏，《无语意语言》，2016 年。XY 绘图仪、纸张、钢笔、计算机、手写。机器学习编程：坂本洋典（Hironori Sakamoto）。支持：日本优尼西斯有限公司（Nihon Unisys，Ltd.，HAPS）。图片：菊山义弘。图片由菅野创、山口尚宏和爱知三年展（Aichi Triennale Organizing）组委会提供。

程序员坂本洋典为这件装置作品开发了一种新的程序。他使用一种名为 K- 均值（K-means）（Lloyd，1982）的无监督学习算法将相似的笔画模式自动划分为对应的类别，然后开发了一个将笔画平滑地连接起来的自动程序，并针对每位参与的艺术家的手写数据集训练了对应的模型。

之后，这些预训练的模型会在展演过程中被使用。一张张大幅纸被整齐地放在配有机器绘图仪的桌子上，每个绘图仪都装有一支钢笔，钢笔在纸上移动，模仿作者的手势。最终完成纯粹的对原始文本的形式上的模仿，不完美地再现了不同作者的风格和书写系统的特定形式。

艺术家们对语言习得的过程以及人类如何先学习语言的声音，再学习语法或意义的过程感兴趣。在作品《无语意语言》中，机器学习系统观察手写文本的视觉属性，然后模仿这些属性生成新的图像。文本的原始意义在这个过程中消失了，对于观看者来说，他们分不清楚这个过程到底是欺骗性的，还是对意义的可能性的启示。

学习与生成

机器的自主性为我们理解利用神经网络的学习和生成特性进行创作的艺术作品提供了一个框架。有趣的是，以生成对抗网络（GAN）为例的有关深度学习技术的最新进展，正在利用这些系统的能力来生成或模拟新数据（Goodfellow 等，2014）。这些系统使用生成能力来提高其性能，而不是将其视为副作用。

第 6 章介绍了荷兰艺术家夫妇埃尔文・德里森斯和玛丽亚・弗斯塔彭，他们自 20 世纪 90 年代以来一直致力于挖掘受自然和生命过程启发的计算材料来进行艺术创作。他们的作品《观察者 # 阿姆斯特丹的鸟》（*Spotter #bird Amstelpark*）于 2018 年夏季在阿姆斯特丹的来源第二区（Zone2source）画廊作为“机器荒野”（Machine Wilderness）展览的一部分展出，该作品采用了生成对抗网络（见图 11.3）。

从“人工大脑可以做梦或幻想吗”这个问题出发，艺术家们创作了一个放置于特定地点的装置作品。该作品探索了深度学习系统如何感知和表现自然过程，作品放置于入口附近的空间，并且扬声器不断播放鸟鸣声。但几乎没有人注意到，这种声音实际上是由基于乌鸫声音进行训练的深度学习系统产生的。

该装置作品通过电动云台上的摄像机捕捉疑似乌鸫存在的动作和颜色。然后将这些图像添加到数据库中，以提高系统识别乌鸫的能力。然而在 2018 年的夏天，

图 11.3　德里森斯和弗斯塔彭，《观察者 # 阿姆斯特丹的鸟》，2018 年。机器人、机器学习、生成对抗网络（GAN）。图片来源：德里森斯和弗斯塔彭。图片由“机器荒野”/ 来源第二区阿姆斯特丹提供。

乌鸫群暴发一种疾病，导致机器捕捉到的乌鸫数量比艺术家预期的要少。因此，机器捕捉到的图像变为了喜鹊、乌鸦和鸽子等各种鸟类的混合体。[2]

除摄像机外，德里森斯和弗斯塔彭的装置还包括两台显示器，负责显示生成对抗网络基于鸟类真实照片训练而生成的图像。这些图像演变缓慢且种类繁多，人眼很容易识别出这些图像并不真实。然而，其中大多数图像使人联想到或看起来像鸟类。在其他一些情况下，图像变得非常抽象，我们只能猜测鸟的存在，就好像相机失焦了，或图像是躲在模糊的草丛或树枝后面拍摄的。即使场景中没有鸟类，我们的眼睛也会开始像机器人摄像机一样寻找鸟类。

通过将设置在特定场地中的计算机生成的自然图像带回到我们的视野中，德里森斯和弗斯塔彭的艺术作品让我们能够窥见未来——机器可以成为想象世界的工具。这些艺术作品使我们接近机器学习系统，并揭示了它们的感知原理。他们的艺术实践可以被解读为对人类世界中机器想象力问题的调查，其中人工生命形式越来越多地出现在崩溃的生态系统中。[3]

隐喻的图像信息

艺术家德里森斯和维斯塔彭的创作揭示了机器学习系统生成图像的过程。生成对抗网络由两个神经网络模型（判别器（discriminator）和生成器（generator））组成，通过两个模型间不断地对抗训练生成图像。如果系统创建的类似鸟类的图像显示出奇异的特质，那是因为这些图像不是为人类的视觉习惯设计生成的：毕竟，它们是由一台机器（生成器）为另一台机器（判别器）而生成的图像。

美国艺术家、地理学家特雷弗·帕格伦（Trevor Paglen）致力于探讨由计算机技术催生的新观看形式——监控，以及该形式下的权力关系议题，他曾作为斯坦福大学驻场艺术家使用生成对抗网络创作了《进化训练的幻觉》（*Adversarially Evolved Hallucinations*）（2017 年）系列作品。该系列作品是通过在与资本主义、梦想、人类、怪物、征兆和战争等分类相关的不同图像数据集上训练生成对抗网络（GAN）而生成的。生成结果呈现出在生成对抗网络生成图像中常见的奇异、抽象和类绘画的特点。

帕格伦观察到，如今机器学习系统生成的大多数图像都属于他所说的“隐喻艺术”。这些图像是机器为机器创建的，而不是为了人。[4] 在世纪之交前后，我们进入了视觉文化的新阶段，这一阶段图像摆脱了人类的注视，对我们人类来说，大部分图像蕴含的信息都是不可见的。矛盾的是，这场图像制作的革命可能比摄影的出现更具影响力，但它却几乎没有被注意到。从秘密军事基地的卫星照片到自动拍摄的车牌快照，当今的绝大多数图像所蕴含的信息都是人无法察觉的，因为这些图像是机器为机器制作的，这将引领我们进入一个人类“视觉文化”成为“特例”和“例外”的时代（Paglen，2016）。[5]

帕格伦提出了机器现实主义（machine realism）的概念来描述这个新时代

背后的原理，他将其定义为“由机器学习和人工智能系统对图像自主赋予意义的美学和解释模式”。在这种理解方式下，图像蕴含的意义变得纯粹可操纵，必须根据它们所代表的系统的目标来互相诠释。

帕格伦的机器现实主义理论让人想起博加特的机器自主性理论。通过研究机器学习系统的物质性质，这些艺术家能够理解这些系统生成的产物与其操作目标之间的依赖关系，这种依赖关系来自训练集、数学结构、成本函数和系统其他方面的复杂耦合。在这些系统中，训练过程、模型，尤其是数据成为政治权力的场所。帕格伦写道：“在机器现实主义中，掌握训练集的人掌握了图像的含义。”（Paglen，2018）

探索集体想象

艺术学家迈莫·艾克腾认为，深度学习生成算法是探索集体无意识的一种方式。从21世纪10年代中期开始，迈莫·艾克腾运用条件生成对抗网络（CGAN）创作了一系列作品来探索“集体无意识”这个命题。条件生成对抗网络是在生成对抗网络的基础上加上了条件，扩展为条件模型，例如可以输入另一张图像来指导数据生成过程。在《学习看见》（*Learning to See*）系列作品中，艺术家将机器学习系统描述为尝试理解世界的智能体。艺术家先将这些系统在特定数据库上进行预训练，使它们对日常生活中的特定物体感知敏锐。在这些机器眼中，一束电线和车钥匙等常见物体可能会被认知为花朵、海浪、火焰、云彩或山脉，这具体取决于它们接受训练的数据集类型。而在作品《学习看见：我们是由星尘组成的》（*Learning to see：We are made of star dust*）（2017年）中，条件生成对抗网络通过使用哈勃太空望远镜（Hubble telescope）拍摄的宇宙照片进行训练（见图11.4）来生成视频。双通道视频的画面左侧是艺术家本人脸部的特写，而右侧则显示了机器的感知。当摄像头捕捉到艺术家的眼睛时，他的虹膜、瞳孔、毛发以及面部一部分变成了星星、星云和星系。通过揭示这种从微观到宏观的机械转化，艾克腾使我们注意到自己对神秘宇宙的迷恋，并揭示了我们对理解生命奥秘的集体渴望。在这个过程中，他还暗示，人类对知识的不懈追求无法脱离对自身形象的投射，就像作品中的机械过程一样，我们不断地将自己的感知偏见投射到宇宙中。

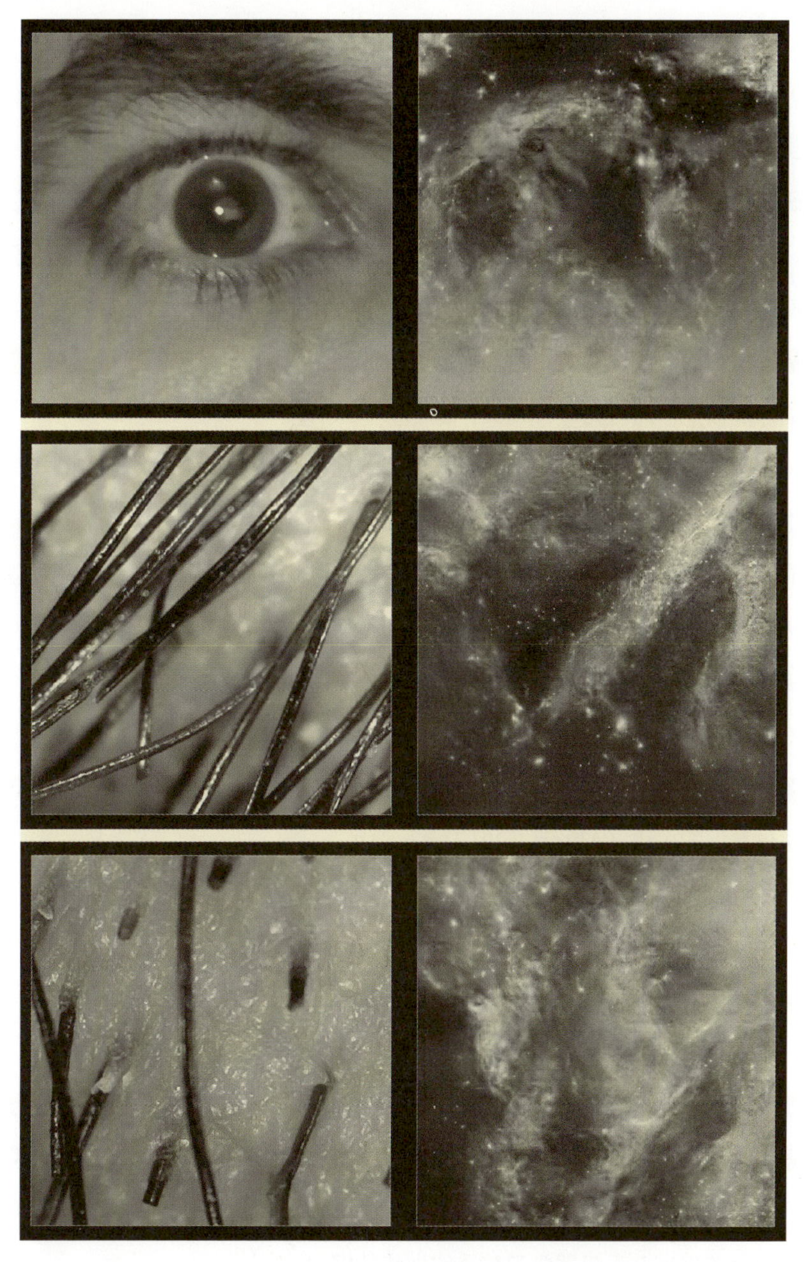

图 11.4　图片来自迈莫・艾克腾的《学习看见：我们是由星尘组成的》，2017 年。视频和互动装置。图片由迈莫・艾克腾提供。

在该系列的另一部名为《谷歌艺术：学习想象》（*Google Art*：*Learning to Dream*）的作品中，艾克腾基于谷歌艺术项目的图像对机器学习系统进行训练，该图像数据库包含来自 6000 多名艺术家的数万件艺术作品，包括绘画、素描、宗教图像、史前艺术等。2018 年，该装置作品在巴黎大皇宫展出，向参与者揭示了深度学习系统看到的内容。

虽然深度学习系统的统计驱动的表征特性揭示了隐藏的压迫系统，但它们也为深入研究集体提供了独特且新颖的机会。本书前面讨论的乌苏拉·达姆的《空间的记忆》（2002 年）和布莱恩·豪斯的《一切都会在今天发生》（2017 年）等作品都是使用机器学习技术来追踪人类行为的动态图像作品。这些图像的奇异特征不仅在于机器感知的数学模式，还在于训练数据的社会特征，这些特性促使系统表现出“人们（复数）”的行为（House，2017）。

同样，迈莫·艾克腾以相似的方式运用机器学习技术作为通往集体想象力的桥梁。生成深度神经网络为深入研究海量数据集提供了独特的视角，而这是人眼无法感知的。但艾克腾提醒我们，大数据和人工智能时代存在隐藏偏见和权力动态及其与艺术的关系。“我们与云计算的联系非常密切，”他写道，“我们相信它，承认它，被它吸引，与它分享那些瞒着家人或最亲密的朋友的秘密。”

然而，正如教会曾经是人类面对神的想象力的守护者一样，艾克腾认为，在机器学习时代，像谷歌这样依靠自我引导监控经济的跨国信息技术公司如今正掌握着我们集体意识的关键（Akten，2017）。[6]

总结

机器学习系统是一个主观的表征工具。机器学习系统依据自己的感知能力从输入数据中提取机器可识别的特征属性，并在这个过程中形成感知模型，这个模型直接源自系统接收的数据。因此，机器学习系统体现了人类和非人类的偏好，更具体而言，这些偏好存在于机器学习系统的训练数据中。

艺术家本·博加特和希瑟·杜威·哈格堡在他们的作品中提出了这个问题。博加特通过展示人工神经网络如何创建属于自己的信息表示来探索机器学习系统的自主性，神经网络创建信息的方式高度依赖于训练数据，这导致创建的信息并不具备中立性。而杜威・哈格堡则强调技术本身的性质如何使这种归纳偏差不可避免。在作品《你如何看待我？》（*How do you see me?*）（2019 年）中，她利用对抗性神经网络模型（adversarial neural nets）生成图像，该图像被另一个机器学习算法识别为艺术家本人的自画像，但实际上与她本人一点都不像。

利用机器学习技术进行研究的艺术家聚焦于机器学习系统的这种特殊性。其中一些艺术家，例如本・博加特、埃尔文・德里森斯、玛丽亚・弗斯塔彭和菅野创，利用这种特殊性来探索人类和机器对于感知、认知和语言方面的本质问题。还有一些艺术家，如希瑟・杜威・哈格堡和特雷弗・帕格伦，指出了这种表征和有偏好的技术对社会结构的影响。最后还有一些艺术家利用文化干扰的原则，创作如《白领犯罪风险区域》和《投票表决亭》等作品，通过将作品应用于奇特或荒谬的领域，例如预测华尔街的白领罪犯，或根据人们的面孔自动投票，来批评机器学习技术的不足。

机器学习技术对数据的强烈依赖推动了文化、经济和社会政治的深刻变革，随之出现的艺术作品对机器学习技术进行了反思性的、实质性的批判。尼日利亚裔美国艺术家米米・奥诺哈（Mimi Onohua）正在进行的项目《缺失数据档案库》（*The Library of Missing Datasets*）（2016 年）是一个理应存在却实际不存在的数据档案库。该作品说明了在大数据时代深度学习技术带来的破坏性影响。该作品由一个装满空档案的文件柜组成，柜中每个档案的标题都是缺失的数据集的名称，例如未报告的家庭暴力和性暴力、警察暴力执法、白领犯罪、非法集资等。米米・奥诺哈的作品揭示了缺失的数据背后的权力失衡现象和文化背景的负面影响，但也指出有时不存在也有可能带来一些好处。

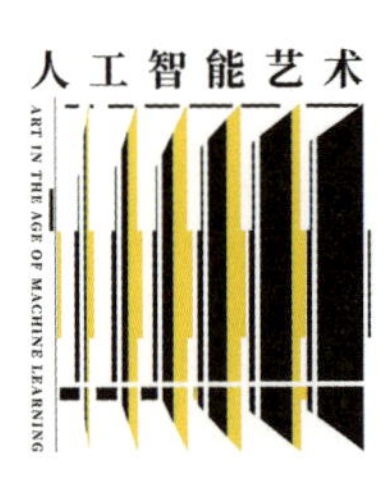
人工智能艺术
ART IN THE AGE OF MACHINE LEARNING

12 结论

自21世纪初以来，信息和计算能力的空前增长带来了机器学习的革命，引领了一种名为“深度学习”的先进联结主义形式的诞生。从视觉艺术到音乐，再到文学，各个领域的艺术家们与机器学习技术产生了更为频繁的互动。与计算机工程师和科学家不同，这些艺术家使用机器学习并非出于其精确性，而是看重其开放性。他们并不热衷于体验具有计算性创造力的模仿游戏，而是热衷于对以不同于机器学习算法初始设计用途的方式重新应用这些算法。

早在这个时代之前，艺术与机器学习之间的相互作用就已经存在。在第二次世界大战后的几十年里，在艺术和科学的交叉领域出现了能够展示自适应行为的控制论机电装置，例如尼古拉斯·舍费尔的空间动力雕塑、格雷·沃尔特（Grey Walter）的《机器龟》以及戈登·帕斯克（Gordon Pask）的开创性工作。

在人工智能研究的早期，学界提出了两种相互竞争的计算模型：一种是由纯粹使用数学语言的符号操作组成的计算（传统人工智能）；另一种是模仿人脑的生物神经网络，处理亚符号转换和连接的计算（联结主义）。然而，随着联结主义在20世纪60年代的消亡，人们更倾向于传统人工智能。对计算系统的日益迷恋导致了被称为“计算主义”的智能系统思想的凝聚，这是一种二元的世界观，其特点是将智能作为一种与其在物理世界的具体体现相分离的数学构造（Penny, 2017）。计算主义强调过程而非物质，这与20世纪60—70年代概念艺术运动的原则以及杰克·伯纳姆（Jack Burnham）的预言相呼应，即成为艺术新焦点的应该是思想和过程，而不是艺术作品的物质实现（Burnham，1968）。

20世纪80年代和90年代的人工生命和进化艺术运动利用指数增长的计算能力，模拟虚拟世界中“可能存在的生命”。然而，这些模拟过程开始逐渐远离传统人工智能，用概率和统计取代逻辑，用连续微积分取代离散数学，用浮点运算取代整数运算。换言之，20世纪末的算法艺术作品从数字世界转向了模拟世界。虽然人工生命艺术可能被解读为试图重现自然世界的功能组织，但这一时期更多的观点是将其视为与现实世界脱节的艺术作品。

在整个20世纪90年代，卡尔·西姆斯和威廉·莱瑟姆等进化论艺术家探索了自定义编码参数和非参数模型的方法，并运用了选择、突变和交叉的过程进行训练。同时，在20世纪90年代初，科学家罗德尼·布鲁克斯（Rodney Brooks）

试图通过回应一些反计算主义的声音来调和人工智能和人工生命，他声称人工智能系统不需要表征，而是需要真实世界的体现。布鲁克斯的“新型人工智能”在20世纪90年代影响了机器人艺术和人工生命艺术，包括路易斯-菲利浦·德摩斯、西蒙·佩尼、肯·里纳尔多（Ken Rinaldo）和比尔·沃恩等艺术家的作品。

20世纪90年代，联结主义也在工程和计算机科学圈悄然扩张。只有少数艺术家，如尼古拉斯·巴金斯基和伊夫·阿姆·克莱因在这一时期探索了使用人工神经网络作为机器人和人工生命艺术的一种方法。这些浅层的联结主义无监督学习系统使这些艺术家能够将具身机器系统置于现实世界的环境中，从而生成超出它们直接控制的、无法预料且令人着迷的行为。

自21世纪初以来，机器学习艺术通过本·博加特和乌苏拉·达姆等艺术家的作品得到了拓展，他们使用自组织神经网络来探索机器形式的主体创造力和主观感知。近年来，迈莫·艾克腾、索菲安·克雷斯波、马里奥·克林格曼、吉恩·科根、艾莉森·帕里什和安娜·里德勒等艺术家一直在探索深度学习系统的表征能力，创造出质疑人类想象力、认知和梦想界限的作品。这些作品出现在一个后数字化的时代，随着曾经被称为“网络空间”的商业化和社交媒体平台的普及，虚拟已经成为新的现实，因为社会越来越多地受到从海量数据中挖掘有价值信息的统计学习系统控制。这些高度复杂的、机器生成的新感知空间令人着迷、超乎寻常，也许并非仅仅因为它们是非人类的，更因为它们代表了人类的多样性（House，2017）。

深度学习是联结主义在第二次世界大战后首次提出的人工智能方法的最新体现。其优势在于能够直接从原始数据中学习，这使得深度学习算法得以被更多用户使用，包括艺术家在内。然而，深度学习系统仍然存在很大的局限性，包括它们目前需要大量的数据才能表现良好（而人类只需一两个例子就能学会复杂的模式）。目前尚不清楚人类是否即将进入另一场人工智能寒冬，深度学习的技术局限性，以及它可能导致的技术强化的自主武器的大规模扩散、虚假新闻的传播、系统性的种族主义和性别歧视等对社会产生的破坏性影响，都将再次引发全球范围内人们对人工智能追求的失望情绪。[1]

深度学习系统依赖于在大规模相互连接的神经元层级上以亚符号水平操作的方式，实现对原始数据的自组织机械化表征。因此，深度学习系统最强大的特征之一是能够将世界的特征映射到潜在的生成空间中，而这个生成空间对深度学习系统接受训练的内容类型是不可知的。[2]

机器学习的重要性似乎已经超过了传统人工智能，至少在当下是如此。在这个历史性的时刻，我们正在目睹计算主义的瓦解，以及随之而来的纯粹基于符号形式的数字生活和智能的模糊概念。随着尘埃落定，世界上越来越多地出现了更接近模拟，而不是数字的人工系统。深度神经网络近乎是生动地以平滑和柔和的方式处理数十亿的数据通道。尽管其规模是前所未有的，然而这些过程仍然是通过在通用计算机架构上运行的数字数据来执行的。

机器学习时代的艺术见证了一个后数字化社会的到来，在这个感官刺激过载的社会中，人文主义和现代主义的失败已被一个由计算机策划的想象世界取代。在这个世界里，技术模拟了我们集体智慧的矛盾性质，展现了高深莫测的智慧。在这个崇高而持续的迷幻舞台之上，幻觉已成为现实的本质。这个后虚拟和后真相时代的机器学习艺术家揭示了如何将从未被看见的图像和从未被听到的声音等非人类生成的数据拼贴起来，重新用作混合算法的现成品。

也许在这里，艺术变得更接近于控制论者的实验性和表演性科学，其中表征与干预融合在一起，虚拟变得实质化。艺术向我们展示了一种方法来欣赏虚假和现实之间的美学和共鸣价值，因为艺术家们一直知道如何在虚构与现实之间游刃有余。当所有的面孔和声音都可以被伪造时，一种扭曲的真相存在于故障之中，即存在于我们共享的技术现实里可能产生的美丽缺陷之中。

拉远视角

本书对机器学习艺术的探索，采取了一种深入探讨机器学习算法的代码和物质性的考察形式。我们的旅程从机器学习艺术这头“巨兽”的血管系统——训练循环开始。我们据此批判性地探索了参与训练算法核心优化过程的艺术策略，如利用这些系统在学习时的行为形态。

随后，我们将目光转向了机器学习的“神经系统”：模型。我们研究了这种自适应结构如何暗含着新形式的机器表征，以及如参数系统、神经网络等不同种类的模型，如何允许产生多样化的艺术方法和结果。

我们旅程的最后一部分发生在机器学习的“消化系统”中，特别关注它最珍贵的“食物”：数据。机器学习使艺术家能够通过重复使用现有数据集，从现有数据中组装新数据集或生成自己的数据集，从而代替编码进行数据策划。机器学习通过数据和模型的重新混合开辟了新的算法形式重组，这种重组通过观察机器学习作品中感知和想象之间的相互作用得以展现。

现在，让我们从机器学习艺术这头“巨兽”的身上拉远视角，从而更好地从整体上观察它。

查漏补缺

通过这本书，我努力将机器学习艺术定义为数字艺术中一种具有多孔性和非排他性的子类别。通过研究围绕机器学习展开的丰富创造性实践，人们可以观察到专属于这种艺术形式的特性，这些特性与新媒体艺术家使用的其他方法（如传统人工智能、人工生命和新人工智能）截然不同。

传统人工智能更偏向于一种自上而下的方法，即程序员对他们想要完成的事情有明确的构思，并在系统内部从一般到具体逐步实现它。哈罗德·科恩的 AARON 软件是这种方法的标志性示例。科恩的作品与算法性质的关系是直接且理性的：创作者试图通过计算机语言表达自己的意图。传统人工智能的自上而下的方法赋予了创作者极大的控制权，因为艺术家全权负责将他们的艺术意愿转化为程序。

然而，像 AARON 这样高度受控的传统人工智能系统并不具备太强的自主性，而是几乎完全依赖其设计者的精湛编程技巧。这种编程技巧往往对许多艺术家构成了进入门槛。然而，即使对专家来说，传统人工智能也需要大量的时间投入才能实现有意义且新颖的结果——想想哈罗德·科恩是如何花了 40 多年开发 AARON 软件的。由于这些系统无法适应新的环境，因此对设计者产生了限制更多可能性的压力。在诸如机器人装置相关的展示行为的系统中，这种僵化的做法阻碍了基于规则的系统随着时间而转变的能力。无论是生成性视听技术还是机器人技术，传统人工智能方法都是自上而下地定义一个有限却表现力丰富的领域。因为设计者需要用符号和规则来表示他们的想法，所以传统人工智能也很难表示或体现创造性活动中常见的多维度过程。就像人类并没有完全弄清楚自己是如何呼吸的一样，艺术家也不是真正清楚自己是如何创作的：虽然他们可能依赖于一套基本原则（比如如何布置元素、光线、颜色和其他组件），但他们大部分的创意决策都是凭直觉产生的。

虽然机器学习借鉴了传统人工智能的目标导向和决策过程，但它与人工生命和新型人工智能共享一种“全局组织由子组件产生”的观念。机器学习的艺术实践更偏向于自下而上的方法，其意义是通过与过程和材料的交互而产生的，这与机器学习的技术科学方法形成了鲜明对比。技术科学方法通常是通过研究数学逻辑可行性的系统来完成特定的目标，遵循一种自上而下的视角。

机器学习与其他实践的区别在于其独特的物质性，它是由三个部分组成的集合体：训练过程、模型和数据。上述三要素为艺术家提供了广泛的干预可能性，允许他们选择自己希望控制和留给机器处理的内容。例如，艺术家斯蒂芬妮·丁金斯在制作装置作品《不是唯一》时，对数据集拥有完全的控制权，但她将数据集作为影响一个经常产生奇特反应的生成系统的学习机制，而不是仅仅作为一个互动档案。相比之下，为了制作机器人装置《同谋者》，彼得拉·戈米因伯格和罗布·桑德斯精心定义了系统的奖励函数以指导其训练过程，但他们几乎不对机器人因好奇心驱动所接触到的数据进行任何控制，这些数据可能取决于地点、时间、当地文化和其他影响因素的影响。

在不同领域工作的机器学习艺术家们都视彼此为共同家庭的成员；机器学习系统的普适性和数据的不可知性使得思想和方法可以从一个学科领域移植到另一个学科领域。事实上，许多活跃在机器学习领域的艺术家（包括我自己）都跨越了传统媒体的界限，通过使用不同的媒体创作多样的作品，或者将许多经过机器增强的媒体结合在一件作品中。

通过从经验中学习的能力，机器学习赋予了自主自组织系统与现实世界联系的能力。例如，在图像生成领域，无论是 AARON（使用了传统人工智能方法）还是卡尔·西姆斯（Karl Sims）构建的人工生物（使用了人工生命方法），都没有通过暴露于真实世界的数据来自我塑造。相比之下，基于图像的机器学习艺术项目，如索非亚·克雷斯波的《神经动物园》（*Neural Zoo*）、本·博加特的《造梦机器》（*Dreaming Machines*）系列，以及德里森斯（Driessens）和维斯塔潘（Verstappen）的 *Spotted #bird Amstelpark* 项目，都是运用现实世界的图像来生成新的表现形式。

通过将自组织的自主系统与现实世界联系起来，机器学习艺术重新诠释了 20 世纪 60—80 年代自上而下的传统人工智能对符号和规则的迷恋，以及 20 世纪 80—90 年代人工生命和机器人艺术自下而上的实践，实现了机器的虚拟性与物理世界的现实性之间的互动。这一现象的未来前沿是计算系统和生物系统之间的相互作用。纳塔利娅·巴尔斯卡（Natalia Balska）的装置作品 *B-612* 在几个月内将强化学习的计算神经网络与一株植物形成共生循环，因此成为对机器学习时代现实与虚拟之间紧张关系的典范之作。

超越元创作

通过计算机程序根据现实中的样本进行自我设计，机器学习允许艺术家将自组织系统与现实世界联系起来。[3] 机器学习对连接输入和输出的过程进行自动化处理，因此设计者不必从头开始设计一个程序。相反，他们可以通过精心选择数据、模型、评估函数和训练过程等组件来打造一个学习环境。

人工生命已经提出了通过在计算机上模拟自组织系统来将人类设计师从循环中移除的方法。然而，这些系统的基本规则仍然需要由人类来设计，因此系统可能的结果限制在某种可能性范围内。遗传算法处于人工生命和机器学习交界处，它利用进化系统的自组织和优化能力作为从系统和一些外部数据的反作用中学习的方式，但很少像深度学习系统那样依赖数据集。卡尔·西姆斯仅在表面上使用了数据：虽然人类的决策影响了适应度函数（fitness function），但他的系统生成的奇怪生物是完全基于西姆斯本人设计的规则的计算。这种方法与索非亚·克雷斯波的《神经动物园》系列中生成虚拟生物的方法有很大的区别，因为艺术家不需要设计系统的规则，而是使用取自真实世界的生命体图像对系统进行训练。

然而，虽然机器学习将通常涉及编码的部分工作自动化了，但是我们需要警惕一种想法：机器学习系统让艺术家的工作变得更轻松，甚至取代其创作权。机器学习技术取代并重新配置了参与艺术过程中涉及的创造性智能体，从而培育了新的人机关系，而这种关系构成了创造性付出的一部分。

人机关系

尽管基于人工智能艺术的媒体经常报道有能力创造艺术作品的新机器学习系统，但使用这些技术的艺术家很少使用“作者”或“艺术家”这样的术语来形容他们自己的机器学习系统，因为他们充分意识到机器学习艺术的创作离不开密集的人类认知和创造性劳动。

另一方面，鉴于这些系统具有重要的自主性，“工具”或“乐器”这些术语似乎同样不能令人满意。丽贝卡·菲尔布林克用“元仪器”（metainstrument）这一概念来描述她的交互式机器学习软件 Wekinator。菲尔布林克观察了乐蒂莎·索娜米和苏珊妮·凯特等艺术家如何在他们的创作中使用 Wekinator 来设计新的乐器。他们以一种具身性、表演性的方式来应用它，因此将 Wekinator 作为一种工具来创造一种乐器。

将机器视为合作者是描述艺术家和机器学习系统之间互动的另一个常用的隐喻。钟愫君就是这样描述她与她的自适应绘画机器人 D.O.U.G. 的关系的，这些机器人参与了表演性的协同作画会话中。在其他情况下这种关系是更加单向的，因为系统被用作灵感的来源，而不是作为互动的共同创作者，更像是一个代表灵感的缪斯女神，其不受控制的表达可以有助于艺术家摆脱自身的迟钝和阻滞。大卫·贾夫·约翰斯顿的诗集《回归仪式》系列提供了这种关系的一个典型示例，艺术家日复一日地编辑一个经过诗歌训练的深度学习循环神经网络的输出结果。有时，这样的灵感智能体会成为艺术家本人的反映，揭示出其自身实践的特质，正如安娜·里德勒在她 2017 年的项目《厄谢府崩溃记》（*Fall of the House of Usher*）中使用的生成对抗网络（GAN）向她揭示了她自己风格的一些特点，比如她倾向于用相同的方式画眼睛和眉毛。此时，机器学习也许最容易被理解为神话意义上的回声，通过反映艺术家的声音来表现其机器的主体性。机器学习的过程不是人为的，但它的功能是“模仿和响应人类思想而精心制作的”（Gee & Audry，2019）。

威廉·莱瑟姆提出了“艺术家即园丁”的概念，把机器转化为一个生成性的花园。机器学习可以创造出无限的声音、图像、形式和行为的可能性，供艺术家、观众，甚至其他机器来挑选，这个想法并不仅限于进化系统。想想安娜·里德勒的《花叶病毒》装置的制作过程中所涉及的多个层次的园艺工作，从精心选择模型的参数到在数据集中选择适当的图像进行混合，尤其不能忽视种植郁金香过程中所涉及的实际园艺劳作。

迈莫·艾克腾认为，机器学习是一种如此独特的存在，无法以任何一个隐喻来真正说明其丰富的奇特性质。例如，我们也许可以将机器学习的艺术实践对比莱诺·李·克拉斯纳（Lenore “Lee” Krasner）和杰克逊·波洛克的行动绘画，艺术家通过反复试验来掌握（行动绘画的）混沌系统（在画布上泼洒颜料）。然而，这个隐喻是有限的，因为与在画布上泼洒颜料所涉及的流体动力学正好相反，机器学习系统所涉及的规则是人为定制的。

作为另一个可选择的隐喻，艾克腾提出了将机器学习比喻成“驯服野马”。在这种情况下，一个人与一个自主的生物进行互动，在这个过程中，双方都需要建立一种方式驯服对方，建立一种未必是自然而然就属于我们的共同语言，比如拉动缰绳让它转弯，或者踢腿让它前进。在这个过程中，你既不能真正说你在把马当作工具，也不能说你在与它合作。虽然这个隐喻对于艾克腾而言同样不完美，但它呼应了自生系统论（autopoiesis）（Varela，1992）和具身交互理论（embodied interaction theories）（Dourish，2001）派生的耦合概念。

驯服不可知的事物

艾克腾提出的“驯服野马”的类比虽然不完整，但却与“机器学习艺术中以大量不同的属性不断回归”的概念形成了共鸣。人们说机器学习是奇怪的、令人惊讶的、不确定的、深不可测的、不可思议的、出乎意料的、不可预测的、无法解释的和不可知晓的。这些系统的自主性和它们所依托的数学模型产生的复杂性结果，往往让理性的理解变得困难，不仅对观众来说是如此，对设计者们来说也是如此。

该媒介的这些特点使其对选择与之互动的艺术家非常有吸引力。因为这些特质或许呼应了 21 世纪生活中熟悉又陌生的特质，这些艺术家愿意接受与机器学习技术合作所涉及的严峻、耗时且常常令人沮丧的工作。

当然，所有的艺术家在某种程度上都面临着他们所使用的材料的不稳定性，无论是颜料、黏土、文字还是代码。在 20 世纪，偶然性和随机过程的使用对当代艺术产生了深刻影响。达达主义诗人在写诗时引入了偶然性和算法过程来释放他们的思想。这些技术后来被“垮掉的一代”诗人和法国的乌力波（OULIPO）进一步发展。超现实主义者在集体艺术创作中发明了不可预测的“精致尸体游戏”（cadavre exquis game）。行动派画家探索了在画布上滴落和泼洒颜料的混沌本质。在 20 世纪 60 年代，约翰·凯奇、小野洋子和伊阿尼斯·泽纳基斯探索了不确定性，将其作为他们对声音和音乐的革命性方法的一部分。

计算机技术的出现和发展在艺术过程中开辟了新的自主性和不可预测形式，为计算机艺术的诞生创造了条件。20 世纪 80 年代，联结主义、遗传算法和人工生命的发展催生了一系列新的艺术实践，包括生成艺术、人工生命艺术和演化艺术。这些艺术运动的特点是接纳生成过程的自主性质。然而，与黏土和颜料等物理材料的不可预测性不同，这些过程最终是由其设计者定制编码来实现的，因此至少在原则上，艺术家可以直接控制其输出结果。此外，计算机艺术主要在虚拟的领域里运作，并且在大多数情况下与外界脱节。

机器学习艺术至少以三种方式重新配置了艺术家、观众和算法过程之间的关系。首先，训练过程本身成为美学效果的源泉。在整个学习过程中，机器学习系统逐渐改变自己的行为，因为它们适应了环境。这也通过具身的耦合形式开启了人机关系的现象学层面，人类和算法都在尝试互相适应。

其次，在计算机艺术创作中，艺术家通常也需要兼任程序员的角色，通过工程实践来构建算法；而在机器学习艺术的实践中，这一过程更接近于实验科学。人们需要选择一个训练算法，构建一个模型，创建一个数据集，然后让系统运行和适应。这个过程往往不是即时完成的，可能需要几个小时或好几天。尽管在未来几年内，计算能力的进步将会缩短训练时间，但实践的本质仍然与传统的计算机编程有显著的区别。此外，随着处理能力的增长，数据集的规模也在不断增加，所以机器学习艺术在很大程度上可能仍然无法像编码那样实现即时性。

最后，艺术家在设计上对系统产生的影响在是间接性的，因为机器学习的核心完全在于学习算法的自主性。机器学习艺术家不能仅仅通过修改一行代码来修复一个错误。为了驯服机器学习这头“野兽”，艺术家们需要巧妙地运用手头所掌握的元素，微调超参数和目标函数，重新混合数据集，并通过反复试验来激发自己的直觉。然而，矛盾的是，艺术家们自己需要参与一个自适应的过程，尝试塑造系统以满足他们的需求，而系统则会通过自己的决策来做出回应。

艺术界的范式转变

20 世纪 60 年代末，在控制论和系统论的启发下，杰克·伯纳姆提出了对当代艺术的修正方案。在这个新体系中，艺术对象必须让位于过程。伯纳姆的系统美学与当时的先锋派艺术所提倡的非物质化美学相呼应，包括观念艺术和行为艺术，以及计算机科学中正在兴起的计算主义世界观，这将对文化产生深刻的影响。这种通过信息技术重新构想的新版笛卡尔二元论也更偏向于非物质化的高级程序软件，而不是大多数无关紧要的低级物质硬件。

在认知科学最终摆脱计算主义，并越来越认识到人类身体在认知中的重要性的同时，人文学科中的表演性转向也将物质性重新纳入对话。这种范式的转变要求我们对人类树立一个更细致入微的视角，其中的过程和行为无法与它们的物质体现相分离。作为一种拒绝对机器人行为进行二元论理解的具身性美学概念，佩尼的行为美学为伯纳姆的系统美学提供了一种与这种转变相兼容的当代替代方案。

随着人类适应全球变暖、大流行病、信息战争等一系列的全球危机，人类形象的中心地位和特殊性愈发受到质疑（Braidotti，2013）。通过参与机器学习系统的算法和信息物质性的互动，本书介绍的艺术家们正在开发重新想象人类和非人类进程关系的新方法。这些技术的异质性可能会通过“撼动我们对自己的过度熟悉状态”阻止我们陷入媒体艺术家大卫·洛克比所说的“人文主义的默认形式”（Kleber & Trojanowska，2019）。然而，如果要实现这一目标，就不可避免地需要重塑这些由它们的观众策展、传播和消费的新颖的艺术形式的方法。

从积极的方面来看，媒体对人工智能的广泛热潮，加上科技商业行业对人工智能驱动的数字艺术的兴趣，引起了主流当代艺术网络的浓厚兴趣，而这些网络通常对新媒体艺术持谨慎态度。然而，主流当代艺术机构的这种兴趣往往是不恰当的，因为它倾向于通过主流媒体挖掘的恐惧和兴奋来叙述人工智能的故事，同时推广符合被广泛接受的格式规范的人工智能艺术作品。[4]

机器学习艺术还得到了由跨国和行业驱动的技术科学网络举办的一系列会议的扶持。这种在科学、工程和商业圈内对艺术的热情是相对罕见的，这是机器学习艺术令人兴奋的一个方面，并且促进了它在公众中的推广。然而，企业科学网络更广泛的议程不仅往往与新媒体艺术家的议程相背离，而且在很大程度上误解或错误地解释了媒体艺术理论和历史。这种情况最普遍的影响之一是，在艺术机构的背景下，直接应用行业开发的深度学习方法的作品被过度传播。例如，这导致了卷积神经网络（如 DeepDream 和 GAN）在谷歌支持的作品和创意人工智能展览（如 NeurIPS 的“用于创造力和设计的机器学习”）中的主导地位。考虑到本书所揭示的机器学习艺术方法的多样性，这种对卷积神经网络生成性意象的关注不仅是缺乏创造力的，更重要的是，它强化了对机器学习艺术的限制性定义，以至于与谷歌的算法密不可分，实际上成为一种扩散性的品牌形式。

机器学习艺术所占据的领域远远超出了生成对抗网络（GAN）图像的范畴。采用这种艺术的艺术家们通过批判性参与独特物质性的机器学习，渴望超越现有的审美规范。通过批判性地探索机器学习系统的运作模式，艺术家揭示了这些先进技术的局限性、脆弱性、主观性和物质性，这些技术已经成为世界结构的一部分。除了这些自动化系统的人工的、机器的和虚拟的特质，这些艺术家还揭示了它们深刻的人性层面。参与这些模糊的过程需要艺术家接受某种去中心化的意向性和一定程度的自主性。反过来，这也要求公众放下对计算机技术精确、即时和用户友好的期望，与超出理性理解范围的技术行为的神秘形式进行互动。

为了支持和推广这些新的美学形式和实践的特殊多样性和丰富性，艺术机构需要发明新的呈现和传播形式，并为重塑观众的期望提供支持。这将进一步促进只有依靠机器学习系统才能实现的新型作品的涌现。这些公共作品可以运行多年，甚至跨越多代人，随着新信息的不断涌入，它们的行为也会不断修改。自适应艺术作品可以存放在家中，跨越时间，以它们在世界上的行为和行动方式保留过去互动的痕迹。人机音乐乐队将不断涌现、解散并重新组合，进行个性化的算法混搭演奏，在一天内发布的歌曲数量将超过历史上任何一个时期的总量。病毒式的机器学习艺术将与我们共存，潜伏在幕后，几乎不可察觉，它们之间活跃地互相激发创意，而它们的集体行为很少重新浮现，并进入我们的视野当中。

深度学习使“机器作为艺术家”的迷思重新回到了人们的视野当中（Broeckmann，2019）。尽管这种想法在多个方面都存在争议，但深度学习算法所展现出的智能体能力和创造力水平仍然迫使我们重新思考艺术家在当代社会中的角色和地位，以及这一角色是否可以部分或完全由机器取代。随着人工智能技术的迅猛发展，以及我们在计算创造力领域不断取得的进展，这场辩论仍将持续很久。

虽然机器创作艺术的各种可能性对艺术家的地位构成了真实威胁，但创作过程的自动化也可能使艺术更加平易近人和民主化，对从业者和消费者都是有利的。如果学习算法变得如此强大，以至于它们成功地超越了仅仅生成新颖图像的层面，并为当代艺术做出有意义的贡献，那么这将从根本上改变的不仅仅是艺术界，而是整个社会。人们有理由担心，这样的机器最终会剥夺艺术家的谋生手段，将艺术降格为娱乐，对社会造成严重影响。假如艺术家的角色被生产人工智能艺术的 IT 跨国公司主导，那么将会发生什么？面对这种威胁，艺术家和艺术机构可能不得不重新考虑他们自身和机器的角色定位。但是，我们是否应该因为害怕失去人性而完全拒绝机器可以成为作品创作者的想法呢？我们是否应该避免将机器生成作品的艺术家功能分成两部分，将一个艺术家功能赋予机器，将一个元艺术家功能赋予机器的人类设计者（Audry & Ippolito，2019）？既然我们知道机器无法与创造它们的人类脱离关系，那么是否有必要坚持只有人类才能创造艺术的人类中心主义观念呢？或者相反地，我们是否应该大胆地接纳并探索“机器作为艺术家”的迷思，找到能够响应我们价值观的机器生成方法，就像吉恩・科根发起的亚伯拉罕项目那样，通过分布式社区的人类艺术家集体工作，共同创造出一位人工智能艺术家呢？[5]

在经历这些深刻的变革后，艺术机构和策展人需要理解并承认机器学习艺术的杰出多样性，及其深刻颠覆新媒体艺术实践和消费的巨大潜力。他们应该接纳机器学习艺术实践的跨学科特性，这种性质打破了传统媒体的边界，使艺术家轻松流畅地驾驭文本到图像、声音到行为的转换。同时，他们应该支持机器学习艺术家对自适应算法深不可测的本质追求，从而激发观众对无法理性解释的技术艺术作品的兴趣。这些转变不仅符合迫切需要的范式转变，承认人机关系的复杂性，而且还要求观众积极参与作品意义生成的过程。

最后的思考

机器学习将我们带入了一个由无穷无尽的数据流交织而成的后虚拟时代。在这个新时代，自适应表征系统通过先进的机器直觉形式与理性认识形成对抗，从而调动这些信息洪流。这个自适应自动化的新时代已经对社会产生了强烈的影响，特别是通过新颖的控制和监视过程，悄无声息地重构了权力和支配关系。例如，将用户转变为社交媒体企业的数据生产者，成为这一转变的一部分。

在艺术家手中，机器学习系统成为一种由自主性抵抗艺术家控制的新型材料。由于无法对机器学习艺术作品进行理性解释，观众只能通过感性直觉来充分体验作品，这预示着当代数字艺术迈入了一个新时代。与基于偶然性或自组织的方法相比，机器学习艺术为建立与现实世界各个方面的联系提供了新的机遇。[6]

机器学习为艺术家们提供了一系列创新实践的支持，艺术家们无须通过编写代码来设计程序，而是可以通过收集数据、与模型互动，以及探索训练过程的潜力来进行创作。这种创作方式使艺术家能以更加身临其境的方式与机器进行交互，从而探索和制作生成艺术。正如 20 世纪计算机为包括编码艺术家在内的从业者提供了新形式的创作手段一样，21 世纪的机器学习允许许多新的数据科学艺术家能够创作出以前只有编码程序员才能完成的作品。

除美学意义外，这种实践还蕴含着什么政治意义呢？如今的新媒体艺术对技术狂热、反对技术乌托邦主义和技术决定论的研究提供了仅存的堡垒之一。毫无疑问，随着时间和资源不断积累，人工智能技术将提供越来越多改善日常生活的产品和服务，消费市场很快就会充斥着自动驾驶汽车、自动诊断健康系统，以及能完成繁重或危险任务的实用机器人。然而，正如最近的社交媒体危机所揭示的那样，新技术往往与公共利益背道而驰。历史的真正挑战不在于技术进步本身，因为这是一个不断发展的过程，它关乎明确我们作为一个物种想要发展什么样的人类品质，以及我们想要共同创造什么样的世界。

机器学习的出现及其在21世纪日益重要的地位与人文学科的表演性转向产生了共鸣，这是因为机器智能与逻辑和理性的关系并不紧密，而更多涉及的是自组织的生动过程，这种过程超越了传统的表征框架，走向表演性的世界观。虽然普通大众仍然认为计算机是通过应用逻辑规则来积累和处理数据的工具，但未来的人工智能体将不那么像一个先进的计算器，而更接近于一个生命体。然而，我们要付出的代价是，这些人工混合体的行为和数据处理可能会比当前已经不透明的系统更难以理解，这是因为这些假设的自适应设备将会以人类难以企及的速度不断调整和改进其决策过程。

艺术家在超越商业和科学应用方面对这些技术发挥着重要作用。通过对训练过程、模型和数据的实验性参与，机器学习艺术家拥有一个独特的视角，他们能够在这些技术固化为标准化、可消费格式之前对其提出质疑。在某些情况下，艺术家或许能够解决日益同质化的研究文化中的盲点，而这种研究文化同样受到新自由资本主义的驱动。

机器学习系统的自主性和不可知性为创造和体验提供了新的艺术创作和体验方式，迫使人们重新思考21世纪的艺术世界。通过与机器学习系统的实质性互动来把握这些紧张关系，艺术家可以揭示世界的复杂性和不完美性，并提出理解机器学习时代编织的全球想象景观的关键方法。

注释

第 1 章

[1] 数字当代艺术倾向于抵制简单的分类。因此，为这类作品建立分类法是具有挑战性的，因为类别之间有许多重叠，以至于艺术家们经常发现很难对自己的作品进行分类。在本书中，机器学习艺术被提出来作为一个非排他性的类别，包含了核心是依靠机器学习原理的艺术作品和方法。它假定数字艺术、算法艺术和机器学习艺术等类别并不相互排斥，因此将作品归入机器学习艺术类别并不是试图将它们从过去或现在可能被归入的其他类别中剔除，而是揭示在其他方面可能看起来不相关的作品属于同一个类别。

[2] 作为该领域在当代社会的重要性的证明，请考虑各大 IT 公司对机器学习初创公司的积极收购和对顶级学者的聘用。例如，逻辑学家乔治 - 布尔的曾孙、多伦多大学人工神经网络领域的名誉教授杰弗里・辛顿于 2013 年加入谷歌，担任杰出研究员；该领域的另一位领军人物扬・勒丘恩（Yann LeCun）于 2012 年被任命为 Facebook 纽约市人工智能研究的第一位主任；强化学习领域的权威吴恩达（Andrew Ng）于 2014 年成为硅谷百度研究院的首席科学家（Markoff，2013）。

[3] 在计算机科学中，人工智能体不仅指自主的物理设备，如机器人，还包括通过对观察结果采取行动而工作的软件系统。

[4] 训练机器学习模型的挑战之一在于如何在模型的容量（即表达能力）和问题的难度之间找到适当的平衡。如果能力太低或者模型没有经过足够的迭代训练，它将无法掌握数据分布的重要特征，从而导致一个被称为欠拟合的问题。相反，一个容量过大、训练时间过长的模型会开始过于精确地追踪训练数据的轮廓，就像把数据集记在心里一样，妨碍了它对新例子的归纳能力，这个问题称为过度拟合。

[5] 由于这个原因，在搜索大的问题空间时，遗传编程往往是合适的。

[6] 人类的认知可以在机器上计算的概念可以追溯到阿达・洛夫莱斯，她在翻译路易吉・费德里科・梅纳布雷亚关于巴贝奇机器的书时提到，“数学过程是通过人脑而不是通过无生命的机械媒介来实现的”（Lovelace，1842）。

[7] 传统人工智能在文献中也被称为经典人工智能、基于规则的人工智能或老式的人工智能

（GOFAI）。

[8] 联结主义可以被看作是计算主义的一个替代方案，因为它拒绝了认知仅仅停留在对符号的操作上的想法。然而，认知也被一些人认为是计算主义的一种形式，因为认知也假定可以在计算机上用联结主义系统如人工神经网络来实现。

[9] 从历史角度分析机器学习和艺术之间的联系是具有挑战性的。在计算机科学的科学研究和艺术方法之间，无论是方法还是结果都存在着脱节。即使考虑到机器学习研究人员将其算法应用于艺术创作的尝试，情况也是如此。在大多数情况下，这样的研究并没有产生非常引人注目的艺术或音乐。另一方面，当艺术家以非常不同的方式使用技术进行艺术创作时，这往往偏离了这些技术的原始使用方式。此外，艺术家们很少记录，更别说发表他们的工作成果了，这使得我们很难找到这些作品的痕迹并对它们进行正确分析。

[10] 在 2013 年一项横跨 702 个不同职业的研究中，经济学家卡尔·贝内迪克·弗雷（Carl Benedikt Frey）和机器学习专家迈克尔·A·奥斯本（Michael A Osborne）得出结论，47% 的美国工作处于计算机化的高风险之中（Frey & Osborne，2017）。

[11] “深梦”是谷歌工程师亚历山大·莫德文采夫（Alexander Mordvintsev）创建的一个软件程序。它使用神经网络从原始图片中生成奇怪的、迷幻的图像。

第 2 章

[1] 该实验室今天被称为蒙特利尔学习算法研究所（MILA），是目前学术界从事深度学习和强化学习的最大实验室。

[2] 当然，艺术家往往需要解决他们在创作过程中提出的问题，但这从来都不是艺术创作的重点。

[3] 谈到艺术的本质，我认为自己是一个反本质主义者（anti-essentialist）（Weitz，1956）。艺术概念是不可定义的，不可能通过寻找充分必要的特征来确定艺术本质。艺术最好被理解为一种不断变化、不断创新的概念，具有丰富性和多样性的特点。艺术可以被认可或批评，但绝不会被简化为一组一般性特征。

[4] 为了取悦观众而进行去语境化的创作通常被称为娱乐，而不是艺术。

[5] 正如西方创意产业的发展带来的现象，创意与独立创作的概念混淆，艺术与主流娱乐的概念相混淆，这种概念的混淆并不是工程文化所独有的。

[6] 图灵测试是判断机器是否具有人工智能的一套方法，图灵测试的方法很简单，就是让测试者与被测试者（一个人和一台机器）隔开，通过一些装置（如键盘）向被测试者随意提问。进行多次测试后，如果有超过 30% 的测试者不能确定被测试者是人还是机器，那么这台机器

就通过了测试，并被认为具有人工智能（Turing，1950）。在计算创造力研究中，类似的测试通常被用来衡量机器创造力。

[7] 创意生成网络产生的作品的美学价值也被评为高于巴塞尔艺术展的作品。这些结果与科马尔和梅拉米德的项目“大众选择”相呼应，在该项目中，艺术家根据公众的审美判断创作了绘画。

[8] 如需深入研究计算创造力及其对艺术和音乐的影响，请参阅 Bown（2021）。

第 3 章

[1] 当今最先进的机器学习系统仍然属于弱人工智能（weak AI），而不是强人工智能（strong AI）或人工全智能（AGI）。学术上，强人工智能或人工全智能意指具有意识体验的机器，表现出至少与人类智能同样水平的行为的假想机器。

[2] 评价函数是所有机器学习算法的基础函数之一。根据使用的算法模型的不同，有不同的名称。常用术语是目标函数。在监督学习和无监督学习等分类或回归应用中，通常称之为成本函数或损失函数；在强化学习领域，称之为奖励函数；在遗传算法领域中，称之为适应性函数（fitness function）。

[3] 道金斯的“生物形态”一词来自画家德斯蒙德·莫里斯（Desmond morris），莫里斯用这个词来描述他的超现实主义绘画中奇怪的动物形态，他声称这些形态都是他自己想象力进化的结果，并且可以“通过他的系列绘画来追溯”（Dawkins，1986，55）。

[4] 道金斯后来通过增加生成算法的复杂性生成特定形状（例如字母表中的字母）来推动他的实验（Dawkins，1989）。

[5] 西姆斯直接使用学习方法来达到审美标准的行为可能会遭到莫拉和佩雷拉的批评。尽管该作品在生成的形式上看起来是开放式的，但也可以说，该作品作为一种科学和工程方法的演示，只是使用了一种先进的投票表决方式来优化美感。

[6] 作者使用的是自组织映射（self-organizing map）（Kohonen，1981），这是一种降维的非监督神经网络。我们将在第 7 章进一步讨论这些机器学习模型。

[7] 这种类型的决策过程称为 ε- 贪心策略（ε-greedy policy），是强化学习应用中最著名的决策过程之一（Sutton & Barto，1998）。

[8] 有关本作品中使用的美学策略的详细讨论，请参见索尔特（Salter）和奥德里（Audry）2018 年的文章。

第 4 章

[1] 因此，控制论的适应性、同质性和反馈回路的概念是阿斯科特观点的组成部分，他在 1966 年的论文《行为艺术与模控视野》（*Behaviourist Art and Cybernetic Vision*）中对此进行了解释（Ascott，2003）。

[2] 最初是帕斯克应阿斯科特的要求向他解释控制论的（Miller，2014）。帕斯克和阿斯科特实际上在 20 世纪 60 年代初作为顾问一起工作，参与了普莱斯（Price）和林特伍德（Littlewood）的“欢乐宫”（Fun Palace）项目，这是一个雄心勃勃的控制论建筑项目，但并未建成（Mathews，2005）。

[3] 为了理解这一观点在人工智能历史上的重要性，可以研读 1955 年达特茅斯会议（Dartmouth conference）的项目提案序言是如何将人工智能作为该领域的基础组成部分的：“研究将在这样的基础上进行，即学习的每个方面或智能的任何其他特征，原则上都可以被精确地描述，也就是说可以用机器来模拟它。”（McCarthy 等，2006，p.12）

[4] 与帕斯克的定义相比，这个定义略微提高了标准，帕斯克的定义甚至给雕像赋予了行为特征。

[5] 帕斯克关于“雕像行为”的例子是这种非行为的一个极端案例（Pask，1968，p.18）。

[6] 或者反过来说，行为蜕变所需的时间。

[7] 尼古拉斯・阿纳托尔・巴金斯基（Nicolas Anatol Baginsky）与作者的访谈，2017 年 11 月 22 日。

[8] 事实上，虽然机器人领域的最新研究表明，使用机器学习是推动该领域发展的关键，但至少在目前，它与基于规则的系统结合使用时似乎效果更好。在大多数研究中，机器学习被用作完善手工编码或执行特定的模式识别任务（Quinlan，2006；Chalup 等，2007）。

[9] 这实质上是唐尼的论点：他批判了映射（零阶行为）和涌现（二阶行为），支持在设计编程智能体（一阶行为）时的创作者身份（Downie，2005）。

[10] 机器人使用一种被称为“避免刺激学习”（LSA）的技术进行学习，其中脉冲神经网络（spiking neural networks）使用赫布规则（Hebbian rule）进行机器学习，同时也通过探索可用的行为来避免外部刺激（Sinapayen 等，2017）。

第5章

[1] 帕梅拉·麦考黛克（Pamela McCorduck）的开创性著作《AARON的代码：元艺术、人工智能和哈罗德·科恩的作品》，深入介绍了科恩作为艺术家与计算机程序AARON合作的历程（McCorduck，1990）。

[2] 在人工智能和认知科学中，对表象主义世界观的批判评论，请阅读研究者西蒙·彭尼（Penny，2017）的优秀著作《科技艺术的本质：认知、计算、艺术与具身》（*Making Sense*：*Cognition*，*Computing*，*Art*，*and Embodiment*）。

[3] 汤普森的实验从未被复制过，这让科学界对其准确性产生了怀疑。然而，即使被证明是不真实的，它也为理解机器学习系统的深不可测的性质提供了一个很好的隐喻。

[4] 受机器学习和人工生命（ALife），马图拉纳和瓦雷拉（Maturana and Varela，1980）的工作，以及德雷福斯对计算主义的批判（Dreyfus，1979）的影响，在20世纪80年代后期，布鲁克斯对传统人工智能提出了挑战。他认为，人工智能不应该在计算机中重现人类认知——这一立场被称为强人工智能。由于无法实现人工智能的这一目标，研究转向解决人类性能的缩小领域的问题，如战略游戏、现实世界的模拟版本以及专家系统等特定的专业领域。根据布鲁克斯的观点，生物不应该被看作是发生一系列非实体的符号操作的单纯基质。相反，布鲁克斯坚定地主张反表征主义的认知观点，提出生物所表现出来的智能行为，来自一种具身的、能够与环境互动的符号表征（Brooks，1987，1999）。

[5] 汤普森的FGPA难以跟深度学习神经网络和决策树等纯数字模型相比较，因为它拥有对系统的判别特征，即直接影响的物理属性。我认为，当它们达到一定的复杂程度时，纯数字系统如深度学习网络也有类似的属性，如简化网络中可能会影响系统性能的数据。从人类的角度来看，一个复杂的系统，如深度学习神经网络，包含数以万计的自组织神经元的连接，很难直接观察清楚。

[6] 其他艺术家也报告了这一观察结果，如斯蒂芬·凯利（Stephen Kelly）的《开放式合奏》（*Open Ended Ensemble*）（2014年）系列装置涉及遗传编程（GP），以及克里斯·萨尔特（Christopher Salter）的《N-多胞形：泽纳基斯之后的声与光行为》（2012年）。

[7] 多年来能适应环境的公共艺术装置也属于这一类。其中一个例子来自尼古拉斯·舍费尔（Nicolas Schöffer）雄心勃勃的艺术项目，即建造一座比埃菲尔铁塔更高的塔，该塔还会配备湿度计、温度计、风速计、光电池、麦克风和几千个彩色投影仪与闪光灯。该塔于1970年以《控制论塔》（*Tour Lumière Cybernétique*）为名向巴黎市提出建议，该作品想表达的主旨是，随着时间的推移不断去适应周围的环境。该项目得到了当时的总统乔治·蓬皮杜的支持，但总统在1974年死于癌症，该项目也随之结束。

第 6 章

[1] 遗传算法的历史可以追溯到 1940 年克劳德・香农（Claude Shannon）关于遗传学理论的博士论文。香农后来因其“信息理论”成为控制论研究方向的代表人物之一。在 20 世纪 50 年代，数学家尼尔斯・巴里切利（Nils Baricelli）在访问普林斯顿高等研究院时设计了基因进化的算法（Tenhaaf，2014）。

[2] 例如，参见雷申贝格的进化战略（Rechenberg，1965，1973）以及福格尔等人描述的“进化规划”（evolutionary programming）。

[3] 适应性函数是一个评价函数，它给群体中的个体一个数值（通常是一个实数），这个数值代表遗传算法解决现实问题的表现评估。例如，用于学习如何下棋的遗传算法可能会产生智能种群，让它们相互对弈，适应性函数则代表赢棋的百分比（其中平局算作半赢）。

[4] 换言之，旋钮阵列对应基因型，而结果对应表现型。

[5] 我在使用强化学习的项目中也遇到过类似的困难，比如我的水下装置 Plasmosis（2013）和《N- 多胞形》，这在第 3 章有更详细的描述。

[6] 元胞自动机是一组排列成网格的离散细胞，其中每个细胞在任何时候都只能处于一种状态。细胞根据一套规则改变状态，而这套规则取决于其邻近的细胞状态。元胞自动机作为生命系统的计算模型（von Neumann，1951），由约翰・冯・诺依曼（John von Neumann）和他的学生塔尼斯拉夫・乌拉姆（Stanislaw Ulam）在 20 世纪 40 年代早期发明而来。

第 7 章

[1] 与赫布学习理论类似的生理学习理论自 19 世纪以来一直存在。如需深入了解历史背景，请参阅 *Cooper*（2005 年）。

[2] 值得一提的是，感知器与自适应线性元件（adaline）（Widrow & Hoff，1960）几乎在同一时期问世，后者是另一个受麦卡洛克 - 皮茨模型（McCulloch & Pitts，1943）启发而诞生的联结主义网络，这两种模型均采用了类似的学习规则。

[3] 可以将人工神经网络视作一个由众多智能体组成的社群，其中每个隐藏神经元都扮演着最小智能体的角色，专注于成为特定领域的专业分类器。这些智能体共同划分输入空间，随后，它们会协同工作，产生最终的输出结果，这一过程仿佛是一场投票活动，每个智能体都在贡

献自己对分类的见解。

[4] 音乐乐谱的数学性和结构性特质使其成为人工智能在音乐创作问题上的理想应用领域。预先存在的作曲规则和风格手法极大地限制了音乐创作的可能性，相较于原始声音、视频和人类语言等其他内容类型，后者在变化和复杂度方面要丰富得多。

[5] 20 世纪 80 年代初，特沃・科霍宁（Teuvo Kohonen）基于 20 世纪 70 年代对大脑皮层细胞的研究以及艾伦・图灵的形态发生学发展了 SOM 技术。

[6] 克莱因的《活体雕塑》系列中的其他作品同样运用了 SOM 技术，包括 *Scorpibot*（该作品是艺术家首次尝试应用 SOM 技术的创作）、*The Pods*、*Bella* 和 *Flexicoatl*。

[7] 完整内容可访问该网站查看：http://tango.mat.ucsb.edu/pfom/databrowser.php。

[8] 令人出乎意料的是，许多参与者上传了自己身体的图像，随着视频投影中这类图像的数量不断增加，人们开始以更高的频率分享自己身体的图片，包括头、手和脚等部位。

第 8 章

[1] 当然，这是对历史的过度简化，因为科学发现并非在真空状态下发生。如需对深度学习历史进行深入分析，建议查阅 *Schmidhuber*（2015 年）。

[2] 结果，这些大型 IT 企业近年来一直在积极收购初创公司并雇佣深度学习专家，导致学术界现在人才短缺（Waters，2016）。

[3] 有趣的是，许多开发人工智能产品和服务的科技公司现在都有一个名为“AI for good”部门。这不禁让人好奇，这些公司的其他 AI 部门的职责究竟是什么。

[4] 相反，“深梦”与梦境并无太多联系。它起源于一种名为“激发主义”的技术，该技术的灵感来源于克里斯托弗・罗兰（Christopher Nolan）的科幻电影《盗梦空间》（2010 年）。在电影中，主角在人们的脑海中植入想法，尤其是那句“我们需要更加深入”的台词，后来成为网络流行语（Mordvinstev，Olah & Tyka，2015；Szegedy 等，2014）。然而，艺术家兼研究者本・博加特在莫德文采夫的文章发表之前，便通过其《语境机器》装置开启了对机器梦境的探索，并在随后的《观察与想象》系列作品中继续深化这一主题，该系列将在第 11 章详细讨论。在这些作品中，博加特尝试通过机器学习过程将关于梦境和想象的理论融入艺术创作中。

[5] 若想深入了解此类倡议所引发的问题，建议参阅 *Wilk*（2016 年）进行深入分析。

[6] 在第 2 章中介绍的创意生成网络（CAN）属于 GAN 的一种类型（Elgammal，Liu，Elhoseiny & Mazzone，2017）。

[7] 这部作品直接引用了 GAN 的科学和历史背景。首先，它的标题《埃德蒙·贝拉米的肖像》（*Portrait of Edmond Belamy*）的灵感来源于 GAN 的发明者伊恩·古德费洛（Ian Goodfellow）的名字，因为“贝拉米”在法语中的发音近似于“bel ami”，意为“好朋友”。其次，作品签名引用了古德费洛为训练 GAN 而发明的代价函数的数学表达式。

[8] 这种结果通常在参数的极端取值时出现。

[9] 该系统采用了一个二维潜在空间的变分自动编码器（VAE）（Kingma & Welling，2014），并在手写数字数据集 MNIST 上进行训练（Deng，2012）。

[10] 摘自 2019 年 2 月 7 日与艺术家的电子邮件交流内容。

第 9 章

[1] 我称之为“冰山原理”，因为新媒体艺术作品的大部分设计隐藏在表面之下。

[2] 自 20 世纪 90 年代中期以来，索娜米一直对在她的作品中使用机器学习感兴趣，当时她在她的乐器——“女士手套”上试验了应用于声音合成的神经网络。她当时使用的系统（Lee，Freed & Wessel，1991）被证明不适合她的需求，于是她决定在不使用机器学习的情况下应用她的手套乐器。

[3] 如果你想深入了解乐蒂莎·索娜米和丽贝卡·菲尔布林克使用 Wekinator 的第一手经验，请参阅他们 2020 年的精彩论文 *Reflections on Eight Years of Instrument Creation with Machine Learning*（Fiebrink & Sonami，2020）。

[4] 《无数（郁金香）》（2018 年）也参考了鸢尾花数据集，这是机器学习历史上的早期作品。英国统计学家和生物学家罗纳德·费希尔在 1936 年的《优生学年鉴》（Fisher，1936）一文中把这个数据集作为使用数值属性进行物种分类的一个用例进行了介绍。该数据集成为许多统计分类技术的典型测试案例。鸢尾花数据集被广泛用作机器学习初学者的数据集，并被包含在许多机器学习软件包中。但是费希尔对优生学和种族主义的支持，例如他对头骨测量学的兴趣，也指向了通过机器学习和数据强制实施的偏见和歧视的基本问题。

第 10 章

[1] 马塞尔·杜尚的 L.H.O.O.Q.（1919 年）是此类作品的另一个著名例子，其中艺术家在代表蒙娜丽莎的明信片上画了小胡子和胡须。

[2] 在欧洲，这些原则被重新运用和构想，例如，碎拍、慢节奏、丛林和 Trip-hop 等子流派出现。

[3] GNU 是一个递归缩写词，代表 GNU is Not Unix。

[4] 由于 Linux（程序员 Linus Torvald 于 1991 年发布的 Unix 的 GPL 分布式版本）的发展和互联网的出现，开源软件在 20 世纪 90 年代越来越受欢迎。20 世纪 90 年代中期，私营公司开始在开源中看到一种可行的经济模式，其中代码可以由社区共享和改进，而企业可以销售服务而不是专有软件产品。

[5] 此类作品的流通和基于开源的艺术实践的扩展得到了 Eyebeam 和 PixelACHE 等艺术组织的支持，这些组织帮助开发和传播开放文化跨学科实践。许多艺术家经营的中心、画廊甚至博物馆都将开源作为其使命的一部分。

[6] 在撰写本书时，GPT-3 模型是已知最大的深度学习模型，拥有 1750 亿个神经权重。

[7] 其中一个特朗普“假货”是 2018 年受比利时佛兰德社会党委托制作的，作为一场视频活动的一部分，旨在引起人们对气候变化问题的关注。

[8] Gesamtkunstwerk（整体艺术）一词出自作曲家理查德·瓦格纳之手，描述了将所有艺术形式汇集到一件作品中的审美理想。

第 11 章

[1] 该系列包括五部作品。作品《观看与想象〈2001 太空漫游〉》（2014 年）使用了类似于《梦想机器 #3》(*Dreaming Machine#3*)（2012 年）中使用的多层感知器。作品《观看〈银翼杀手〉》（*Watching*（*Blade Runner*））（2016 年）、《观看〈2001 太空漫游〉》（*Watching*（*2001: A Space Odyssey*））（2018 年）和《观看〈电子世界争霸战〉》（*Watching*（*TRON*））（2018 年）都使用了 K- 均值聚类和均值平移分割来将帧和声音分解为组件。作品透过机器思维的迷思，一窥人类的集体想象力。《银翼杀手》（2017 年）使用自组织映射（SOM）在输入帧上训练。在每个场景开始时，作品都会使用原始帧作为初始权重来初始化自组织映射。对于场景中

的后续帧，作品对像素进行采样并用于训练自组织映射。训练过程随着时间的推移而进行，每帧的迭代次数逐渐减少。当场景发生变化时，自组织映射权重会重置，并重新开始映射过程。

[2] 针对这种情况，作品标题“Spotter #blackbird”更改为“Spotter #birds Amstelpark”。

[3] 作品使用的生成对抗网络（GAN）处于不断的训练之中，最初的训练样本被新的训练样本取代，这引入了一个不断变化的时间背景。举例来说，如果装置在现场放置一年，人们就会在生成的图像中看到季节的变化。

[4] 帕格伦的言论适用于图像领域之外。例如，国家经济研究局最近的一项研究表明，公司越来越多地定制公司档案以供机器阅读（Cao，Jiang，Yang & Zhang，2020）。

[5] 艺术家汤姆·怀特使用深度学习神经网络的方法与帕格伦的作品相呼应。怀特创建了一个绘图系统，允许神经网络创建抽象图像进行打印，以揭示其视觉系统的内部工作原理。在深度学习系统的帮助下，怀特创建了真实的墨水打印图像，这些图像被系统分类为如兔子、香蕉或虎鲸等特定类别。虽然这些印刷品可以被人类解读，但它们实际上是机器为机器生成的图像。

[6] 具有讽刺意味的是，正如艾克腾注意到的，拥有这种集体想象的数字集合被称为云。

第 12 章

[1] 该技术的未来发展可能取决于这些系统想象和生成新数据的能力，以及进行分布外概括（换句话说，跳出框框思考）的能力，所有这些都需要更好地理解创造性过程。

[2] 思考一下诗人艾莉森·帕里什如何将文本转化为一种更类似于图像的新材料，并且可以自由操纵。

[3] 这种联系是以数字化的数据为媒介的，当然，这些数据是对世界的不完美和有偏见的表述的代表。

[4] 这种态度为我们带来了《埃德蒙 - 贝拉米肖像》（*Portrait of Edmond Belamy*）（2018 年），这是一件在美学和概念上都很糟糕的作品，受到机器学习艺术家群体的谴责，但却在艺术市场上卖出了高价。将这件作品作为人工智能创作的开创性作品进行营销，既忽略了当代新媒体艺术实践，也忽略了艺术史，而艺术史上从让 - 廷格利到哈罗德 - 科恩的自主图像生成机器的例子比比皆是。

[5] 参考 https://abraham.ai/.

注释

[6] 独立艺术家与私营部门之间有着错综复杂的关系网络。谷歌和 Meta 等大公司都有自己的文化项目，通过这些项目，这些大公司可以让艺术家访问自己的数据库，从而让他们创作出独一无二的作品，进而为其地位做出贡献。随着社会对人工智能的接受，这些组织正面临着巨大的威胁，而慈善事业是影响主流文化的一种行之有效的方式。

参考文献

Akten, Memo. 2016a. “AMI Residency Part 1: Exploring (Word) Space, Projecting Meaning onto Noise, Learnt vs Human Bias.” Medium (blog) . August 11, 2016. https://medium.com/artists-and-machine-intelligence/ami-residency-part-1-exploring-word-space-andprojecting-meaning-onto-noise-98af7252f749.

Akten, Memo. 2016b. “Retune 2016, Part 1: The Dawn of Deep Learning.” Memo Akten (blog) . October 10, 2016. https://medium.com/@memoakten/retune-2016-part-1-the-dawn-of-deep-learning-672b5490f5a2.

Akten, Memo. 2017. “Learning to See.” Memo Akten (blog) . 2017. http://www.memo.tv/portfolio /learning-to-see/.

Alpaydin, Ethem.2004. *Introduction to Machine Learning.Adaptive Computation and Machine Learning*. Cambridge, MA: MIT Press.

Ames, Charles. 1989. “The Markov Process as a Compositional Model: A Survey and Tutorial.” *Leonardo* 22 (2) : 175-187.https://doi.org/10.2307/1575226.

Ascott, Roy.2003. “Behaviourist Art and the Cybernetic Vision.” In *Telematic Embrace: Visionary Theories of Art, Technology, and Consciousness*, 109-156.Berkeley: University of California Press. Ashby, William Ross.1954.*Design for a Brain* .New York: Wiley.

Audry, Sofian. 2021. “Behavior Morphologies of Machine Learning Agents in Media Artworks.” *Leonardo* 54 (3) : 1-10.

Audry, Sofian, and Jon Ippolito.2019. “Can Artificial Intelligence Make Art without Artists? Ask the Viewer.” *Arts* 8 (1) : 35.https://doi.org/10.3390/arts8010035.

Baffioni, Claudio, Francesco Guerra, and Laura Tedeschini-Lalli. 1981. Music and Aleatory Processes. In *Proceedings of the 5-Tage Kurs of the USP Mathematisierung*. Bielefeld, Germany: Bielefeld Universität.

Baginsky, Nicolas Anatol. 2005. “Aglaopheme.” http://www. baginsky. de/agl/agl_index. html.

Ball, Hugo, and Pierre Pinoncelli. 2011. *Le manifeste Dada.* Saint-Étienne, France: Le Réalgar.

Bedau, Mark A. 2000. “Artificial Life VII: Looking Backward, Looking Forward (Editor’s Introduction to the Special Issue) .” *Artif. Life* 6 (4) : 261-264. https://doi.

org/10. 1162/106454600300103629.

Bengio, Yoshua. 2009. Learning Deep Architectures for AI. *Foundations and Trends in Machine Learning* 2 (1) : 1-127. https://doi. org/10. 1561/ 2200000006.

Bengio, Yoshua, Holger Schwenk, Jean-Sébastien Senécal, Fréderic Morin, and Jean-Luc Gauvain. 2006. "Neural Probabilistic Language Models." In *Innovations in Machine Learning*, eds. Professor Dawn E. Holmes and Professor Lakhmi C. Jain, 137-186. Studies in Fuzziness and Soft Computing series. Heidelberg: Springer.

Blais, Joline, and Jon Ippolito. 2006. *At the Edge of Art*. London: Thames & Hudson.

Boden, Margaret A. 1996. "What Is Creativity?" In *Dimensions of Creativity*, ed. Margaret A. Boden, 75-117. Cambridge, MA: MIT Press.

Bogart, Ben. 2015. "Why DeepDream Has Nothing to Do with Dreaming (Inceptionism) ." Ben Bogart (blog) . June 19, 2015. http://www. ekran.org/ben/wp/2015/inceptionism/.

Bogart, Ben. 2018. "Ben Bogart—Art & Ideas." http://www. ekran. org/ben/wp/.

Bogart, Ben, Sofian Audry, Allison Parish and Nora O'Murchü. 2018. "Consciousness and the Poetic Machine." Panel discussion. 2018. Ottawa. https://vimeo.com/261115825.

Bogart, Benjamin David Robert, and Philippe Pasquier. 2013. "Context Machines: A Series of Situated and Self-Organizing Artworks." *Leonardo* 46 (2) : 114-143.

Bower, Joseph L. , and Clayton M. Christensen. 1995. "Disruptive Technologies: Catching the Wave." *Harvard Business Review* 73 (1) : 43-53.

Bown, Oliver. 2012. "Generative and Adaptive Creativity: A Unified Approach to Creativity in Nature, Humans and Machines." In *Computers and Creativity*, eds. Jon McCormack and Mark d' Inverno, 361-381. Heidelberg: Springer.

Bown, Oliver. 2021. *Beyond the Creative Species: Making Machines That Make Art and Music.* Cambridge, Massachusetts: The MIT Press.

Braidotti, Rosi. 2013. *The Posthuman.* Oxford, UK: Polity.

Branwen, Gwern. 2020. "GPT-3 Creative Fiction." Website of Gwern Branwen. June 19, 2020. https:// www. gwern. net/GPT-3.

Brock, Andrew, Jeff Donahue, and Karen Simonyan. 2019. "Large Scale GAN Training for High Fidelity Natural Image Synthesis." *arXiv: 1809. 11096 [Cs, Stat]*, February. http://arxiv. org/abs/1809. 11096.

Broeckmann, Andreas. 2019. "The Machine as Artist as Myth." Arts 8 (1) : 25. https://doi. org/10. 3390 /arts8010025.

Brooks, Rodney A. 1990. "Elephants Don't Play Chess." *Robotics and Autonomous Systems* 6: 3-15.

Brooks, Rodney A. 1987. "Intelligence Without Representation." *Artificial Intelligence* 47: 139-159.

Brooks, Rodney Allen. 1999. *Cambrian Intelligence: The Early History of the New AI.* Cambridge, MA: MIT Press.

Brown, Richard, Igor Aleksander, Jonathan MacKenzie, and Joe Faith. 2001. *Biotica: Art, Emergence and Artificial Life.* London: RCA CRD Research.

Brown, Tom B., Benjamin Mann, Nick Ryder, Melanie Subbiah, Jared Kaplan, Prafulla Dhariwal, Arvind Neelakantan, et al. 2020. "Language Models Are Few-Shot Learners." *arXiv: 2005. 14165 [Cs]*, July. https://arxiv.org/abs/2005. 14165.

Brynjolfsson, Erik, and Andrew McAfee. 2014. *The Second Machine Age: Work, Progress, and Prosperity in a Time of Brilliant Technologies.* New York: W. W. Norton.

Burnham, Jack. 1968. "Systems Esthetics." *Artforum* 7 (1): 30-35.

Burrell, Jenna. 2016. "How the Machine 'Thinks': Understanding Opacity in Machine Learning Algorithms." *Big Data & Society*. https://doi. org/10. 1177/2053951715622512.

Busch, Kathrin. 2011. "Artistic Research and the Poetics of Knowledge." *Art & Research* 2 (2).

Cao, Sean, Wei Jiang, Baozhong Yang, and Alan L. Zhang. 2020. "How to Talk When a Machine Is Listening: Corporate Disclosure in the Age of AI." *National Bureau of Economic Research.* https://doi. org/10. 3386/w27950.

Cariani, Peter A. 1989. "On the Design of Devices with Emergent Semantic Functions." PhD dissertation, State University of New York at Binghamton.

Chalup, S. K., C. L. Murch, and M. J. Quinlan. 2007. "Machine Learning with AIBO Robots in the Four-Legged League of RoboCup." *IEEE Transactions on Systems, Man, and Cybernetics, Part C: Applications and Reviews* 37 (3): 297-310. https://doi.org/10.1109/TSMCC. 2006. 886964.

Cohen, Harold. 1995. "The Further Exploits of Aaron, Painter." *Stanford Humanities Review* 4 (2): 141-158.

Cohen, Paul. 2016. "Harold Cohen and AARON." *AI Magazine* 37 (4): 63-66. https://doi. org/10. 1609 /aimag. v37i4. 2695.

Cole, Samantha. 2017. "AI-Assisted Fake Porn Is Here and We' re All Fucked." Motherboard (blog). December 11, 2017. https://motherboard. vice. com/en_us/article/gydydm/gal-gadot-fake-ai-porn.

Cooper, Steven J. 2005. "Donald O. Hebb' s synapse and learning rule: A history and commentary." *Neuroscience & Biobehavioral Reviews* 28（8）：851-874. https://doi. org/ \doiurl{10. 1016/j. neubiorev. 2004. 09. 009}.

Corne, David W. , and Peter J. Bentley. 2001. *Creative Evolutionary Systems*, First ed. San Francisco: Morgan Kaufmann.

Cybenko, G. 1989. Approximation by superpositions of a sigmoidal function. *Mathematics of Control, Signals, and Systems* 2（4）：303-314. https://doi. org/ \doiurl{10. 1007/BF02551274}.

Damm, Ursula. 2013. "Chromatographic Ballads [2013]." Ursula Damm（blog）. http://ursuladamm. de /nco-neural-chromatographic-orchestra-2012/.

Dawkins, Richard. 1986. *The Blind Watchmaker*, 1st American ed. New York: Norton.

Dawkins, Richard. 1989. "The Evolution of Evolvability." In *Artificial Life: Proceedings Of An Interdisciplinary Workshop On The Synthesis And Simulation Of Living Systems*, ed. Christopher G. Langton, 201-219. Santa Fe Institute Studies in the Sciences of Complexity, V. 6. Redwood City, CA: Addison-Wesley.

Debord, Guy. 1956. Theory of the Dérive. https://www.cddc.vt.edu/sionline/si/ theory.html.

Demers, Louis-Philippe, and Bill Vorn. 1995. "Real Artificial Life as an Immersive Media." In *Convergence: Proceedings of the 5th Biennial Symposium for Arts and Technology*, 190-203. New London, CT: Center for Arts and Technology at Connecticut College.

Deng, L. 2012. "The MNIST Database of Handwritten Digit Images for Machine Learning Research [Best of the Web]." *IEEE Signal Processing Magazine* 29（6）：141-142. https://doi.org/ \doiurl{10.1109/MSP.2012. 2211477}.

Dewey, John. 1959. *Art as experience*. New York: Perigree.

Dewey-Hagborg, Heather. 2011. "Power/Play." *Nictoglobe Online Magazine of Transmedial Arts & Acts.*

Dhariwal, Prafulla, Heewoo Jun, Christine Payne, Jong Wook Kim, Alec Radford, and Ilya Sutskever. 2020. "Jukebox: A Generative Model for Music." *arXiv*, April. https://arxiv.org/abs/2005. 00341.

Di Scipio, Agostino. 1994. "Formal Processes of Timbre Composition: Challenging the Dualistic Paradigm of Computer Music." In *Proceedings of the 1994 International Computer Music Conference*, 202-208. San Francisco: International Computer Music Association.

Dietrich, Eric. 1990. "Computationalism." *Social Epistemology* 4（2）：135-154.

Dourish, Paul. 2001. *Where The Action Is: The Foundations of Embodied Interaction*, Kindle edition. Cambridge, MA: MIT Press.

Downie, Marc. 2005. "Choreographing the Extended Agent: Performance graphics for dance theater." PhD. thesis, Massachusetts Institute of Technology.

Dreyfus, Hubert L. 1979. *What Computers Can't Do: The Limits of Artificial Intelligence.* New York: Harper & Row.

Du Bois, William Edward Burghardt. 1989. *The Souls of Black Folk: Essays and Sketches.* New York: Bantam.

Elgammal, Ahmed, Bingchen Liu, Mohamed Elhoseiny, and Marian Mazzone. 2017. "CAN: Creative Adversarial Networks, Generating 'Art' by Learning About Styles and Deviating from Style Norms." *arXiv:1706. 07068 [cs].*

Engel, Jesse, Cinjon Resnick, Adam Roberts, Sander Dieleman, Douglas Eck, Karen Simonyan, and Mohammad Norouzi. 2017. "Neural Audio Synthesis of Musical Notes with WaveNet Autoencoders." *arXiv:1704. 01279 [cs].*

Fiebrink, Rebecca. 2017. "Machine Learning as Meta-Instrument: Human-Machine Partnerships Shaping Expressive Instrumental Creation." *In Musical Instruments in the 21st Century*, 137-151. Singapore: Springer. https://doi.org/10.1007/978-981-10-2951-6_10.

Fiebrink, Rebecca, and Laetitia Sonami. 2020. "Reflections on Eight Years of Instrument Creation with Machine Learning." In *Proceedings of the International Conference on New Interfaces for Musical Expression*, edited by Romain Michon and Franziska Schroeder, 237-242. Birmingham, UK: Birmingham City University. https://www. nime. org/proceedings/2020/nime2020_paper45. pdf.

Fifield, George. 1994. "Three Artists Who Make Art That Makes Art: Artificial Creativity." *Art New England*, 1994.

Fisher, R. A. 1936. "The Use of Multiple Measurements in Taxonomic Problems." *Annals of Eugenics* 7 (2) : 179-188. https://doi. org/10. 1111/j. 1469-1809. 1936. tb02137. x.

Fogel, L. J. , A. J. Owens, and M. J. Walsh. 1967. *Artificial Intelligence Through Simulated Evolution.* New York: John Wiley and Sons.

Frey, Carl Benedikt, and Michael A. Osborne. 2017. "The future of employment: How susceptible are jobs to computerisation?" *Technological Forecasting and Social Change* 114 (C) : 254-280. https:// doi. org/10. 1016/j. techfore. 2016. 08. 019.

Gatys, Leon A. , Alexander S. Ecker, and Matthias Bethge. 2015. "A Neural Algorithm of Artistic Style." *arXiv:1508. 06576 [cs, q-bio].*

Gee, Erin, and Sofian Audry. 2019. "Automation as Echo." *ASAP/Journal* 4 (2) : 307-312. https://doi. org/10. 1353/asa. 2019. 0025.

Gemeinboeck, Petra, and Rob Saunders. 2013. "Creative Machine Performance: Computational Creativity and Robotic Art." In *Proceedings of the Fourth International Conference on Computational Creativity. ICCC2013*. Sydney: International Association for Computational Creativity.

Glynn, Ruairi. 2008. "Conversational Environments Revisited." In *Conference Proceedings for the 19th European Meeting on Cybernetics and Systems Research*. Bingley, UK: Emerald Group.

Goodfellow, Ian, Yoshua Bengio, and Aaron Courville. 2016. *Deep Learning*. Cambridge, MA: MIT Press.

Goodfellow, Ian J., Jean Pouget-Abadie, Mehdi Mirza, Bing Xu, David Warde-Farley, Sherjil Ozair, Aaron Courville, and Yoshua Bengio. 2014. "Generative Adversarial Networks." *arXiv:1406. 2661 [cs, stat].*

Grefenstette, J. J., D. E. Moriarty, and A. C. Schultz. 2011. "Evolutionary Algorithms for Reinforcement Learning." *arXiv:1106. 0221 [cs].* https://doi. org/ \\doiurl{10. 1613/jair. 613}.

Hadjeres, Gaëtan, François Pachet, and Frank Nielsen. 2016. "DeepBach: A Steerable Model for Bach Chorales Generation." *arXiv:1612. 01010 [cs].*

Heaney, Libby. 2019. "Euro (Re) Vision." https://www. goethe. de/ins/gb/en/kul/mag/21519780. html.

Hebb, Donald Olding. 1949. *The Organization of Behavior*. New York: Wiley & Sons.

Heidegger, Martin. 1972. *On Time and Being*. New York: Harper & Row.

Herndon, Holly. 2018a. "Holly Herndon & Jlin (Featuring Spawn) —Godmother (Official Video)." https://www. youtube. com/watch?v= sc9OjL6Mjqo.

Herndon, Holly. 2018b."Holly Herndon: New Track and Video 'Godmother'."http://www. 4ad. com /news/4/12/2018/newtrackandvideogodmother.

Hertzmann, Aaron. March 2019. "Aesthetics of Neural Network Art." *arXiv:1903. 05696 [cs].* http:// arxiv. org/abs/1903.05696.

Hertzmann, Aaron. 2020. "Visual Indeterminacy in GAN Art." *Leonardo* 53 (4): 424-28. https://doi. org /10. 1162/leon_a_01930.

Hinton, Geoffrey E., Simon Osindero, and Yee Whye Teh. 2006. "A Fast Learning Algorithm for Deep Belief Nets." *Neural Computation* 18 (7): 1527-1554.

Holland, John H. 1992. *Adaptation in Natural and Artificial Systems: An Introductory Analysis with Applications to Biology, Control, and Artificial Intelligence*, New edition. Cambridge, MA: Bradford.

Holland, John H. 1996. *Hidden Order: How Adaptation Builds Complexity.* Redwood

City, CA: Addison Wesley Longman.

Hornik, Kurt. 1991. "Approximation capabilities of multilayer feedforward networks." *Neural Networks* 4 (2): 251-257. https://doi. org/ \doiurl{10. 1016/0893-6080 (91) 90009-T}.

House, Brian. 2017. "Everything That Happens Will Happen Today." https:// brianhouse. net/works /everything_that_happens_will_happen_today/.

Huang, Lingdong, Zheng Jiang, Syuan-Cheng Sun, Tong Bai, Eunsu Kang, and Barnabas Poczos. 2019. "Legend of Wrong Mountain: AI Generated Opera." In *Proceedings of the 25th International Symposium on Electronic Art*, 255-261. New York: Springer.

Hunt, Andy, Marcelo M. Wanderley, and Matthew Paradis. 2003. "The Importance of Parameter Mapping in Electronic Instrument Design." *Journal of New Music Research* 32 (4): 429-440. https:// doi. org/10. 1076/jnmr. 32. 4. 429. 18853.

Ikegami, Takashi. 2013. "A Design for Living Technology: Experiments with the Mind Time Machine." *Artificial Life* 19 (3_4): 387-400. https://doi. org/10. 1162/ARTL_ a_00113.

Isola, Phillip, Jun-Yan Zhu, Tinghui Zhou, and Alexei A. Efros. 2018. "Image-to-Image Translation with Conditional Adversarial Networks." *arXiv:1611. 07004 [Cs]*, November. http://arxiv. org/abs/1611. 07004.

Johnson, Colin G. , and Juan Jesús Romero Cardalda. 2002. "Genetic Algorithms in Visual Art and Music." *Leonardo* 35 (2): 175-184. https://doi. org/10. 1162/00240940252940559.

Johnston, David Jhave. 2018. "Rerites." *Cream City Review* 42 (1): 107-115.

Johnston, David Jhave. 2019. *ReRites: July 2017*. Vol. 3 of *ReRites*. Montréal: Anteism Books.

Jong, Kenneth A. De. 2016. *Evolutionary Computation: A Unified Approach*. A Bradford Book. Cambridge, MA: MIT Press.

Kac, Eduardo. 1997. "Foundation and Development of Robotic Art." *Art Journal* 56: 60-67.

Kant, Neel. 2018. "Recent Advances in Neural Program Synthesis." *arXiv:1802. 02353 [cs]*.

Kantor, Istvan. 2018. *The Book of Neoism*. London: Black Dog.

Kelly, Stephen. 2016. "Stephen Kelly: Open Ended Ensemble (Competitive Coevolution) ." 2016. http:// www. theinc. ca/exhibitions/stephen-kelly/.

Kim, Jihoon Felix, and Kristen Galvin. 2012. "An Interview with Simon Penny: Techno-Utopianism, Embodied Interaction and the Aesthetics of Behavior." *Leonardo*

Electronic Almanac (*DAC09: After Media: Embodiment and Context*) 17 (2) : 136-145.

Kelly, Stephen, and Malcolm I. Heywood. 2017. "Emergent Tangled Graph Representations for Atari Game Playing Agents." In *EuroGP 2017: Proceedings of the 20th European Conference on Genetic Programming*, 10196: 64-79. LNCS. Amsterdam: Springer Verlag. https://doi.org/10. 1007/978-3-319-55696-3s.

Kingma, Diederik P. , and Max Welling. 2014. "Auto-Encoding Variational Bayes." *arXiv:1312. 6114 [cs, stat].*

Kirn, Peter. 2018. "Jlin, Holly Herndon, and 'Spawn' Find Beauty in AI' s Flaws." CDM Create Digital Music (blog) . December 10, 2018. http://cdm.link/2018/12/jlin-holly-herndon-and-spawn-find-beauty-in-ais-flaws/.

Kleber, Pia, and Tamara Trojanowska. 2019. "Performing the Digital and AI: In Conversation with Antje Budde and David Rokeby." *TDR: The Drama Review* 63 (4) : 99-112.

Klein, Yves Amu. 1998. "Living Sculpture: The Art and Science of Creating Robotic Life." *Leonardo* 31 (5) : 393.

Klingemann, Mario (@quasimondo) . 2017. "Here Is a Technique I Call the 'Shake, Rattle & Roll Loss ' Which I Am Now Using to Train the Generators in My #pix2pix GANs:" Twitter, November 21, 2017. https://twitter. com/quasimondo/status/932898175718973441.

Klingemann, Mario. 2018. "Neural Glitch." October 28, 2018. http://underdestruction. com/2018/10/28 /neural-glitch/.

Kohonen, Teuvo. 1981. "Automatic Formation of Topological Maps of Patterns in a Self-organizing System." In *Proceedings of 2SCIA*, eds. E. Oja and O. Simula, 214-220. Pattern Recognition Society of Finland. Espoo, Finland.

Kosinski, Michal, David Stillwell, and Thore Graepel. 2013. "Private Traits and Attributes are Predictable from Digital Records of Human Behavior. *Proceedings of the National Academy of Sciences* 110 (15) : 5802-5805. https://doi.org/\doiurl{10.1073/pnas.1218772110}.

Koza, John R. 1992. *Genetic Programming: On the Programming of Computers by Means of Natural Selection*, First ed. Cambridge, MA: Bradford.

Kruger, N. , P. Janssen, S. Kalkan, M. Lappe, A. Leonardis, J. Piater, A. J. Rodriguez-Sanchez, and L. Wiskott. 2013. "Deep Hierarchies in the Primate Visual Cortex: What Can We Learn for Computer Vision?" *IEEE Transactions on Pattern Analysis and Machine Intelligence* 35 (8) : 1847-1871. https://doi.org/\doiurl{10.1109/TPAMI.2012.272}.

Kurzweil, Ray. 2006. *The Singularity Is Near: When Humans Transcend Biology*. New York: Penguin Books.

Langton, Christopher G., ed. 1995. *Artificial Life: An Overview*. Cambridge, MA: MIT Press.

LeCun, Yann, Yoshua Bengio, and Geoffrey Hinton. 2015. "Deep Learning." *Nature* 521 (7553): 436-444. https://doi.org/\doiurl{10.1038/nature14539}.

Lee, Michael A., Adrian Freed, and David Wessel. 1991. "Real-Time Neural Network Processing of Gestural and Acoustic Signals." In *Proceedings of the International Computer Music Conference*, 277-280. Ann Arbor, MI: Michigan Publishing.http://dblp.uni-trier.de/db/conf/icmc/icmc1991.html#LeeFW91.

Legrady, George. 2002. Pockets Full of Memories: An Interactive Museum Installation. *Visual Communication* 1 (2): 163-169.https://doi.org/ \doiurl{10.1177/147035720200100202}.

Lessig, Lawrence. 2009. *Remix: Making Art and Commerce Thrive in the Hybrid Economy.* New York: Penguin Books.

Lewis, Jason Edward, Noelani Arista, Archer Pechawis, and Suzanne Kite. 2018. "Making Kin with the Machines." *Journal of Design and Science*.https://doi.org/\doiurl{10.21428/bfafd97b}.

Lewis, Matthew. 2008. "Evolutionary Visual Art and Design." In *The Art of Artificial Evolution: A Handbook on Evolutionary Art and Music*, eds. Juan Romero and Penousal Machado. *Natural Computing Series*, 3-37. Heidelberg: Springer.https://doi.org/\doiurl{10.1007/978-3-540-72877-1_1}.

Lloyd, S. 1982. "Least Squares Quantization in PCM." *IEEE Transactions on Information Theory* 28 (2): 129-137.https://doi.org/10.1109/TIT.1982.1056489.

Lovelace, Ada. 1842. "Sketch of the Analytical Engine Invented by Charles Babbage: Notes by the Translator." http://psychclassics. yorku. ca/Lovelace/lovelace.htm.

Markoff, John. 2013. "Brainlike Computers, Learning From Experience." *The New York Times*, December 28, 2013.

Mathews, Stanley. 2005. "The Fun Palace: Cedric Price's Experiment in Architecture and Technology." *Technoetic Arts: A Journal of Speculative Research* 3 (2): 73-91.

Maturana, Humberto R., and Francisco J. Varela. 1980. *Autopoiesis and Cognition: The Realization of the Living.* Dordrecht: D. Reidel.

McCarthy, John, Marvin L. Minsky, Nathaniel Rochester, and Claude E.

Shannon. 2006. "A Proposal for the Dartmouth Summer Research Project on Artificial Intelligence, " August 31, 1955. *AI Magazine* 27 (4) : 12.https://doi.org/ \doiurl{10.1609/aimag. v27i4. 1904}.

McCorduck, Pamela. 1990. *Aaron's Code: Meta-Art, Artificial Intelligence and the Work of Harold Cohen*, First ed. New York: W. H. Freeman.

McCormack, Jon. 2009. "The Evolution of Sonic Ecosystems, " 2nd ed. In *Artificial Life Models in Software*, eds. Maciej Komosinski and Andrew Adamatzky, 393-414. London: Springer.

McCormack, Jon. 2006. "New Challenges for Evolutionary Music and Art." *SIGEVOlution* 1 (1) : 5-11.https://doi.org/10.1145/1138470.1138472.

McCulloch, Warren S. , and Walter Pitts. 1943. "A Logical Calculus of the Ideas Immanent in Nervous Activity." *The Bulletin of Mathematical Biophysics 5* (4) : 115-133.https://doi.org/ \doiurl{10.1007/BF02478259}.

McMullan, Thomas. 2018. "Alternative Face: The Machine That Puts Kellyanne Conway's Words into a French Singer's Mouth." https://www.alphr.com/art/1005324/alternative-face-the-machine-that-puts-kellyanne-conway-s-words-into-a-french-singer-s/.

Miller, Arthur I. 2014. *Colliding Worlds: How Cutting-Edge Science Is Redefining Contemporary Art.* New York: W. W. Norton.

Minsky, Marvin Lee, and Seymour Papert. 1969. *Perceptrons: An Introduction to Computational Geometry.* Cambridge, MA: MIT Press.

Mitchell, Melanie. 1995. "Genetic Algorithms: An Overview." *Complexity* 1 (1) : 31-39.https://doi.org/10.1002/cplx. 6130010108.

Mitchell, Melanie. 1998. *An Introduction to Genetic Algorithms*, 3rd ed. Cambridge, MA: MIT Press.

Mordvintsev, Alexander, Christopher Olah, and Mike Tyka. 2015. "Inceptionism: Going Deeper into Neural Networks." Research Blog. June 17, 2015. http://googleresearch.blogspot. com/2015/06 /inceptionism-going-deeper-into-neural. html.

Moura, Leonel, and Henrique Garcia Pereira. 2004. *Man + Robots: Symbiotic Art.* Villeurbanne, France: Institut d' art contemporain.

Navas, Eduardo. 2012. *Remix Theory: The Aesthetics of Sampling.* New York: Springer.

Newell, Allen. 1955. "The Chess Machine: An Example of Dealing with a Complex Task by Adaptation." In *Proceedings of the March 1-3, 1955, Western Joint Computer Conference. AFIPS '55 (Western)* , 101-108. New York: ACM.https://doi.org/ \doiurl{10.1145/1455292.1455312}.

O'Neil, Cathy. 2016. *Weapons of Math Destruction: How Big Data Increases Inequality and Threatens Democracy*, First ed. New York: Crown.

Paalen, Wolfgang. 1943. "Totem Art." In *Dyn: Amerindian Number*, Vol. 4-5. Coyoacan, D. F., Mexico: Talleres Gráficos de la Nación.

Pachet, François, Pierre Roy, and Benoit Carré. 2021. "Assisted Music Creation with Flow Machines: Towards New Categories of New." *arXiv:2006. 09232 [Cs, Eess]*, January. https://arxiv. org/abs/2006. 09232.

Paglen, Trevor. 2016. "Invisible Images (Your Pictures Are Looking at You)." The New Inquiry (blog). December 8, 2016. https://thenewinquiry.com/invisible-images-your-pictures-are-looking-at-you/.

Paglen, Trevor. 2018. Machine Realism. In *I Was Raised on the Internet*. Chicago, IL: Munich; New York: Prestel.

Parrish, Allison. 2018. *Articulations*. Denver, Colorado: Counterpath Press.

Parrish, Allison. 2017. "Poetic Sound Similarity Vectors Using Phonetic Features." In *Proceedings of the Thirteenth Artificial Intelligence and Interactive Digital Entertainment Conference (AIIDE)*, 99-106, Association for the Advancement of Artificial Intelligence.

Pask, Gordon. 1968. *An approach to Cybernetics*. London: Hutchinson.

Penny, Simon. 2000. "Agents as Artworks and Agent Design as Artistic Practice." In *Advances in Consciousness Research*, ed. Kerstin Dautenhahn, Vol. 19, 395-414. Amsterdam: John Benjamins.

Penny, Simon. 2009. "Art and Artificial Life—A Primer." In *Proceedings of the Digital Arts and Culture Conference.* Irvine: University of California.

Penny, Simon. 2013. "Art and Robotics: Sixty Years of Situated Machines." *AI & SOCIETY* 28 (2): 147-156.https://doi.org/\doiurl{10. 1007/s00146-012-0404-4}.

Penny, Simon. 1997. "Embodied Cultural Agents: At the Intersection of Robotics, Cognitive Science and Interactive Art." In *AAAI Socially Intelligent Agents: Papers from the 1997 Fall Symposium*, ed. Kerstin Dautenhahn, 103-105. Menlo Park, CA: AAAI Press.

Penny, Simon. 2017. *Making Sense: Cognition, Computing, Art, and Embodiment.* Cambridge, MA: MIT Press.

Pickering, Andrew. 1995. *The Mangle of Practice: Time, Agency, and Science.* Chicago: University of Chicago Press.

Pickering, Andrew. 2010. *The Cybernetic Brain: Sketches of Another Future.* Chicago: University of Chicago Press.

Posthumus, David. 2018. *All My Relatives: Exploring Lakota Ontology, Belief, and Ritual.*

Lincoln: University of Nebraska Press.

Quinlan, Michael. 2006. "Machine Learning on AIBO Robots." PhD thesis, University of Newcastle.

Radford, Alec, Jeffrey Wu, Rewon Child, David Luan, Dario Amodei, and Ilya Sutskever.2019. "Language Models Are Unsupervised Multitask Learners." Technical report.https://d4mucfpksywv.cloudfront. net/better-language-models/language_models_are_unsupervised_multitask_learners. pdf.

Rechenberg, I. 1965. "Cybernetic Solution Path of an Experimental Problem." In *Royal Aircraft Establishment Translation No. 1122, B. F. Toms, Trans.* Farnborough, UK: Ministry of Aviation, Royal Aircraft Establishment.

Rechenberg, Ingo. 1973. *Evolutionsstrategie: Optimierung technischer Systeme nach Prinzipien der biologischen Evolution.* Stuttgart-Bad Cannstatt, Germany: Frommann-Holzboog.

Reimann-Dubbers, Theresa. 2018. "A (.I.) Messianic Window." 2018. https://theresareimann-dubbers. net.

Rinaldo, Kenneth E. 1998. "Technology Recapitulates Phylogeny: Artificial Life Art." *Leonardo* 31 (5) : 371-376.

Rolez, Anaïs. 2019. "The Mechanical Art of Laughter." *Arts* 8 (1) : 2.https://doi.org/ \doiurl{10.3390/arts8010002}.

Romero, Juan, and Penousal Machado, eds. 2008. *The Art of Artificial Evolution*. Natural Computing Series. Heidelberg: Springer. https://doi. org/ \doiurl{10.1007/978-3-540-72877-1}.

Rosenblatt, Frank. 1957. *The Perceptron—A Perceiving and Recognizing Automaton*, Technical Report 85-460-1, Cornell Aeronautical Laboratory, Buffalo, NY.

Rosenblueth, Arturo, Norbert Wiener, and Julian Bigelow. 1943. "Behavior, Purpose and Teleology." *Philosophy of Science* 10 (1) : 18-24.

Rumelhart, David E. , Geoffrey E. Hinton, and Ronald J. Williams. 1986. "Learning Representations by Back-Propagating Errors." *Nature* 323: 533-536.

Salter, Chris, and Sofian Audry. 2018. "Towards Probabilistic Worldmaking: Xenakis, n-Polytope and the Cybernetic Path to Chaos." In *Worldmaking as Techne: Exploring Worlds of Participatory Art, Architecture, and Music*, eds. Alberto de Campo, Mark David Hosale, and Sana Murrani, 2-28. Toronto: Riverside Architectural Press.

Samuel, Arthur L. 1959. "Some Studies in Machine Learning Using the Game of Checkers." *IBM Journal of Research and Development* 3 (3) : 210-229.https://doi.org/ \doiurl{10.1147/rd.33.0210}.

Schmidhuber, Jürgen. 2015. "Deep Learning in Neural Networks: An Overview." *Neural Networks* 61: 85-117.https://doi.org/ \doiurl{10.1016/j. neunet. 2014. 09. 003}.

Schmidhuber, Jürgen, Dan Ciresan, Ueli Meier, Jonathan Masci, and Alex Graves. 2011. "On Fast Deep Nets for AGI Vision." In *Artificial General Intelligence*, eds. Jürgen Schmidhuber, Kristinn R. Thórisson, and Moshe Looks 243-246. Lecture Notes in Computer Science. Heidelberg: Springer. https://doi.org/10.1007/978-3-642-22887-2_25.

Schneider, Tim, and Naomi Rea. 2018. "Has Artificial Intelligence Given Us the Next Great Art Movement? Experts Say Slow Down, the 'Field Is in Its Infancy.' " *Artnet News*. September 25, 2018.

https://news.artnet.com/art-world/ai-art-comes-to-market-is-it-worth-the-hype-1352011.

Schwab, Klaus. 2016. *The Fourth Industrial Revolution.* Geneva: World Economic Forum.

Selfridge, Oliver G. 1959. "Pandemonium: A Paradigm for Learning." In *Symposium on the Mechanization of Thought Processes*, eds. D. K. Blake and A. M. Uttley, Vol. 1, 511-531. London: HMSO.

Senécal, Jean-Sébastien. 2016. "Machines That Learn: Aesthetics of Adaptive Behaviors in Agent-Based Art." PhD dissertation Concordia University.

Serre, Thomas, Gabriel Kreiman, Minjoon Kouh, Charles Cadieu, Ulf Knoblich, and Tomaso Poggio. 2007. "A quantitative theory of immediate visual recognition." *Progress in Brain Research* 165.https://doi. org/10.1016/S0079-6123（06）65004-8.

Shanken, Edward A. 2002. "Cybernetics and Art: Cultural Convergence in the 1960s." In *From Energy to Information*, eds. Bruce Clarke and Linda Dalrymple Henderson, 155-177. Stanford, CA: Stanford University Press.

Shannon, Claude E. 1948. "A Mathematical Theory of Communication." *Bell System Technical Journal* 27（3）: 379-423.

Sims, Karl. 1991. "Artificial Evolution for Computer Graphics." In *Proceedings of the 18th Annual Conference on Computer Graphics and Interactive Techniques. SIGGRAPH* '91, 319-328. New York: ACM.https://doi.org/\doiurl{10.1145/122718.122752}.

Sinapayen, Lana, Atsushi Masumori, and Takashi Ikegami. 2017. "Learning by Stimulation Avoidance: A Principle to Control Spiking Neural Networks Dynamics" . *PLOS ONE* 12（2）: 0170388.https://doi.org /10.1371/journal.pone.0170388.

Solomos, Makis. 2005. "Cellular Automata in Xenakis's Music. Theory and Practice." In *Proceedings of the International Symposium Iannis Xenak is*, edited by Makis Solomos, Anastasia Georgaki, and Giorgos Zervos. Athens, Greece: University of Athens. http://hal. archives-ouvertes. fr/hal-00770141.

Sutton, Richard S. , and Andrew G. Barto. 1998. *Reinforcement Learning: An Introduction. Adaptive Computation and Machine Learning. Cambridge*, MA: MIT Press.

Suwajanakorn, Supasorn, Steven M. Seitz, and Ira Kemelmacher-Shlizerman. 2017. "Synthesizing Obama: Learning Lip Sync from Audio." *ACM Trans. Graph.* 36 (4) : 95-19513.https://doi.org/\doiurl{10. 1145/3072959.3073640}.

Szegedy, Christian, Wei Liu, Yangqing Jia, Pierre Sermanet, Scott Reed, Dragomir Anguelov, Dumitru Erhan, Vincent Vanhoucke, and Andrew Rabinovich. 2014." Going Deeper with Convolutions." *ArXiv:1409. 4842 [Cs]*, September. http://arxiv. org/abs/1409. 4842.

Tenhaaf, Nell. 2008. "Art Embodies A-Life: The Vida Competition." *Leonardo* 41 (1) : 6-15.

Tenhaaf, Nell. 2000. "Perceptions of Self in Art and Intelligent Agents." In *Proceedings of the 2000 AAAI Fall Symposium on Socially Intelligent Agents: The Human in the Loop*, ed. Kerstin Dautenhahn. North Falmouth, MA: AAAI Press.

Tenhaaf, Nell. 2014. " 'Trust Regions' for Art/Sci." In *Meta-Life: Biotechnologies, Synthetic Biology, ALife and the Arts.* Cambridge, MA: Leonardo/ISAST and MIT Press.

Thompson, Adrian. 1996. An Evolved Circuit, Intrinsic in Silicon, Entwined with Physics. In *Proceedings of the First International Conference on Evolvable Systems: From Biology to Hardware, ICES '96*, 390-405. London: Springer.

Thrun, Sebastian, and Lorien Pratt, eds. 1998. *Learning to Learn.* New York: Springer.

Todd, Peter M. 1989."A Connectionist Approach to Algorithmic Composition."*Computer Music Journal* 13 (4) : 27-43.https://doi.org/ \doiurl{10.2307/3679551}.

Todd, Stephan, and William Latham. 1992a. "Artificial Life or Surreal Art?" In *Toward a Practice of Autonomous Systems: Proceedings of the First European Conference on Artificial Life*, eds. Francisco J. Varela and Paul Bourgine, 504-513. Cambridge, MA: Bradford Books.

Todd, Stephen, and William Latham. 1992b. *Evolutionary Art and Computers.* London: Academic Press.

Tomlinson, Bill, and Bruce Blumberg. 2002. "AlphaWolf: Social Learning, Emotion and Development in Autonomous Virtual Agents." In *Proceedings of First GSFC/*

JPL Workshop on Radical Agent Concepts, 35-45. Heidelberg: Springer.

Turing, A. M. 1950. “Computing Machinery and Intelligence.” *Mind* 59 (236) : 433-460. Tyka, Mike. 2019. Portraits of Imaginary People. Montréal: Anteism Books.

Urbanowicz, Ryan J., and Jason H. Moore. 2009. “Learning Classifier Systems: A Complete Introduction, Review, and Roadmap.” *Journal of Artificial Evolution & Applications* 2009: 1-25.https://doi.org/\doiurl{10. 1155/2009/736398}.

Varela, Francisco J. 1992. “Autopoiesis and a Biology of Intentionality.” In *Proceedings of the Workshop "Autopoiesis and Perception,* "ed. Barry McMullin, 4-14. Dublin University.

Varela, Francisco J. Evan Thompson, and Eleanor Rosch. 1991. *The Embodied Mind: Cognitive Science and Human Experience.* Cambridge, MA: MIT Press.

Versari, Maria Elena, Connor Doak, Adam Evans, Juliet Bellow, and Adrian Curtin. 2016. “Futurism, ” 1st ed. In *Routledge Encyclopedia of Modernism.* London: Routledge. https://doi. org/10. 4324 /9781135000356-REMO21-1.

von Neumann, John. 1951. “The General and Logical Theory of Automata.” In *Cerebral Mechanisms in Behavior: The Hixon Symposium*, ed. Lloyd Jeffress, 1-41. New York: John Wiley and Sons.

Walter, W. Grey.1950. “An Electro-Mechanical《Animal》.” *Dialectica* 4 (3) : 206-213.https://doi.org/10.1111/j.1746-8361.1950.tb01020.x.

Wang, Ting-Chun, Ming-Yu Liu, Jun-Yan Zhu, Andrew Tao, Jan Kautz, and Bryan Catanzaro. 2018. “High-Resolution Image Synthesis and Semantic Manipulation with Conditional GANs.” *arXiv:1711. 11585 [Cs]*, August.http://arxiv.org/abs/1711.11585.

Wang, Yilun, and Michal Kosinski. 2017. “Deep Neural Networks are More Accurate than Humans at Detecting Sexual Orientation from Facial Images.”

Waters, Richard. 2016. “AI Academic Warns on Brain Drain to Tech Groups.” *Financial Times*, November 22, 2016. https://www.ft.com/content/298e2ac0-b010-11e6-a37c-f4a01f1b0fa1.

Weitz, Morris. 1956. “The Role of Theory in Aesthetics.” *The Journal of Aesthetics and Art Criticism* 15 (1) : 27-35.https://doi.org/\doiurl{10. 2307/427491}.

Welling, Max. 2016. “How Will Artificial Intelligence Influence Your Future?” https://www.youtube.com/watch?v=OWMgUEAJXGU.

Whitelaw, Mitchell.2004.*Metacreation: Art and Artificial Life.* Cambridge, MA: MIT Press.

Widrow, B. , and M. E. Hoff. 1960. “Adaptive Switching Circuits.” *1960 IRE WESCON Convention Record.*

Wiener, Norbert. 1961. *Cybernetics: Or Control and Communication in the Animal and the*

Machine. Cambridge, MA: MIT Press.

Wilk, Elvia. 2016. "The Artist-in-Consultance: Welcome to the New Management." E-Flux (blog). 2016. http://www.e-flux.com/journal/the-artist-in-consultance-welcome-to-the-new-management/.

Winograd, Terry. 1970. "Procedures as a Representation for Data in a Computer Program for Understanding Natural Language." PhD thesis, Massachusetts Institute of Technology.

Wu, Xiaolin, and Xi Zhang. 2016. "Automated Inference on Criminality using Face Images." *ArXiv* abs/1611.04135.

Xenakis, Iannis.1981. "Les chemins de la composition musicale." In *Le Compositeur et l'ordinateur*, ed. Marc Battier, 13-32. Paris: Ircam-Centre Pompidou.

Xenakis, Iannis. 1992. "*Formalized Music: Thought and Mathematics in Composition.*" Stuyvesant, NY: Pendragon Press.